第二種電気工事士　筆記模擬試験の答案用紙

令和4年上期〔pm〕

受験番号を数字で記入して下さい。➡

受験番号に該当する位置にマークして下さい。➡

受験番号							
百万の位	十万の位	万の位	千の位	百の位	十の位	一の位	記号
0	0	0	0	0	0	0	A
1	1	1	1	1	1	1	E
2	2	2	2	2	2	2	F
3	3	3	3	3	3	3	G
4	4	4	4	4	4	4	K
5	5	5	5	5	5	5	P
6	6	6	6	6	6	6	T
7	7	7	7	7	7	7	
8	8	8	8	8	8	8	
9	9	9	9	9	9	9	

A E F G K P T

よい例	わるい例

氏名

生年月日
昭和　　年　　月　　日 平成

試験地

（2点×30問）

問題1. 一般問題

問	答	問	答	問	答
1	イ ロ ハ ニ	11	イ ロ ハ ニ	21	イ ロ ハ ニ
2	イ ロ ハ ニ	12	イ ロ ハ ニ	22	イ ロ ハ ニ
3	イ ロ ハ ニ	13	イ ロ ハ ニ	23	イ ロ ハ ニ
4	イ ロ ハ ニ	14	イ ロ ハ ニ	24	イ ロ ハ ニ
5	イ ロ ハ ニ	15	イ ロ ハ ニ	25	イ ロ ハ ニ
6	イ ロ ハ ニ	16	イ ロ ハ ニ	26	イ ロ ハ ニ
7	イ ロ ハ ニ	17	イ ロ ハ ニ	27	イ ロ ハ ニ
8	イ ロ ハ ニ	18	イ ロ ハ ニ	28	イ ロ ハ ニ
9	イ ロ ハ ニ	19	イ ロ ハ ニ	29	イ ロ ハ ニ
10	イ ロ ハ ニ	20	イ ロ ハ ニ	30	イ ロ ハ ニ

（2点×20問）

問題2. 配線図

問	答	問	答
31	イ ロ ハ ニ	41	イ ロ ハ ニ
32	イ ロ ハ ニ	42	イ ロ ハ ニ
33	イ ロ ハ ニ	43	イ ロ ハ ニ
34	イ ロ ハ ニ	44	イ ロ ハ ニ
35	イ ロ ハ ニ	45	イ ロ ハ ニ
36	イ ロ ハ ニ	46	イ ロ ハ ニ
37	イ ロ ハ ニ	47	イ ロ ハ ニ
38	イ ロ ハ ニ	48	イ ロ ハ ニ
39	イ ロ ハ ニ	49	イ ロ ハ ニ
40	イ ロ ハ ニ	50	イ ロ ハ ニ

1. マークは上の例のようにマークすること。
2. 氏名・生年月日・試験地・受験番号を必ず記入すること。
3. 受験番号は欄外にはみださないように正確に記入し、必ず該当する番号にマークすること。
4. マークの記入にあったては濃度HBの黒鉛筆を使用すること。
5. 誤ってマークしたときは、跡の残らないようにプラスチック消しゴムできれいに消すこと。
6. 答の欄は各問につき一つだけマークすること。
7. 用紙は絶対に折り曲げたり汚したりしないこと。

問題１．一般問題（問題数 30，配点は１問当たり２点）

【注】本問題の計算で $\sqrt{2}$，$\sqrt{3}$ 及び円周率 π を使用する場合の数値は次によること。 $\sqrt{2}=1.41$ ， $\sqrt{3}=1.73$ ， $\pi=3.14$

次の各問いには４通りの答え（イ，ロ，ハ，ニ）が書いてある。それぞれの問いに対して答えを１つ選びなさい。

なお，選択肢が数値の場合は最も近い値を選びなさい。

<table>
<tr><th colspan="2">問　い</th><th>答　え</th></tr>
<tr><td>1</td><td>図のような回路で，スイッチ S を閉じたとき，a–b端子間の電圧［V］は。
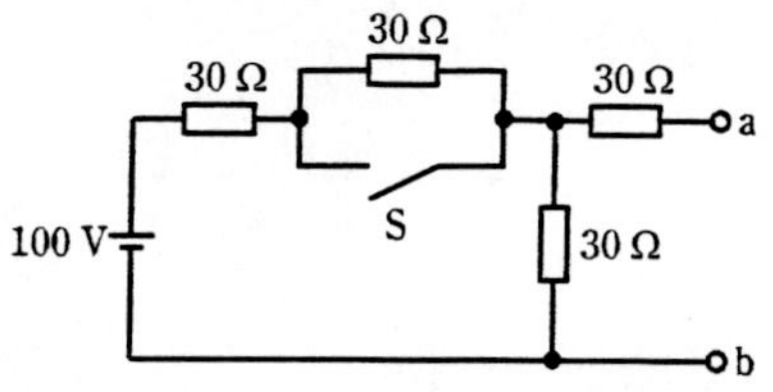
</td><td>イ．30　　ロ．40　　ハ．50　　ニ．60</td></tr>
<tr><td>2</td><td>抵抗率 ρ ［Ω・m］，直径 D ［mm］，長さ L ［m］の導線の電気抵抗［Ω］を表す式は。</td><td>イ．$\dfrac{4\rho L}{\pi D^2}\times 10^6$　　ロ．$\dfrac{\rho L^2}{\pi D^2}\times 10^6$　　ハ．$\dfrac{4\rho L}{\pi D}\times 10^6$　　ニ．$\dfrac{4\rho L^2}{\pi D}\times 10^6$</td></tr>
<tr><td>3</td><td>電線の接続不良により，接続点の接触抵抗が 0.2 Ωとなった。この接続点での電圧降下が 2 V のとき，接続点から１時間に発生する熱量［kJ］は。
ただし，接触抵抗及び電圧降下の値は変化しないものとする。</td><td>イ．72　　ロ．144　　ハ．288　　ニ．576</td></tr>
<tr><td>4</td><td>コイルに 100 V，50 Hz の交流電圧を加えたら 6 A の電流が流れた。このコイルに 100 V，60 Hz の交流電圧を加えたときに流れる電流［A］は。
ただし，コイルの抵抗は無視できるものとする。</td><td>イ．4　　ロ．5　　ハ．6　　ニ．7</td></tr>
<tr><td>5</td><td>図のような三相３線式回路の全消費電力［kW］は。
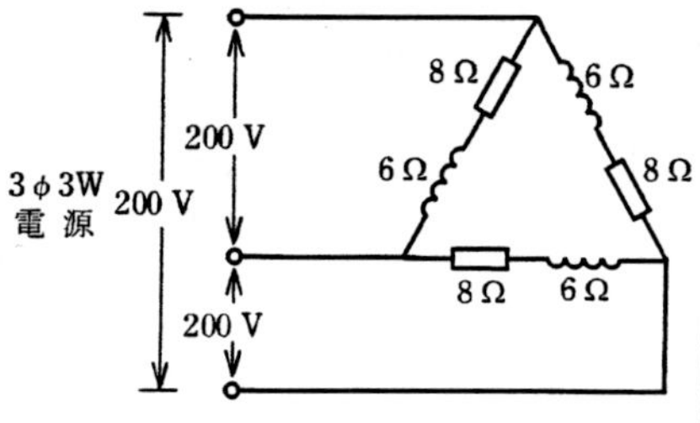
</td><td>イ．2.4　　ロ．4.8　　ハ．9.6　　ニ．19.2</td></tr>
</table>

<table>
<tr><th></th><th>問い</th><th colspan="4">答え</th></tr>
<tr><td>6</td><td>図のように，単相 2 線式電線路で，抵抗負荷 A，B，C にそれぞれ負荷電流 10 A が流れている。
電源電圧が 210 V であるとき抵抗負荷 C の両端電圧 V_c [V] は。
ただし，r は電線の抵抗 [Ω] とする。
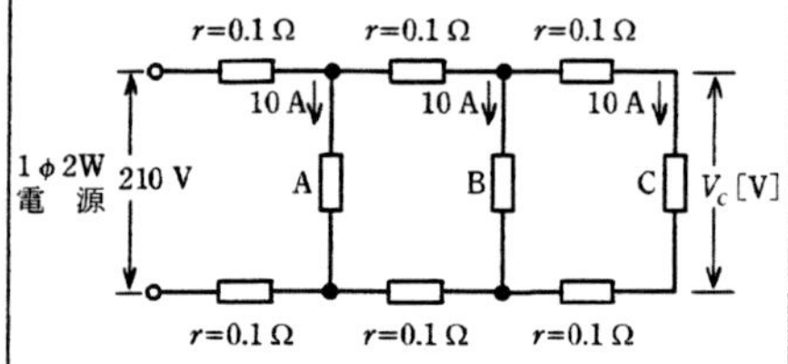
</td><td>イ．198</td><td>ロ．200</td><td>ハ．202</td><td>ニ．204</td></tr>
<tr><td>7</td><td>図のような単相 3 線式回路において，電線 1 線当たりの抵抗が 0.1 Ωのとき，a–b 間の電圧 [V] は。
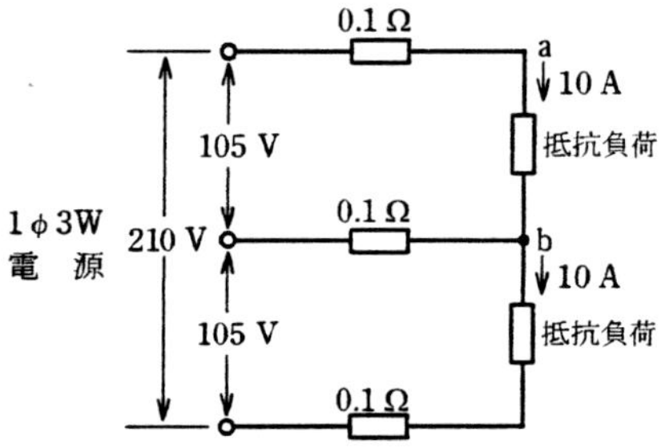
</td><td>イ．102</td><td>ロ．103</td><td>ハ．104</td><td>ニ．105</td></tr>
<tr><td>8</td><td>金属管による低圧屋内配線工事で，管内に直径 2.0 mm の 600V ビニル絶縁電線(軟銅線) 2 本を収めて施設した場合，電線 1 本当たりの許容電流 [A] は。
ただし，周囲温度は 30 ℃以下，電流減少係数は 0.70 とする。</td><td>イ．19</td><td>ロ．24</td><td>ハ．27</td><td>ニ．35</td></tr>
<tr><td>9</td><td>図のように，三相の電動機と電熱器が低圧屋内幹線に接続されている場合，幹線の太さを決める根拠となる電流の最小値 [A] は。
ただし，需要率は 100%とする。
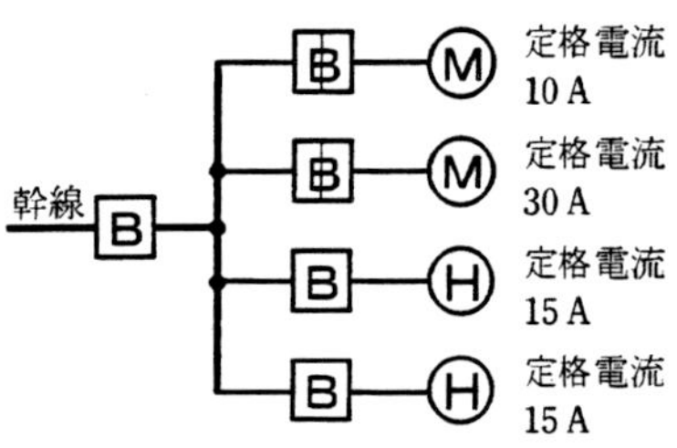
</td><td>イ．70</td><td>ロ．74</td><td>ハ．80</td><td>ニ．150</td></tr>
</table>

<table>
<tr><th colspan="2">問　い</th><th>答　え</th></tr>
<tr><td>10</td><td>低圧屋内配線の分岐回路の設計で，配線用遮断器，分岐回路の電線の太さ及びコンセントの組合せとして，適切なものは。
ただし，分岐点から配線用遮断器までは 3 m，配線用遮断器からコンセントまでは 8 mとし，電線の数値は分岐回路の電線（軟銅線）の太さを示す。
また，コンセントは兼用コンセントではないものとする。</td><td>イ.　ロ.　ハ.　ニ.
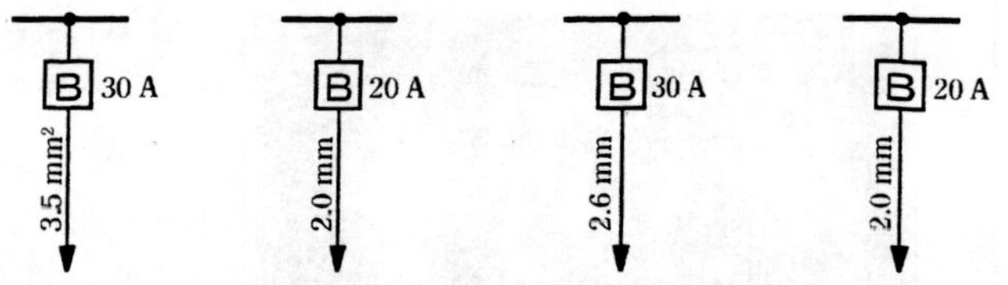
B 30 A
3.5 mm²
B 20 A
2.0 mm
B 30 A
2.6 mm
B 20 A
2.0 mm
イ. 定格電流 30 Aのコンセント 1個
ロ. 定格電流 30 Aのコンセント 1個
ハ. 定格電流 15 Aのコンセント 2個
ニ. 定格電流 20 Aのコンセント 2個</td></tr>
<tr><td>11</td><td>金属管工事において使用されるリングレジューサの使用目的は。</td><td>イ. 両方とも回すことのできない金属管相互を接続するときに使用する。
ロ. 金属管相互を直角に接続するときに使用する。
ハ. 金属管の管端に取り付け，引き出す電線の被覆を保護するときに使用する。
ニ. アウトレットボックスのノックアウト（打ち抜き穴）の径が，それに接続する金属管の外径より大きいときに使用する。</td></tr>
<tr><td>12</td><td>600V 架橋ポリエチレン絶縁ビニルシースケーブル（CV）の絶縁物の最高許容温度［℃］は。</td><td>イ. 60　　ロ. 75　　ハ. 90　　ニ. 120</td></tr>
<tr><td>13</td><td>電気工事の作業と使用する工具の組合せとして，誤っているものは。</td><td>イ. 金属製キャビネットに穴をあける作業とノックアウトパンチャ
ロ. 木造天井板に電線管を通す穴をあける作業と羽根ぎり
ハ. 電線，メッセンジャワイヤ等のたるみを取る作業と張線器
ニ. 薄鋼電線管を切断する作業とプリカナイフ</td></tr>
<tr><td>14</td><td>三相誘導電動機の始動において，全電圧始動（じか入れ始動）と比較して，スターデルタ始動の特徴として，正しいものは。</td><td>イ. 始動時間が短くなる。
ロ. 始動電流が小さくなる。
ハ. 始動トルクが大きくなる。
ニ. 始動時の巻線に加わる電圧が大きくなる。</td></tr>
<tr><td>15</td><td>力率の最も良い電気機械器具は。</td><td>イ. 電気トースター
ロ. 電気洗濯機
ハ. 電気冷蔵庫
ニ. 電球形 LED ランプ（制御装置内蔵形）</td></tr>
</table>

問い	答え

16　写真に示す材料についての記述として，**不適切なものは。**

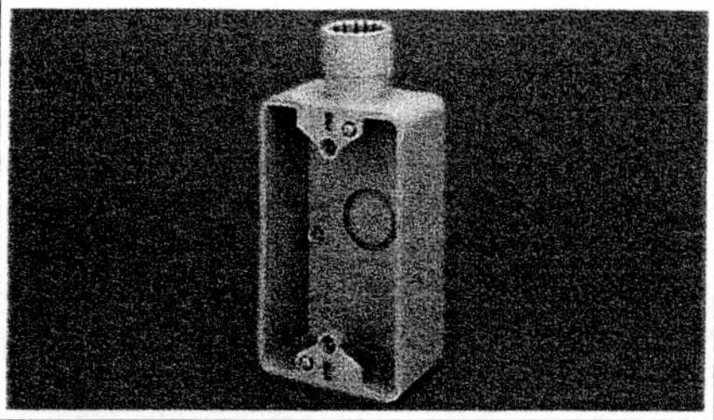

イ．合成樹脂製可とう電線管を接続する。
ロ．スイッチやコンセントを取り付ける。
ハ．電線の引き入れを容易にする。
ニ．合成樹脂でできている。

17　写真に示す器具の名称は。

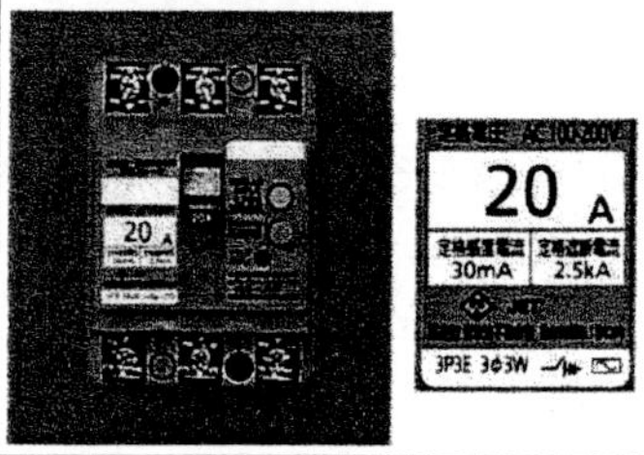

イ．配線用遮断器
ロ．漏電遮断器
ハ．電磁接触器
ニ．漏電警報器

18　写真に示す工具の電気工事における用途は。

イ．硬質ポリ塩化ビニル電線管の曲げ加工に用いる。
ロ．金属管（鋼製電線管）の曲げ加工に用いる。
ハ．合成樹脂製可とう電線管の曲げ加工に用いる。
ニ．ライティングダクトの曲げ加工に用いる。

19　600V ビニル絶縁ビニルシースケーブル平形1.6 mm を使用した低圧屋内配線工事で，絶縁電線相互の終端接続部分の絶縁処理として，**不適切なものは。**
　ただし，ビニルテープはJISに定める厚さ約0.2 mm の電気絶縁用ポリ塩化ビニル粘着テープとする。

イ．リングスリーブ（E 形）により接続し，接続部分をビニルテープで半幅以上重ねて3回（6層）巻いた。
ロ．リングスリーブ（E 形）により接続し，接続部分を黒色粘着性ポリエチレン絶縁テープ（厚さ約 0.5 mm）で半幅以上重ねて3回（6層）巻いた。
ハ．リングスリーブ（E 形）により接続し，接続部分を自己融着性絶縁テープ（厚さ約 0.5 mm）で半幅以上重ねて1回（2層）巻いた。
ニ．差込形コネクタにより接続し，接続部分をビニルテープで巻かなかった。

20　次表は使用電圧 100 V の屋内配線の施設場所による工事の種類を示す表である。
表中のa～fのうち，**「施設できない工事」を全て選んだ組合せとして，正しいものは。**

<table>
<tr><th rowspan="2">施設場所の区分</th><th colspan="3">工事の種類</th></tr>
<tr><th>金属線ぴ工事</th><th>合成樹脂管工事（CD管を除く）</th><th>平形保護層工事</th></tr>
<tr><td>展開した場所で乾燥した場所</td><td>a</td><td>c</td><td>e</td></tr>
<tr><td>点検できる隠ぺい場所で乾燥した場所</td><td>b</td><td>d</td><td>f</td></tr>
</table>

イ．b
ロ．b，f
ハ．e
ニ．e，f

	問い	答え
21	単相 3 線式 100/200 V 屋内配線の住宅用分電盤の工事を施工した。**不適切なものは。**	イ．ルームエアコン（単相 200 V）の分岐回路に 2 極 2 素子の配線用遮断器を取り付けた。 ロ．電熱器（単相 100 V）の分岐回路に 2 極 2 素子の配線用遮断器を取り付けた。 ハ．主開閉器の中性極に銅バーを取り付けた。 ニ．電灯専用（単相 100 V）の分岐回路に 2 極 1 素子の配線用遮断器を取り付け，素子のある極に中性線を結線した。
22	床に固定した定格電圧200 V，定格出力1.5 kW の三相誘導電動機の鉄台に接地工事をする場合，接地線（軟銅線）の太さと接地抵抗値の組合せで，**不適切なものは。** ただし，漏電遮断器を設置しないものとする。	イ．直径 1.6 mm，10 Ω ロ．直径 2.0 mm，50 Ω ハ．公称断面積 0.75 mm^2，5 Ω ニ．直径 2.6 mm，75 Ω
23	低圧屋内配線の合成樹脂管工事で，合成樹脂管（合成樹脂製可とう電線管及び CD 管を除く）を造営材の面に沿って取り付ける場合，管の支持点間の距離の最大値［m］は。	イ．1　ロ．1.5　ハ．2　ニ．2.5
24	ネオン式検電器を使用する目的は。	イ．ネオン放電灯の照度を測定する。 ロ．ネオン管灯回路の導通を調べる。 ハ．電路の漏れ電流を測定する。 ニ．電路の充電の有無を確認する。
25	絶縁抵抗測定が困難なので，単相 100/200 V の分電盤の各分岐回路に対し，使用電圧が加わった状態で，クランプ形漏れ電流計を用いて，漏えい電流を測定した。その測定結果は，使用電圧 100 V の A 回路は 0.5 mA，使用電圧 200 V の B 回路は 1.5 mA，使用電圧 100 V の C 回路は 3 mA であった。絶縁性能が「電気設備の技術基準の解釈」に適合している回路は。	イ．すべて適合している。 ロ．A 回路と B 回路が適合している。 ハ．A 回路のみが適合している。 ニ．すべて適合していない。

	問い	答え
26	直読式接地抵抗計（アーステスタ）を使用して直読で，接地抵抗を測定する場合，被測定接地極Eに対する，2つの補助接地極P（電圧用）及びC（電流用）の配置として，**最も適切なものは**。	**イ**. 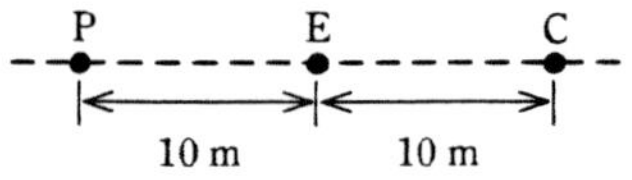 **ロ**. 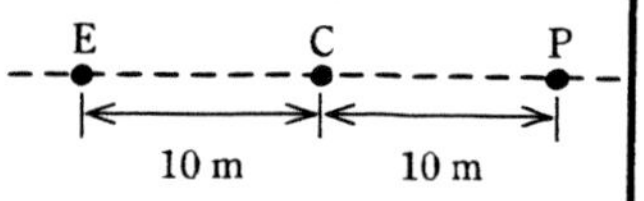 **ハ**. 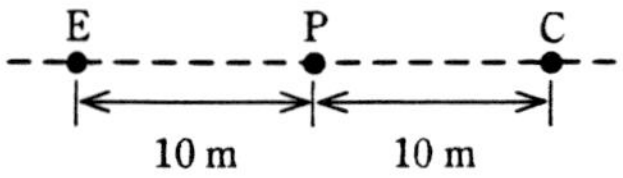 **ニ**. 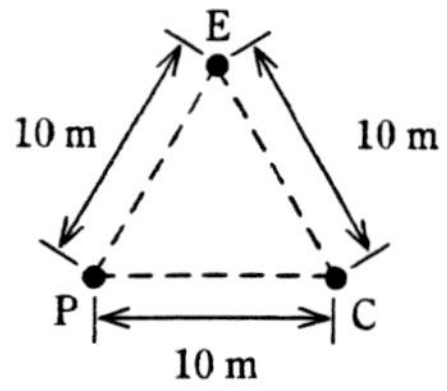
27	図の交流回路は，負荷の電圧，電流，電力を測定する回路である。図中にa，b，cで示す計器の組合せとして，**正しいものは**。 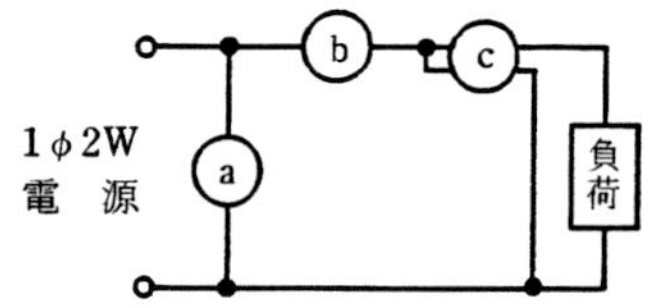	**イ**．a電流計 b電圧計 c電力計 **ロ**．a電力計 b電流計 c電圧計 **ハ**．a電圧計 b電力計 c電流計 **ニ**．a電圧計 b電流計 c電力計
28	「電気工事士法」において，第二種電気工事士免状の交付を受けている者であっても**従事できない**電気工事の作業は。	**イ**．自家用電気工作物（最大電力500 kW未満の需要設備）の低圧部分の電線相互を接続する作業 **ロ**．自家用電気工作物（最大電力500 kW未満の需要設備）の地中電線用の管を設置する作業 **ハ**．一般用電気工作物の接地工事の作業 **ニ**．一般用電気工作物のネオン工事の作業
29	「電気用品安全法」の適用を受ける次の電気用品のうち，特定電気用品は。	**イ**．定格消費電力40 Wの蛍光ランプ **ロ**．外径19 mmの金属製電線管 **ハ**．定格消費電力30 Wの換気扇 **ニ**．定格電流20 Aの配線用遮断器
30	一般用電気工作物に関する記述として，**正しいものは**。 ただし，発電設備は電圧600 V以下とする。	**イ**．低圧で受電するものは，出力55 kWの太陽電池発電設備を同一構内に施設しても，一般用電気工作物となる。 **ロ**．低圧で受電するものは，小出力発電設備を同一構内に施設しても，一般用電気工作物となる。 **ハ**．高圧で受電するものであっても，需要場所の業種によっては，一般用電気工作物になる場合がある。 **ニ**．高圧で受電するものは，受電電力の容量，需要場所の業種にかかわらず，すべて一般用電気工作物となる。

問題2．配線図（問題数 20，配点は１問当たり２点）　※図は13頁参照

図は，木造２階建住宅の配線図である。この図に関する次の各問いには４通りの答え（イ，ロ，ハ，ニ）が書いてある。それぞれの問いに対して，答えを１つ選びなさい。

【注意】
1．屋内配線の工事は，特記のある場合を除き600V ビニル絶縁ビニルシースケーブル平形（VVF)を用いたケーブル工事である。
2．屋内配線等の電線の本数，電線の太さ，その他，問いに直接関係のない部分等は省略又は簡略化してある。
3．漏電遮断器は，定格感度電流 30 mA，動作時間 0.1 秒以内のものを使用している。
4．分電盤の外箱は合成樹脂製である。
5．選択肢（答え）の写真にあるコンセント及び点滅器は，「JIS C 0303：2000 構内電気設備の配線用図記号」で示す「一般形」である。
6．図記号で示す一般用照明には LED 照明器具を使用することとし，選択肢（答え）の写真にある照明器具は，すべて LED 照明器具とする。
7．ジョイントボックスを経由する電線は，すべて接続箇所を設けている。
8．３路スイッチの記号「0」の端子には，電源側又は負荷側の電線を結線する。

	問い	答え
31	①で示す部分の工事方法として，**適切なものは。**	イ．金属管工事 ロ．金属可とう電線管工事 ハ．金属線ぴ工事 ニ．600V ビニル絶縁ビニルシースケーブル丸形を使用したケーブル工事
32	②で示す図記号の器具の種類は。	イ．位置表示灯を内蔵する点滅器　ロ．確認表示灯を内蔵する点滅器 ハ．遅延スイッチ　ニ．熱線式自動スイッチ
33	③で示す部分の接地工事の種類及びその接地抵抗の許容される最大値［Ω］の組合せとして，**正しいものは。**	イ．C 種接地工事　10 Ω　ロ．C 種接地工事　100 Ω ハ．D 種接地工事　100 Ω　ニ．D 種接地工事　500 Ω
34	④で示す部分は抜け止め形の防雨形コンセントである。その図記号の傍記表示は。	イ．L　ロ．T　ハ．K　ニ．LK
35	⑤で示す部分の配線で(PF16)とあるのは。	イ．外径 16 mm の硬質ポリ塩化ビニル電線管である。 ロ．外径 16 mm の合成樹脂製可とう電線管である。 ハ．内径 16 mm の硬質ポリ塩化ビニル電線管である。 ニ．内径 16 mm の合成樹脂製可とう電線管である。
36	⑥で示す部分の小勢力回路で使用できる電圧の最大値［V］は。	イ．24　ロ．30　ハ．40　ニ．60
37	⑦で示す図記号の名称は。	イ．ジョイントボックス ロ．VVF 用ジョイントボックス ハ．プルボックス ニ．ジャンクションボックス
38	⑧で示す部分の最少電線本数(心線数)は。	イ．2　ロ．3　ハ．4　ニ．5
39	⑨で示す図記号の名称は。	イ．一般形点滅器　ロ．一般形調光器 ハ．ワイドハンドル形点滅器　ニ．ワイド形調光器
40	⑩で示す部分の電路と大地間の絶縁抵抗として，許容される最小値［MΩ］は。	イ．0.1　ロ．0.2　ハ．0.3　ニ．0.4

（次頁へ続く）

問い	答え

41 ⑪で示す図記号のものは。

イ

ロ

ハ

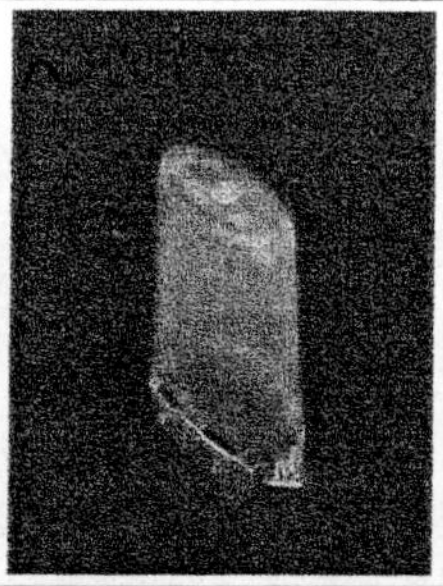

ニ

42 ⑫で示す図記号の器具は。

イ

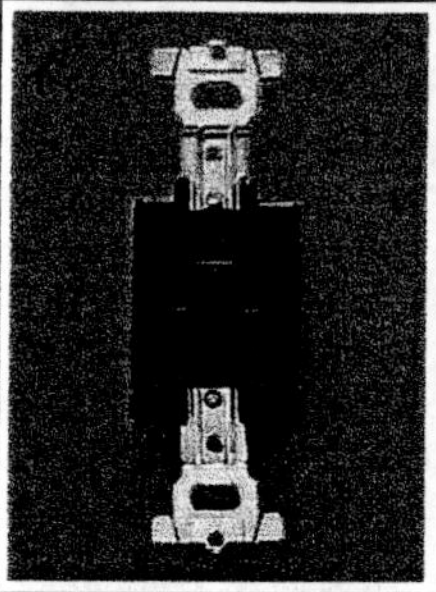

ロ

ハ

ニ

43 ⑬で示す図記号の機器は。

イ

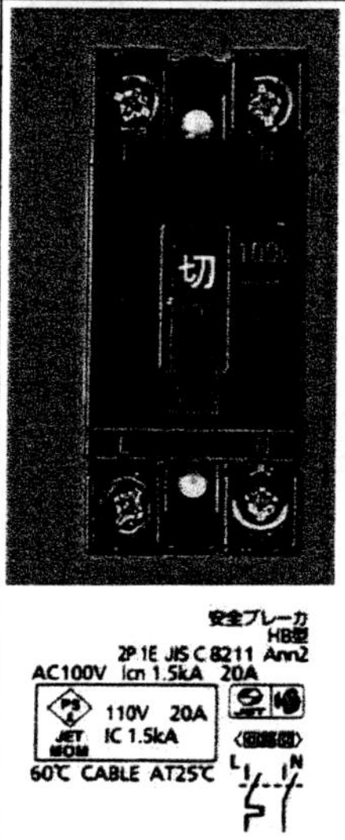

ロ

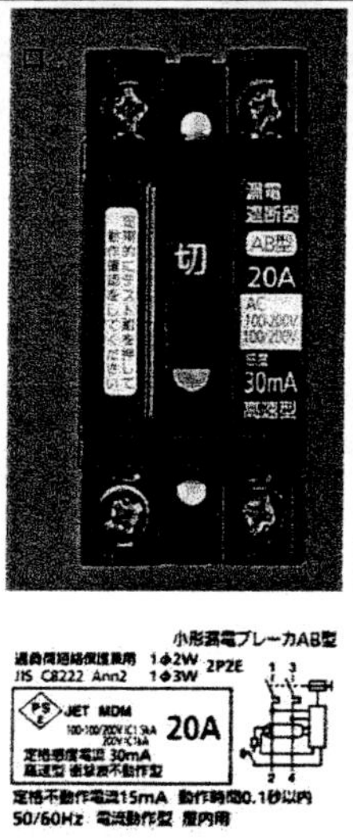

ハ

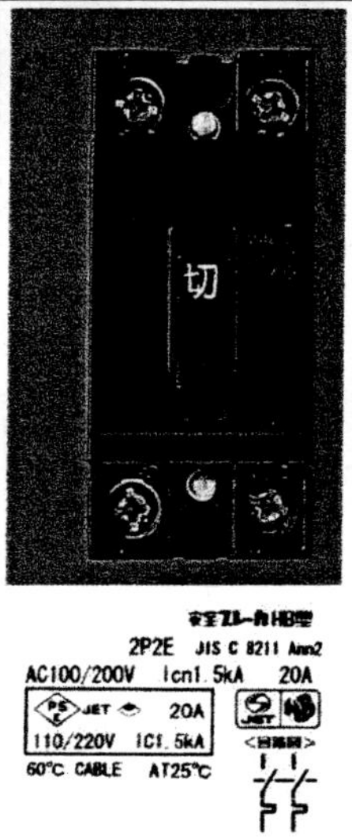

ニ

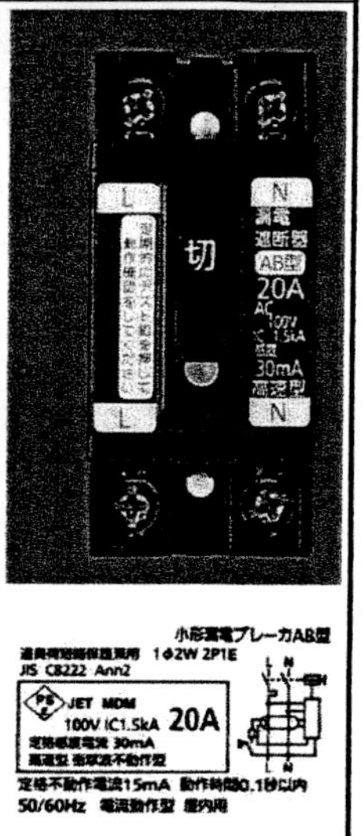

44 ⑭で示す部分の配線工事に必要なケーブルは。
ただし，使用するケーブルの心線数は最少とする。

イ

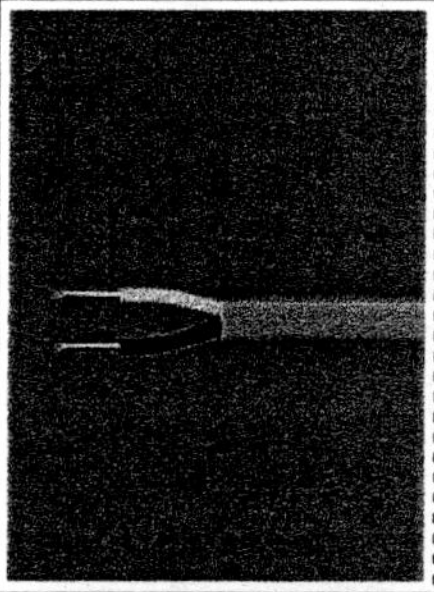

ロ

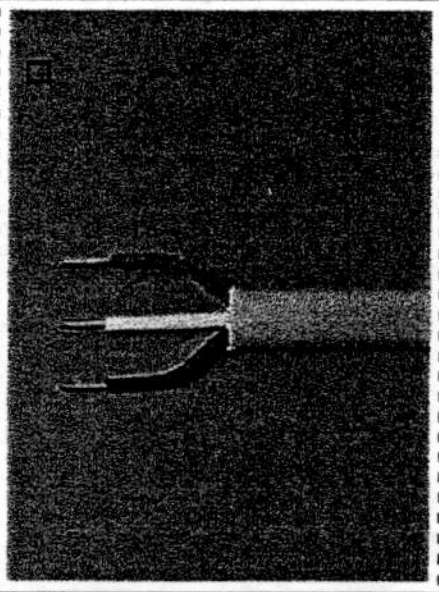

ハ

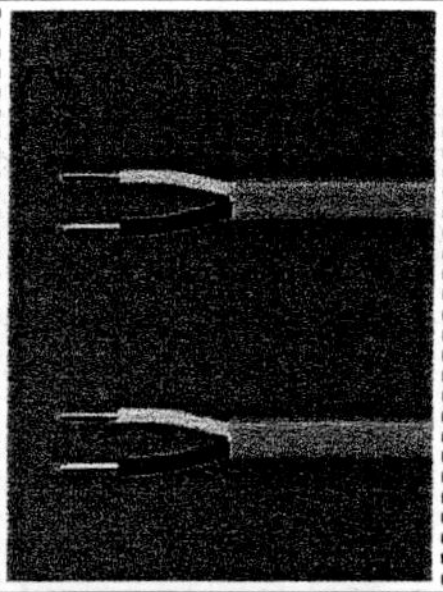

ニ

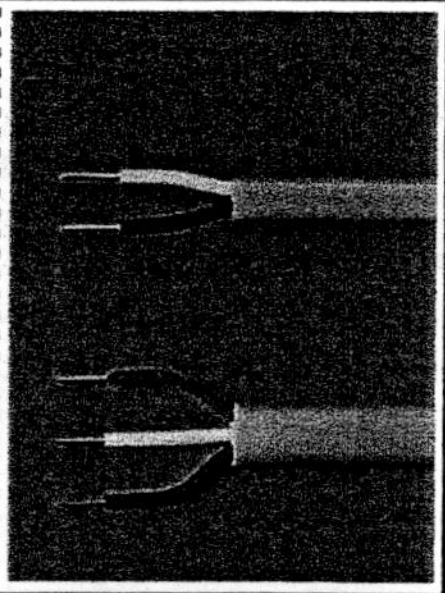

45 ⑮で示すボックス内の接続をすべて圧着接続とする場合，使用するリングスリーブの種類と最少個数の組合せで，**正しいものは。**
ただし，使用する電線はすべてVVF1.6とする。

イ

ロ

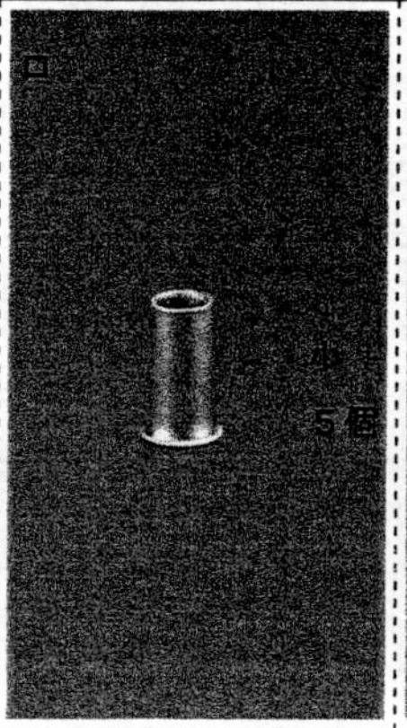

ハ

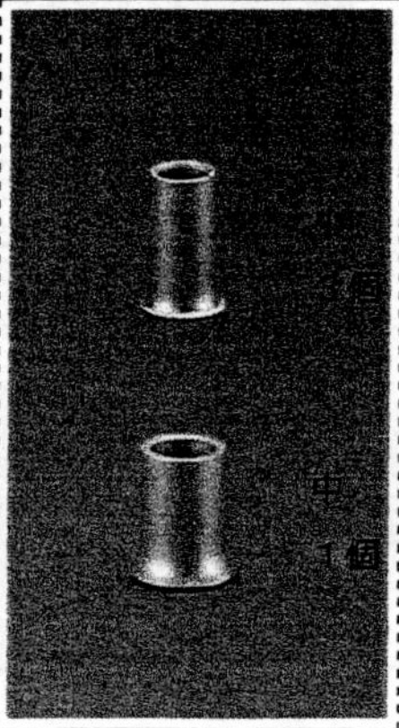

ニ

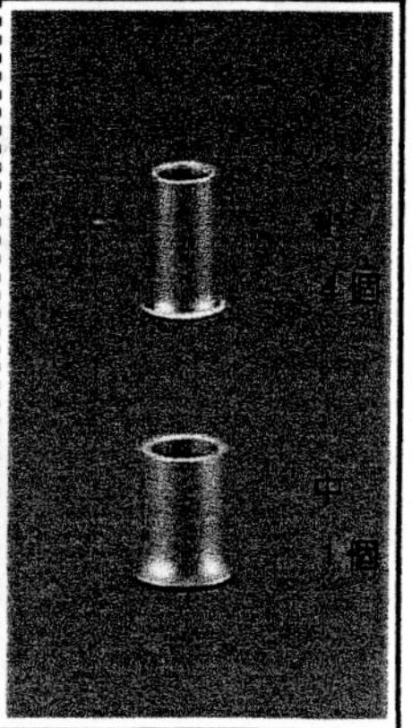

	問い	答え			
46	⑯で示すボックス内の接続をすべて差込形コネクタとする場合，使用する差込形コネクタの種類と最少個数の組合せで，**正しいものは。** ただし，使用する電線はすべてVVF1.6とする。	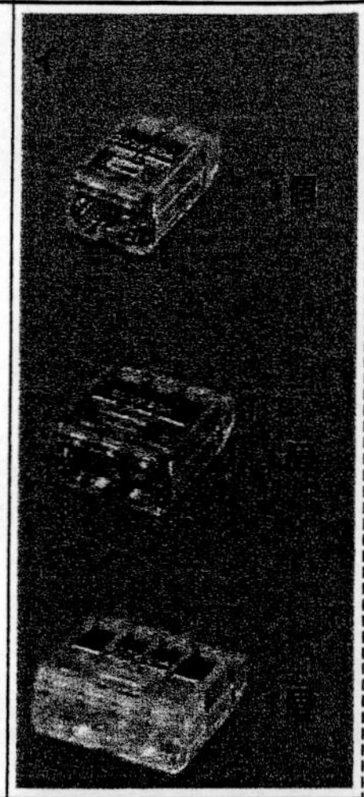			
47	⑰で示す部分の配線を器具の裏面から見たものである。**正しいものは。** ただし，電線の色別は，白色は電源からの接地側電線，黒色は電源からの非接地側電線，赤色は負荷に結線する電線とする。	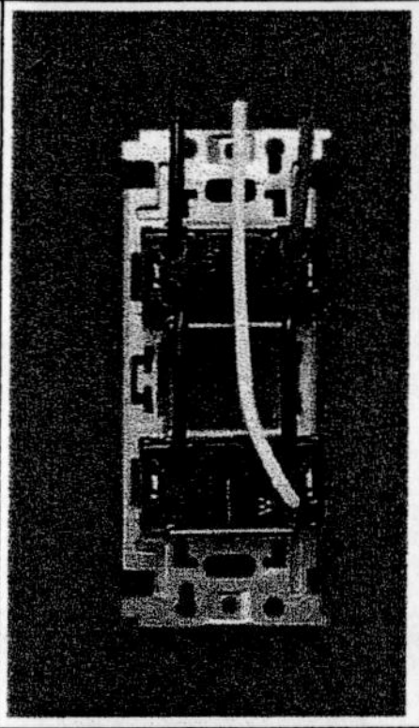	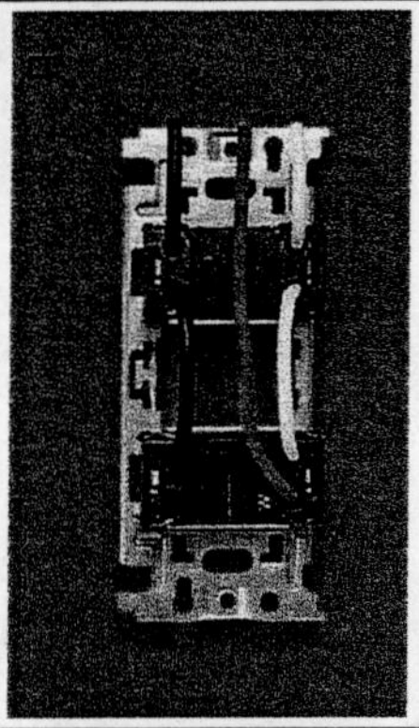	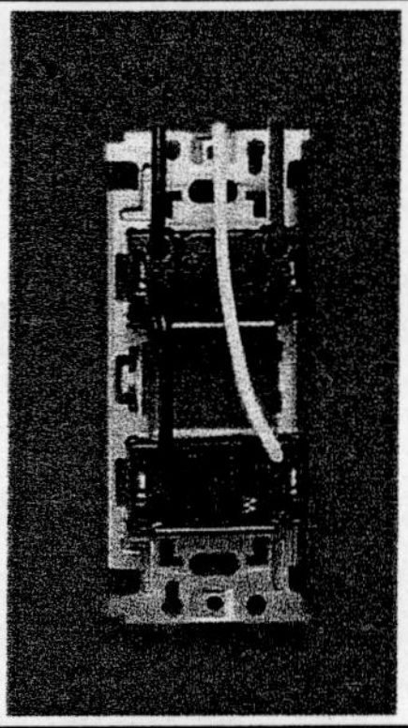	
48	⑱で示す図記号の器具は。	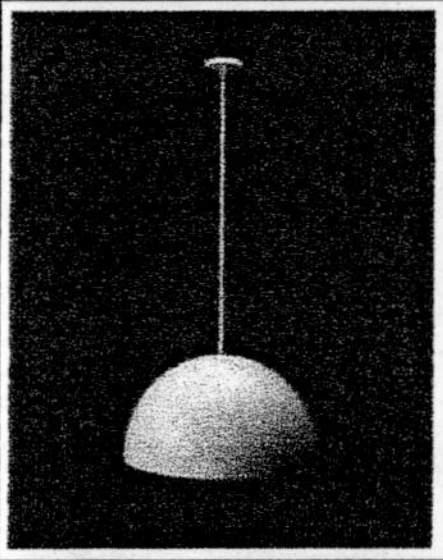			
49	この配線図で，**使用されていないスイッチは。** ただし，写真下の図は，接点の構成を示す。	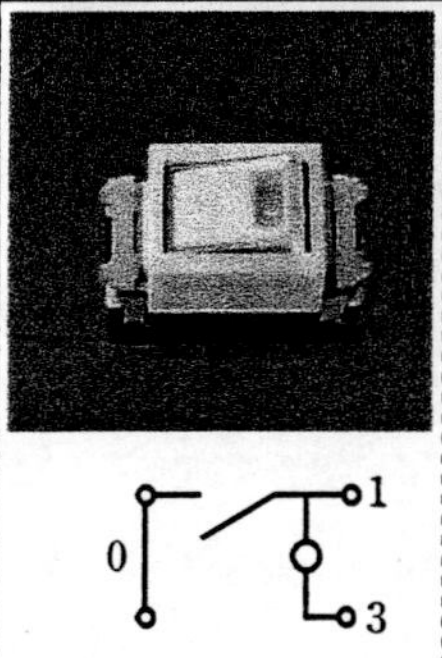	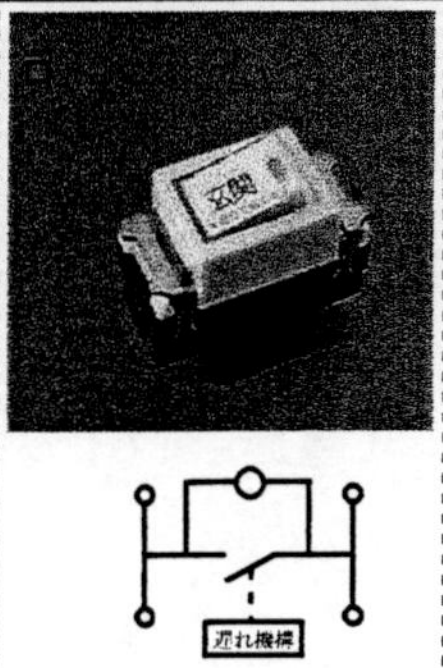	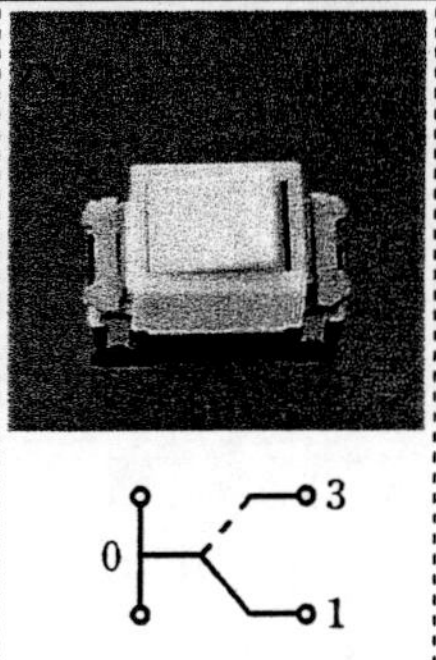	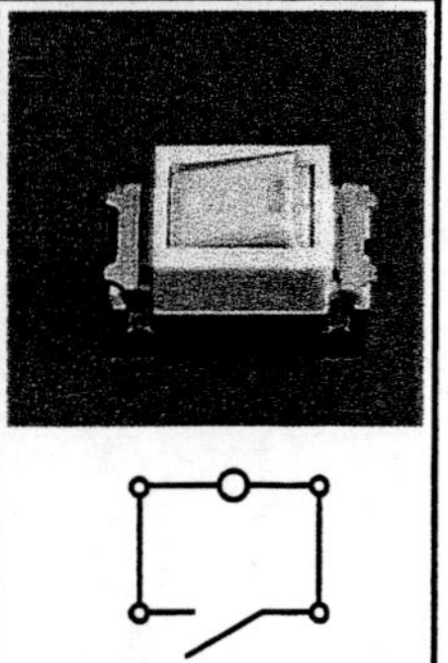
50	この配線図の施工で，一般的に**使用されることのないものは。**	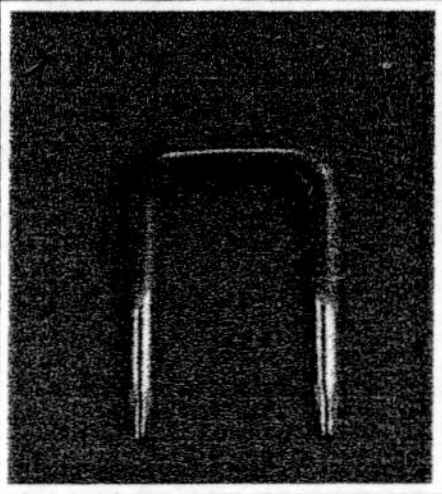		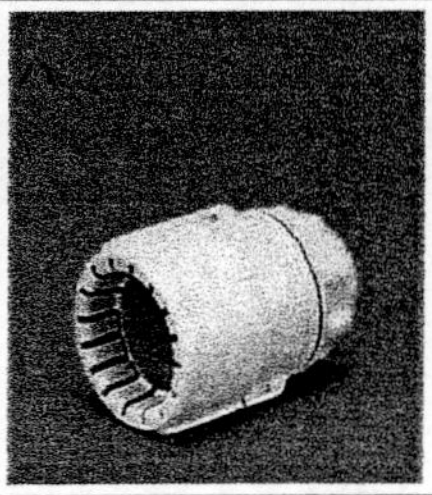	

図面を引き抜いてご覧ください

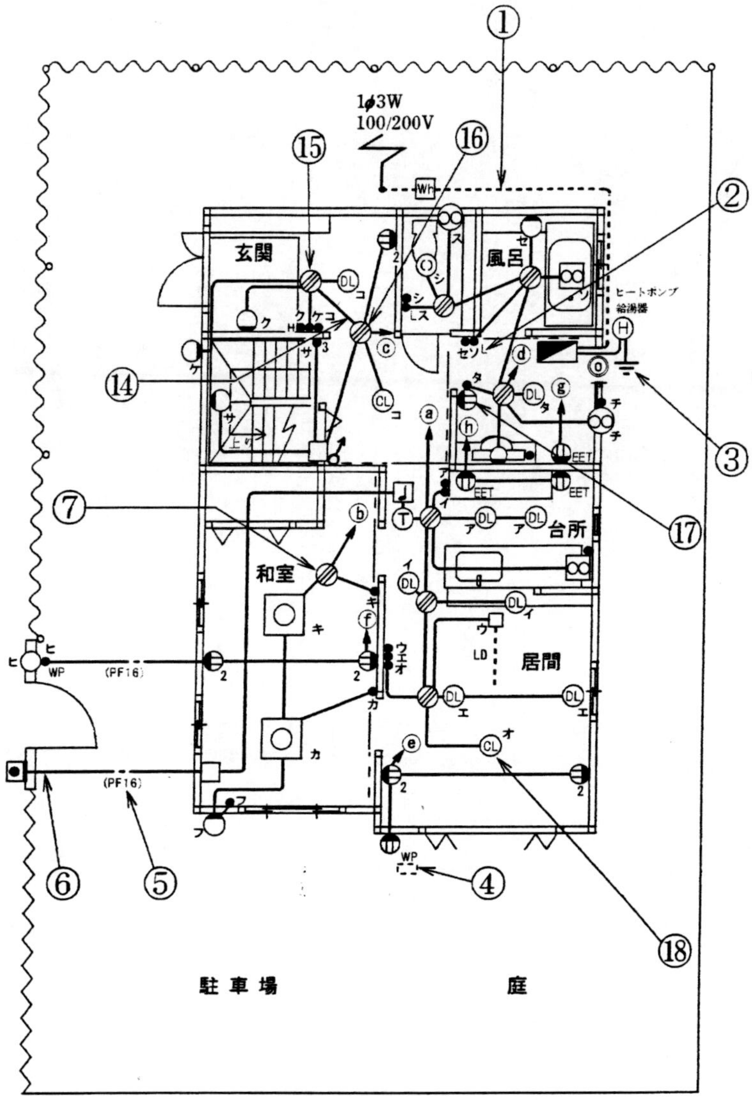

1階平面図

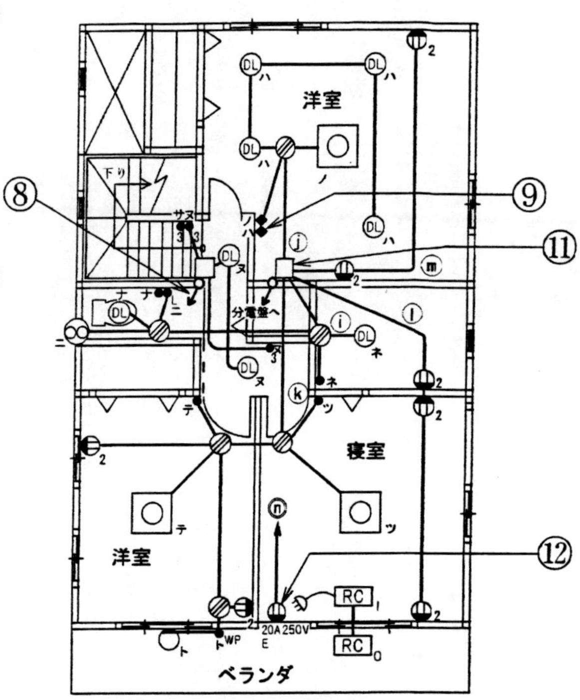

2階平面図

凡例
ⓐ～ⓜ印は単相100V回路
ⓝ～ⓞ印は単相200V回路
は電灯分電盤

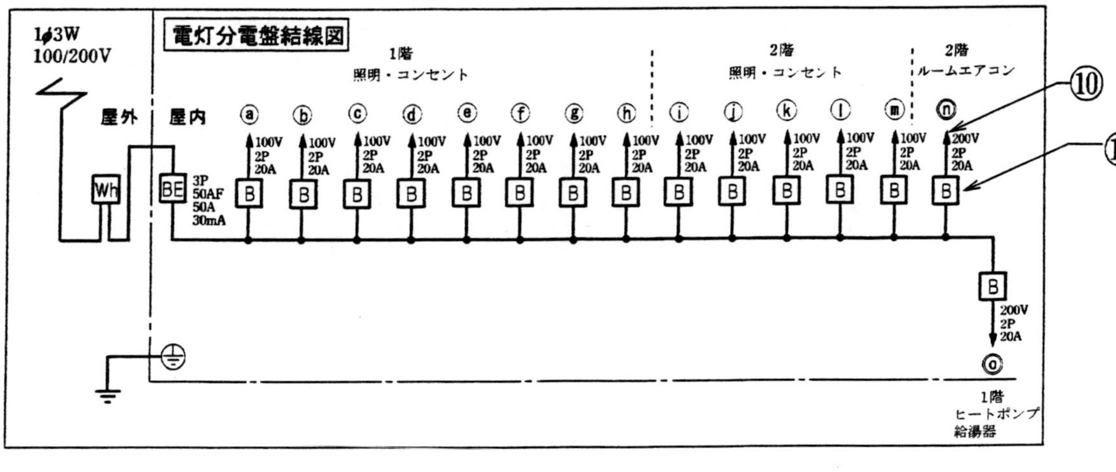

令和四年度上期（pm）　筆記試験 解答

1　ハ　a－b 端子間の電圧 V_{ab} は，次の回路で求めることができる。

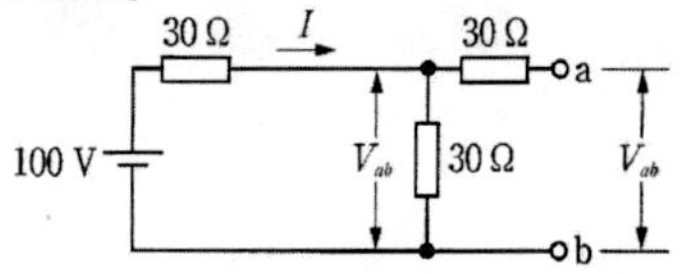

回路に流れる電流 I〔A〕は，

$$I=\frac{100}{30+30}=\frac{100}{60}〔\mathrm{A}〕$$

a－b 端子間の電圧 V_{ab}〔V〕は，

$$V_{ab}=I\times 30=\frac{100}{60}\times 30=50〔\mathrm{V}〕$$

2　イ　導線の電気抵抗を求める場合，抵抗率が ρ〔Ω・m〕で示されたときは，長さを〔m〕，断面積を〔m²〕の単位で計算する。断面積 A〔m²〕は，

$$A=\frac{\pi\times(D\times10^{-3})^2}{4}=\frac{\pi D^2\times10^{-6}}{4}〔\mathrm{m}^2〕$$

$$R=\rho\frac{L}{A}=\frac{\rho L}{\frac{\pi D^2\times10^{-6}}{4}}=\frac{4\rho L}{\pi D^2}\times10^6〔\Omega〕$$

3　イ　$P=\frac{V^2}{R}=\frac{2^2}{0.2}=\frac{4}{0.2}=20=0.02$〔kJ〕

1 時間に発生する熱量 Q〔kJ〕は，

$Q=3600Pt=3600\times0.02\times1=72$〔kJ〕

4　ロ　略

5　ハ　略

6　イ　略

$v_2=2I_2r_2=1$〔V〕

全体の電圧降下 v〔V〕は，

$v=v_1+v_2=1+1=2$〔V〕

$V_{aa'}=100+v=102$〔V〕

7　ハ　略

8　ロ　**電技解釈第146条**（低圧配線に使用する電線）による。

許容電流は35 A，電流減少数が0.7

35×0.7＝24.5 → 24〔A〕

9　ハ　**電技解釈第148条**（低圧幹線の施設）により

電動機　$I_M=10+30=40$〔A〕，

電熱器　$I_H=15+15=30$〔A〕

$I_w\geqq1.25I_M+I_H\geqq80$〔A〕

10　ニ　**電技解釈第 149 条**（低圧分岐回路等の施設）

11　ニ　略

12　ハ　**内線規程 1340－1**（絶縁電線などの許容電流）の **1340－3 表**による。

13　ニ　略

14　ロ　略

15　イ　略

16　ハ　略

17　ロ　略

18　イ　略

19　ハ　略

20　ハ　**電技解釈第 156 条**（低圧屋内配線の施設場所による工事の種類）による。

第 165 条（特殊な低圧屋内配線工事）による。

21　ニ　**電技解釈第 149 条，内線規程 1360－7** による。

22　ハ　**電技解釈第 17 条**（接地工事の種類及び施設方法）

電技解釈第 29 条（機械器具の金属製外箱等の接地）

23　ロ　**電技解釈第 158 条**（合成樹脂管工事）による

24　ニ　略

25　ハ　**電技解釈第 14 条**（低圧電路の絶縁性能）による

26　ハ　略

27　ニ　略

28　イ　略

29　ニ　略

30　ロ　略

31　ニ　略

32　ロ　略

33　ニ　③の部分の接地工事の種類は，使用電圧が 300 V 以下の機械器具の接地工事なので，D 種接地工事でである。電灯分電盤に動作時間 0.1 秒以内の漏電遮断器が施設してあるので，接地抵抗値は 500 Ω 以下

34　ニ　LK

35　ニ　略

36　ニ　略

37　ロ　略

38　ハ　右図参照

39　ハ　略

40　イ　略

41　イ　略

42　ニ　略

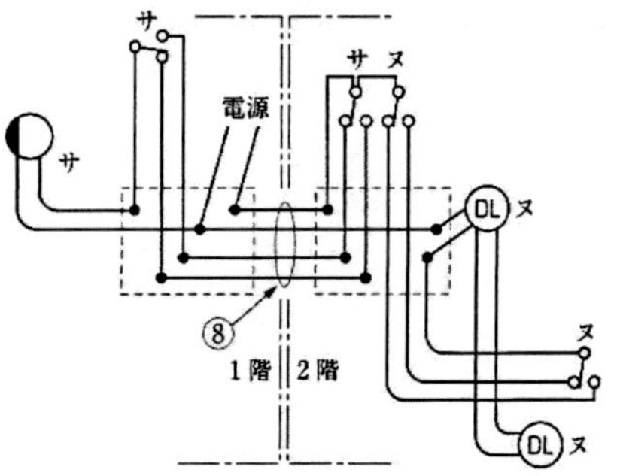

43　ハ　略

44　ロ　右図参照

45　ロ　略

46　ニ　略

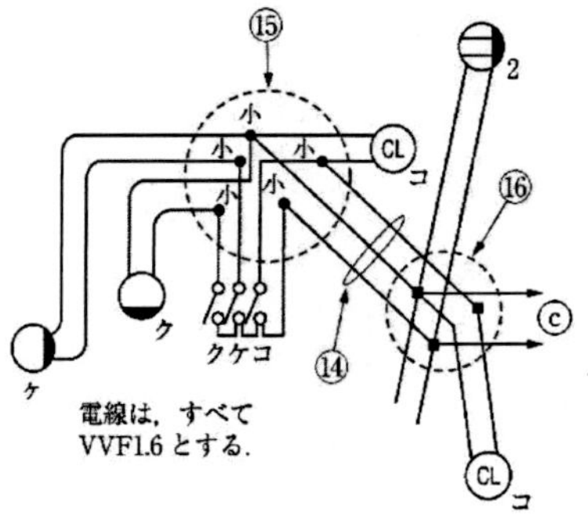

47　ハ　右図参照

48　ハ　略

49　ロ　略

50　ロ　略

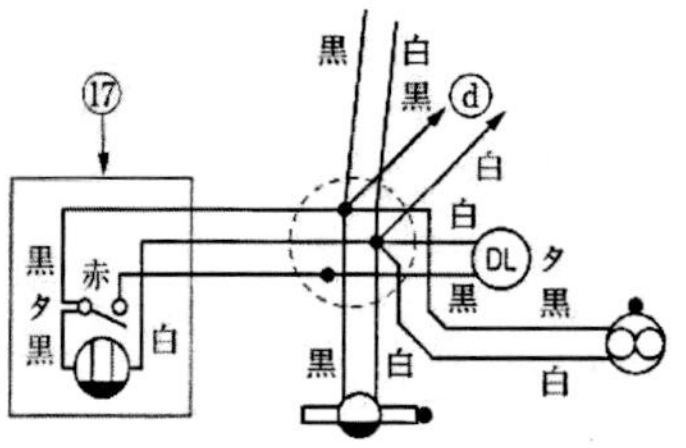

第二種電気工事士　筆記模擬試験の答案用紙

令和4年上期〔am〕

受験番号を数字で記入して下さい。➡

受験番号に該当する位置にマークして下さい。➡

受験番号								
百万の位	十万の位	万の位	千の位	百の位	十の位	一の位	記号	
⓪	⓪	⓪	⓪	⓪	⓪	⓪	Ⓐ	A
①	①	①	①	①	①	①	Ⓔ	E
②	②	②	②	②	②	②	Ⓕ	F
③	③	③	③	③	③	③	Ⓖ	G
④	④	④	④	④	④	④	Ⓚ	K
⑤	⑤	⑤	⑤	⑤	⑤	⑤	Ⓟ	P
⑥	⑥	⑥	⑥	⑥	⑥	⑥	Ⓣ	T
⑦	⑦	⑦	⑦	⑦	⑦	⑦		
⑧	⑧	⑧	⑧	⑧	⑧	⑧		
⑨	⑨	⑨	⑨	⑨	⑨	⑨		

よい例	わるい例

氏　　名

生　年　月　日
昭和　　年　　月　　日 平成

試　験　地

(2点×30問)

問題 1. 一般問題

問	答	問	答	問	答
1	㋑ ㋺ ㋩ ㋥	11	㋑ ㋺ ㋩ ㋥	21	㋑ ㋺ ㋩ ㋥
2	㋑ ㋺ ㋩ ㋥	12	㋑ ㋺ ㋩ ㋥	22	㋑ ㋺ ㋩ ㋥
3	㋑ ㋺ ㋩ ㋥	13	㋑ ㋺ ㋩ ㋥	23	㋑ ㋺ ㋩ ㋥
4	㋑ ㋺ ㋩ ㋥	14	㋑ ㋺ ㋩ ㋥	24	㋑ ㋺ ㋩ ㋥
5	㋑ ㋺ ㋩ ㋥	15	㋑ ㋺ ㋩ ㋥	25	㋑ ㋺ ㋩ ㋥
6	㋑ ㋺ ㋩ ㋥	16	㋑ ㋺ ㋩ ㋥	26	㋑ ㋺ ㋩ ㋥
7	㋑ ㋺ ㋩ ㋥	17	㋑ ㋺ ㋩ ㋥	27	㋑ ㋺ ㋩ ㋥
8	㋑ ㋺ ㋩ ㋥	18	㋑ ㋺ ㋩ ㋥	28	㋑ ㋺ ㋩ ㋥
9	㋑ ㋺ ㋩ ㋥	19	㋑ ㋺ ㋩ ㋥	29	㋑ ㋺ ㋩ ㋥
10	㋑ ㋺ ㋩ ㋥	20	㋑ ㋺ ㋩ ㋥	30	㋑ ㋺ ㋩ ㋥

(2点×20問)

問題 2. 配線図

問	答	問	答
31	㋑ ㋺ ㋩ ㋥	41	㋑ ㋺ ㋩ ㋥
32	㋑ ㋺ ㋩ ㋥	42	㋑ ㋺ ㋩ ㋥
33	㋑ ㋺ ㋩ ㋥	43	㋑ ㋺ ㋩ ㋥
34	㋑ ㋺ ㋩ ㋥	44	㋑ ㋺ ㋩ ㋥
35	㋑ ㋺ ㋩ ㋥	45	㋑ ㋺ ㋩ ㋥
36	㋑ ㋺ ㋩ ㋥	46	㋑ ㋺ ㋩ ㋥
37	㋑ ㋺ ㋩ ㋥	47	㋑ ㋺ ㋩ ㋥
38	㋑ ㋺ ㋩ ㋥	48	㋑ ㋺ ㋩ ㋥
39	㋑ ㋺ ㋩ ㋥	49	㋑ ㋺ ㋩ ㋥
40	㋑ ㋺ ㋩ ㋥	50	㋑ ㋺ ㋩ ㋥

1. マークは上の例のようにマークすること。
2. 氏名・生年月日・試験地・受験番号を必ず記入すること。
3. 受験番号は欄外にはみださないように正確に記入し、必ず該当する番号にマークすること。
4. マークの記入にあったては濃度HBの黒鉛筆を使用すること。
5. 誤ってマークしたときは、跡の残らないようにプラスチック消しゴムできれいに消すこと。
6. 答の欄は各問につき一つだけマークすること。
7. 用紙は絶対に折り曲げたり汚したりしないこと。

問題１．一般問題 (問題数30，配点は１問当たり２点)

【注】本問題の計算で $\sqrt{2}$，$\sqrt{3}$ 及び円周率 π を使用する場合の数値は次によること。$\sqrt{2}=1.41$ ，$\sqrt{3}=1.73$ ，$\pi=3.14$

次の各問いには４通りの答え（イ，ロ，ハ，ニ）が書いてある。それぞれの問いに対して答えを１つ選びなさい。

なお，選択肢が数値の場合は最も近い値を選びなさい。

	問い	答え
1	図のような回路で，電流計Ⓐの値が１Ａを示した。このときの電圧計Ⓥの指示値［V］は。 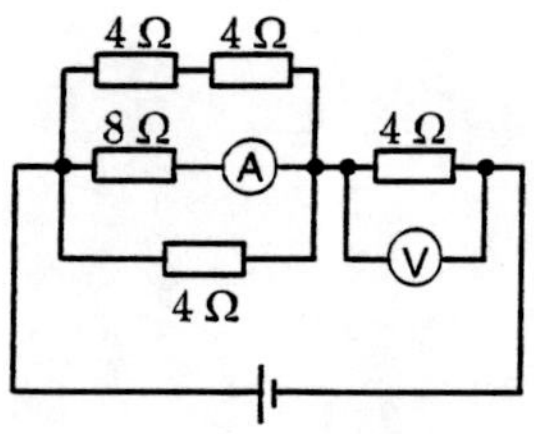 	イ．16　ロ．32　ハ．40　ニ．48
2	ビニル絶縁電線（単線）の抵抗又は許容電流に関する記述として，**誤っているものは**。	イ．許容電流は，周囲の温度が上昇すると，大きくなる。 ロ．許容電流は，導体の直径が大きくなると，大きくなる。 ハ．電線の抵抗は，導体の長さに比例する。 ニ．電線の抵抗は，導体の直径の2乗に反比例する。
3	抵抗器に100 Vの電圧を印加したとき，５Ａの電流が流れた。1時間30分の間に抵抗器で発生する熱量［kJ］は。	イ．750　ロ．1 800　ハ．2 700　ニ．5 400
4	図のような交流回路において，抵抗８Ωの両端の電圧 V［V］は。 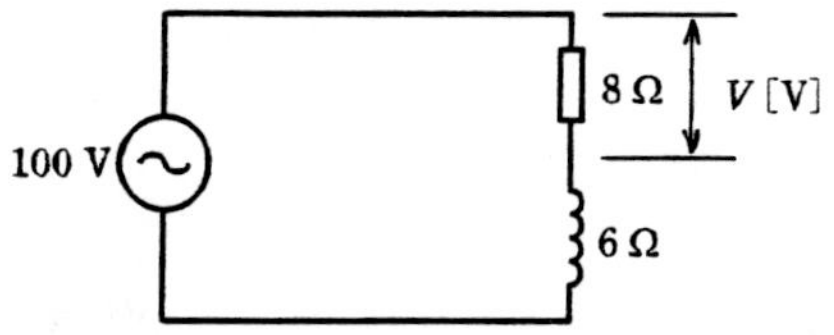 	イ．43　ロ．57　ハ．60　ニ．80
5	図のような三相3線式回路の全消費電力［kW］は。 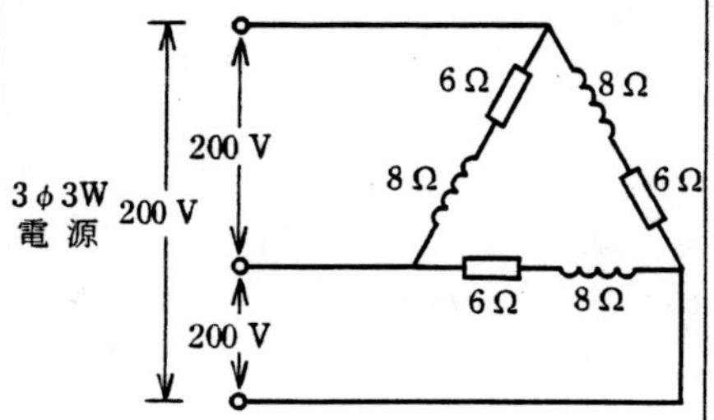 	イ．2.4　ロ．4.8　ハ．7.2　ニ．9.6

<table>
<tr><th colspan="2">問　い</th><th colspan="4">答　え</th></tr>
<tr><td>6</td><td>図のような三相3線式回路で，電線1線当たりの抵抗が0.15 Ω，線電流が10 Aのとき，この電線路の電力損失［W］は。
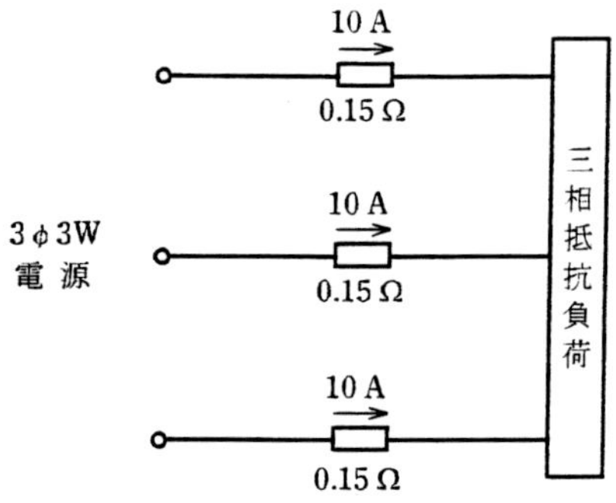
10 A
0.15 Ω
10 A
0.15 Ω
10 A
0.15 Ω
3φ3W
電 源
三相抵抗負荷</td><td>イ．15</td><td>ロ．26</td><td>ハ．30</td><td>ニ．45</td></tr>
<tr><td>7</td><td>図のような単相3線式回路において，消費電力1 000 W，200 Wの2つの負荷はともに抵抗負荷である。図中の✕印点で断線した場合，a–b間の電圧［V］は。
ただし，断線によって負荷の抵抗値は変化しないものとする。
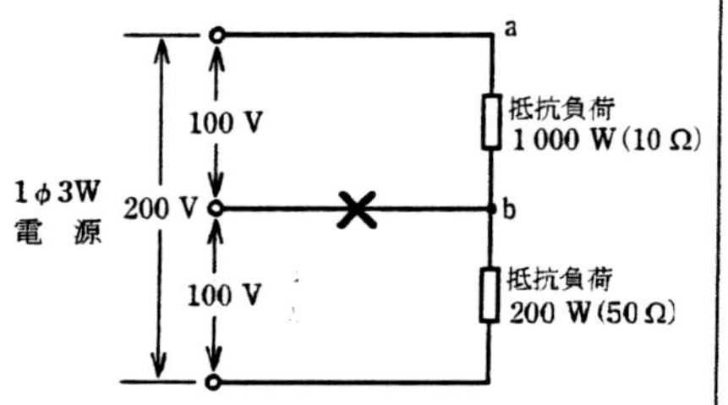
a
b
100 V
200 V
100 V
1φ3W
電 源
抵抗負荷
1 000 W (10 Ω)
抵抗負荷
200 W (50 Ω)</td><td>イ．17</td><td>ロ．33</td><td>ハ．100</td><td>ニ．167</td></tr>
<tr><td>8</td><td>金属管による低圧屋内配線工事で，管内に直径2.0 mmの600Vビニル絶縁電線（軟銅線）4本を収めて施設した場合，電線1本当たりの許容電流［A］は。
ただし，周囲温度は30 ℃以下，電流減少係数は0.63とする。</td><td>イ．22</td><td>ロ．31</td><td>ハ．35</td><td>ニ．38</td></tr>
<tr><td>9</td><td>定格電流12 Aの電動機5台が接続された単相2線式の低圧屋内幹線がある。この幹線の太さを決定するための根拠となる電流の最小値［A］は。
ただし，需要率は80％とする。</td><td>イ．48</td><td>ロ．60</td><td>ハ．66</td><td>ニ．75</td></tr>
</table>

問い		答え
10	定格電流30 Aの配線用遮断器で保護される分岐回路の電線(軟銅線)の太さと，接続できるコンセントの図記号の組合せとして，**適切なものは。** ただし，コンセントは兼用コンセントではないものとする。	イ．断面積 5.5 mm^2 2　　ロ．断面積 3.5 mm^2 3 ハ．直径 2.0 mm 20 A　　ニ．断面積 5.5 mm^2 20 A 2
11	低圧の地中配線を直接埋設式により施設する場合に**使用できるものは。**	イ．600V 架橋ポリエチレン絶縁ビニルシースケーブル(CV) ロ．屋外用ビニル絶縁電線(OW) ハ．引込用ビニル絶縁電線(DV) ニ．600V ビニル絶縁電線(IV)
12	600V ポリエチレン絶縁耐燃性ポリエチレンシースケーブル平形(EM-EEF)の絶縁物の最高許容温度［℃］は。	イ．60　ロ．75　ハ．90　ニ．120
13	電気工事の種類と，その工事で使用する工具の組合せとして，**適切なものは。**	イ．金属線ぴ工事とボルトクリッパ ロ．合成樹脂管工事とパイプベンダ ハ．金属管工事とクリックボール ニ．バスダクト工事と圧着ペンチ
14	三相誘導電動機が周波数50 Hzの電源で無負荷運転されている。この電動機を周波数60 Hzの電源で無負荷運転した場合の回転の状態は。	イ．回転速度は変化しない。 ロ．回転しない。 ハ．回転速度が減少する。 ニ．回転速度が増加する。
15	蛍光灯を，同じ消費電力の白熱電灯と比べた場合，**正しいものは。**	イ．力率が良い。 ロ．雑音(電磁雑音)が少ない。 ハ．寿命が短い。 ニ．発光効率が高い。(同じ明るさでは消費電力が少ない)

<table>
<tr><th colspan="2">問　い</th><th>答　え</th></tr>
<tr><td>16</td><td>写真に示す材料の用途は。
</td><td>イ．PF 管を支持するのに用いる。
ロ．照明器具を固定するのに用いる。
ハ．ケーブルを束線するのに用いる。
ニ．金属線ぴを支持するのに用いる。</td></tr>
<tr><td>17</td><td>写真に示す機器の名称は。
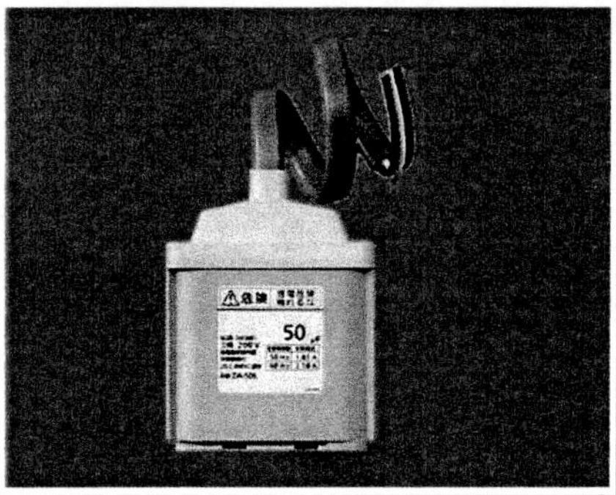
</td><td>イ．水銀灯用安定器
ロ．変流器
ハ．ネオン変圧器
ニ．低圧進相コンデンサ</td></tr>
<tr><td>18</td><td>写真に示す測定器の用途は。
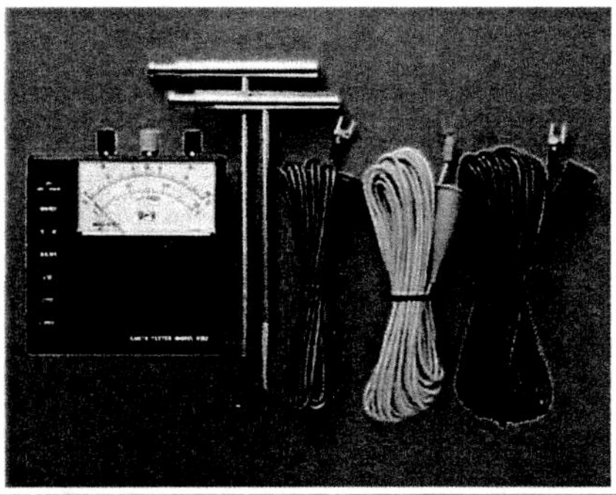</td><td>イ．接地抵抗の測定に用いる。
ロ．絶縁抵抗の測定に用いる。
ハ．電気回路の電圧の測定に用いる。
ニ．周波数の測定に用いる。</td></tr>
<tr><td>19</td><td>単相 100 V の屋内配線工事における絶縁電線相互の接続で，不適切なものは。</td><td>イ．絶縁電線の絶縁物と同等以上の絶縁効力のあるもので十分被覆した。
ロ．電線の引張強さが 15%減少した。
ハ．電線相互を指で強くねじり，その部分を絶縁テープで十分被覆した。
ニ．接続部の電気抵抗が増加しないように接続した。</td></tr>
<tr><td>20</td><td>電気設備の簡易接触防護措置としての最小高さの組合せとして，正しいものは。
ただし，人が通る場所から容易に触れることのない範囲に施設する。
<table>
<tr><th>屋内で床面からの最小高さ[m]</th><th>屋外で地表面からの最小高さ[m]</th></tr>
<tr><td>a　1.6</td><td>e　2</td></tr>
<tr><td>b　1.7</td><td>f　2.1</td></tr>
<tr><td>c　1.8</td><td>g　2.2</td></tr>
<tr><td>d　1.9</td><td>h　2.3</td></tr>
</table></td><td>イ．a，h
ロ．b，g
ハ．c，e
ニ．d，f</td></tr>
</table>

	問い	答え
21	低圧屋内配線の図記号と，それに対する施工方法の組合せとして，**正しいものは**。	イ．------///------ 厚鋼電線管で天井隠ぺい配線。 IV1.6（E19） ロ．——///—— 硬質ポリ塩化ビニル電線管で露出配線。 IV1.6（PF16） ハ．——///—— 合成樹脂製可とう電線管で天井隠ぺい配線。 IV1.6（16） ニ．------///------ 2 種金属製可とう電線管で露出配線。 IV1.6（F2 17）
22	機械器具の金属製外箱に施すD種接地工事に関する記述で，**不適切なものは**。	イ．三相 200 V 電動機外箱の接地線に直径 1.6 mm の IV 電線を使用した。 ロ．単相 100 V 移動式の電気ドリル（一重絶縁）の接地線として多心コードの断面積 0.75 mm^2 の 1 心を使用した。 ハ．単相 100 V の電動機を水気のある場所に設置し，定格感度電流 15 mA，動作時間 0.1 秒の電流動作型漏電遮断器を取り付けたので，接地工事を省略した。 ニ．一次側 200 V，二次側 100 V，3 kV·A の絶縁変圧器（二次側非接地）の二次側電路に電動丸のこぎりを接続し，接地を施さないで使用した。
23	硬質ポリ塩化ビニル電線管による合成樹脂管工事として，**不適切なものは**。	イ．管の支持点間の距離は 2 m とした。 ロ．管相互及び管とボックスとの接続で，専用の接着剤を使用し，管の差込み深さを管の外径の 0.9 倍とした。 ハ．湿気の多い場所に施設した管とボックスとの接続箇所に，防湿装置を施した。 ニ．三相 200 V 配線で，簡易接触防護措置を施した場所に施設した管と接続する金属製プルボックスに，D 種接地工事を施した。
24	単相 3 線式 100/200 V の屋内配線で，絶縁被覆の色が赤色，白色，黒色の3種類の電線が使用されていた。この屋内配線で電線相互間及び電線と大地間の電圧を測定した。その結果としての電圧の組合せで，**適切なものは**。 ただし，中性線は白色とする。	イ．黒色線と大地間 100 V 白色線と大地間 200 V 赤色線と大地間 0 V ロ．黒色線と白色線間 100 V 黒色線と大地間 0 V 赤色線と大地間 200 V ハ．赤色線と黒色線間 200 V 白色線と大地間 0 V 黒色線と大地間 100 V ニ．黒色線と白色線間 200 V 黒色線と大地間 100 V 赤色線と大地間 0 V
25	単相3線式100/200 Vの屋内配線において，開閉器又は過電流遮断器で区切ることができる電路ごとの絶縁抵抗の最小値として，「電気設備に関する技術基準を定める省令」に規定されている値［MΩ］の組合せで，**正しいものは**。	イ．電路と大地間 0.2 電線相互間 0.4 ロ．電路と大地間 0.2 電線相互間 0.2 ハ．電路と大地間 0.1 電線相互間 0.1 ニ．電路と大地間 0.1 電線相互間 0.2

	問　い	答　え
26	工場の 200 V 三相誘導電動機(対地電圧 200 V)への配線の絶縁抵抗値［MΩ］及びこの電動機の鉄台の接地抵抗値［Ω］を測定した。電気設備技術基準等に適合する測定値の組合せとして，**適切なものは。** ただし，200 V 電路に施設された漏電遮断器の動作時間は 0.5 秒を超えるものとする。	イ．0.4 MΩ　300 Ω ロ．0.3 MΩ　60 Ω ハ．0.15 MΩ　200 Ω ニ．0.1 MΩ　50 Ω
27	直動式指示電気計器の目盛板に図のような記号がある。記号の意味及び測定できる回路で，**正しいものは。** 	イ．永久磁石可動コイル形で目盛板を鉛直に立てて，直流回路で使用する。 ロ．永久磁石可動コイル形で目盛板を鉛直に立てて，交流回路で使用する。 ハ．可動鉄片形で目盛板を鉛直に立てて，直流回路で使用する。 ニ．可動鉄片形で目盛板を水平に置いて，交流回路で使用する。
28	「電気工事士法」において，一般用電気工作物に係る工事の作業で a，b ともに電気工事士でなければ**従事できないものは。**	イ．a：配電盤を造営材に取り付ける。 b：電線管に電線を収める。 ロ．a：地中電線用の管を設置する。 b：定格電圧 100 V の電力量計を取り付ける。 ハ．a：電線を支持する柱を設置する。 b：電線管を曲げる。 ニ．a：接地極を地面に埋設する。 b：定格電圧 125 V の差込み接続器にコードを接続する。
29	「電気用品安全法」における電気用品に関する記述として，**誤っているものは。**	イ．電気用品の製造又は輸入の事業を行う者は，「電気用品安全法」に規定する義務を履行したときに，経済産業省令で定める方式による表示を付すことができる。 ロ．「特定電気用品以外の電気用品」には  または<PS>E の表示が付されている。 ハ．電気用品の販売の事業を行う者は，経済産業大臣の承認を受けた場合等を除き，法令に定める表示のない電気用品を販売してはならない。 ニ．電気工事士は，「電気用品安全法」に規定する表示の付されていない電気用品を電気工作物の設置又は変更の工事に使用してはならない。
30	一般用電気工作物に関する記述として，**誤っているものは。**	イ．低圧で受電するものは，出力 60 kW の太陽電池発電設備を同一構内に施設すると，一般用電気工作物とならない。 ロ．低圧で受電するものは，小出力発電設備を同一構内に施設すると，一般用電気工作物とならない。 ハ．低圧で受電するものであっても，火薬類を製造する事業場など，設置する場所によっては一般用電気工作物とならない。 ニ．高圧で受電するものは，受電電力の容量，需要場所の業種にかかわらず，一般用電気工作物とならない。

問題２．配線図 (問題数 20，配点は１問当たり２点)　　※図は１３頁参照

図は，鉄骨軽量コンクリート造一部２階建工場及び倉庫の配線図である。この図に関する次の各問いには４通りの答え（**イ**，**ロ**，**ハ**，**ニ**）が書いてある。それぞれの問いに対して，答えを１つ選びなさい。

【注意】１．屋内配線の工事は，特記のある場合を除き電灯回路は 600V ビニル絶縁ビニルシースケーブル平形（VVF）を用いたケーブル工事である。

２．屋内配線等の電線の本数，電線の太さ及び１階工場内の照明等の回路，その他，問いに直接関係のない部分等は省略又は簡略化してある。

３．漏電遮断器は，定格感度電流 30 mA，動作時間 0.1 秒以内のものを使用している。

４．選択肢（答え）の写真にあるコンセント及び点滅器は，「JIS C 0303 : 2000 構内電気設備の配線用図記号」で示す「一般形」である。

５．ジョイントボックスを経由する電線は，すべて接続箇所を設けている。

６．３路スイッチの記号「0」の端子には，電源側又は負荷側の電線を結線する。

	問　い	答　え
31	①で示す部分の最少電線本数(心線数)は。	**イ**．3　**ロ**．4　**ハ**．5　**ニ**．6
32	②で示す引込口開閉器の設置は。 ただし，この屋内電路を保護する過負荷保護付漏電遮断器の定格電流は 20 A である。	**イ**．屋外の電路が地中配線であるから省略できない。 **ロ**．屋外の電路の長さが 10 m 以上なので省略できない。 **ハ**．過負荷保護付漏電遮断器の定格電流が 20 A なので省略できない。 **ニ**．屋外の電路の長さが 15 m 以下なので省略できる。
33	③で示す部分の配線工事で用いる管の種類は。	**イ**．硬質ポリ塩化ビニル電線管 **ロ**．耐衝撃性硬質ポリ塩化ビニル電線管 **ハ**．耐衝撃性硬質ポリ塩化ビニル管 **ニ**．波付硬質合成樹脂管
34	④で示す図記号の名称は。	**イ**．フロートスイッチ **ロ**．圧力スイッチ **ハ**．電磁開閉器用押しボタン **ニ**．握り押しボタン
35	⑤で示す引込線取付点の地表上の高さの最低値［m］は。 ただし，引込線は道路を横断せず，技術上やむを得ない場合で交通に支障がないものとする。	**イ**．2.5　**ロ**．3.0　**ハ**．3.5　**ニ**．4.0
36	⑥で示す部分に施設してはならない過電流遮断装置は。	**イ**．２極にヒューズを取り付けたカバー付ナイフスイッチ **ロ**．２極２素子の配線用遮断器 **ハ**．２極にヒューズを取り付けたカットアウトスイッチ **ニ**．２極１素子の配線用遮断器
37	⑦で示す部分の接地工事の接地抵抗の最大値と，電線(軟銅線)の最小太さとの組合せで，**適切なものは**。	**イ**．100 Ω　2.0 mm **ロ**．300 Ω　1.6 mm **ハ**．500 Ω　1.6 mm **ニ**．600 Ω　2.0 mm
38	⑧で示す部分の電路と大地間の絶縁抵抗として，許容される最小値［MΩ］は。	**イ**．0.1　**ロ**．0.2　**ハ**．0.4　**ニ**．1.0
39	⑨で示す部分にモータブレーカを取り付けたい。図記号は。	**イ**． **ロ**． **ハ**． **ニ**．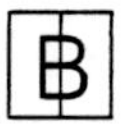
40	⑩で示すコンセントの極配置（刃受）で，**正しいものは**。	**イ**． **ロ**． **ハ**． **ニ**．

（次頁へ続く）

	問い	答え			
41	⑪で示すボックス内の接続をすべて圧着接続とする場合，使用するリングスリーブの種類と最少個数の組合せで，**正しいものは**。	イ. 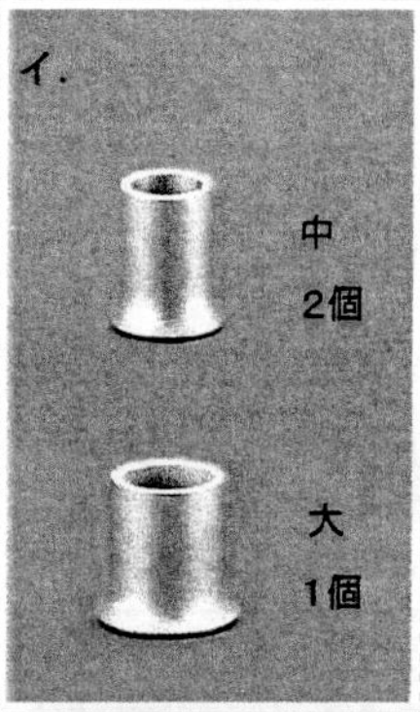中 2個 大 1個	ロ. 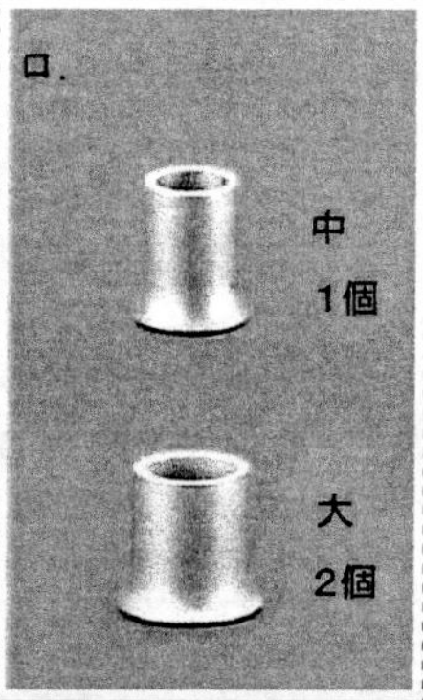中 1個 大 2個	ハ. 中 3個	ニ. 大 3個
42	⑫で示すボックス内の接続をすべて差込形コネクタとする場合，使用する差込形コネクタの種類と最少個数の組合せで，**正しいものは**。 ただし，使用する電線はすべてVVF1.6とする。	イ. 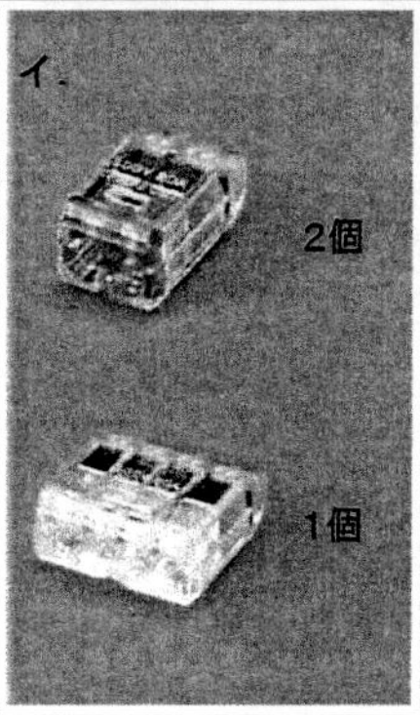2個 1個	ロ. 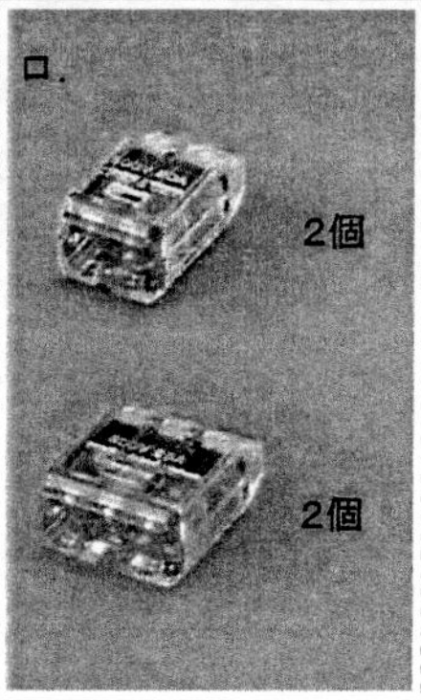2個 2個	ハ. 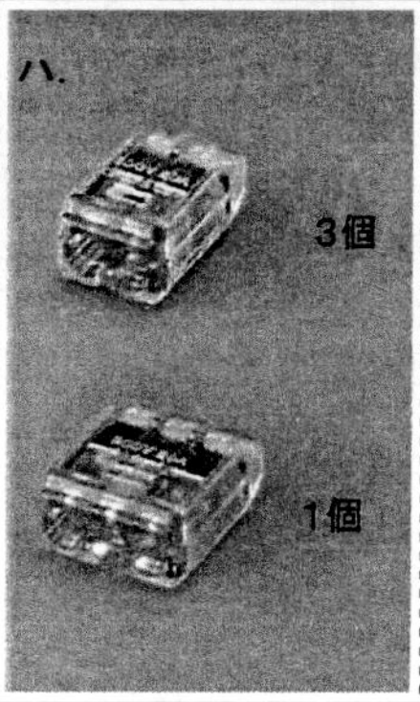3個 1個	ニ. 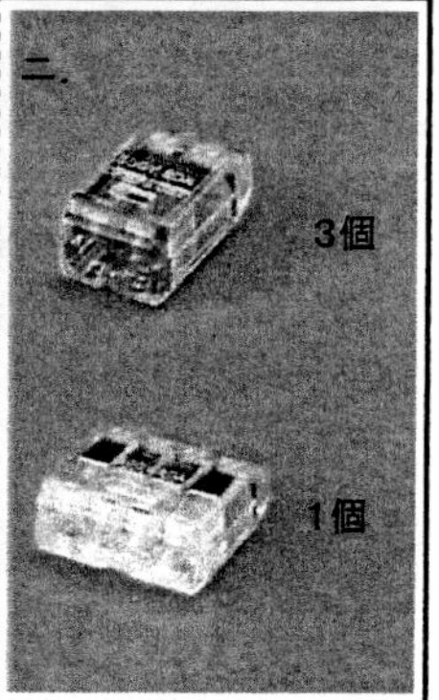3個 1個
43	⑬で示す点滅器の取付け工事に**使用されないものは**。	イ. 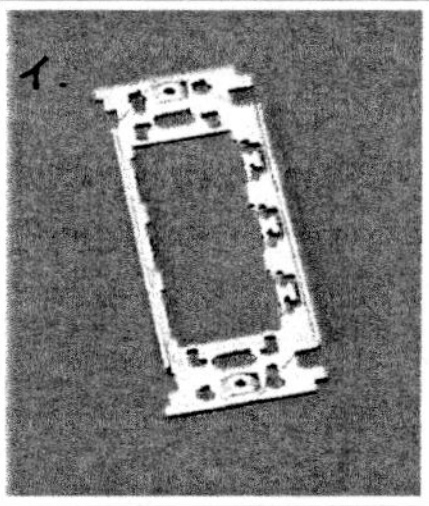	ロ. 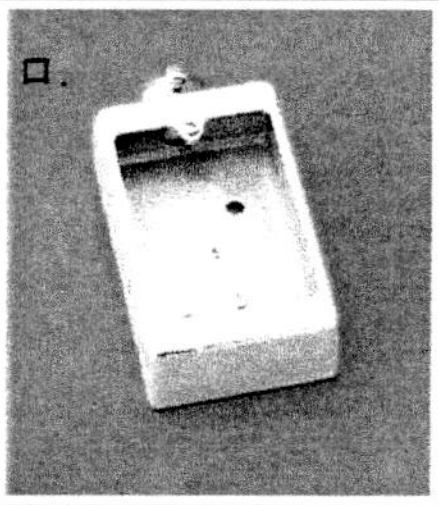	ハ. 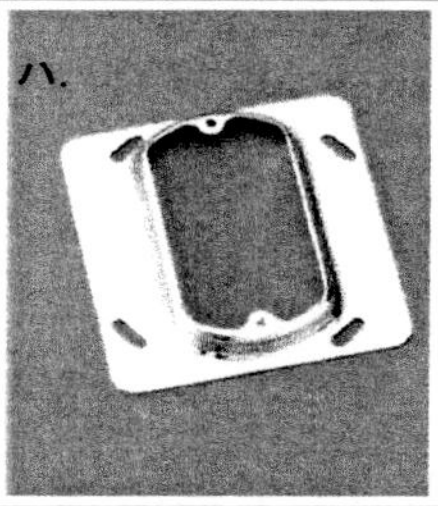	ニ. 
44	⑭で示す部分の配線工事に必要なケーブルは。 ただし，心線数は最少とする。	イ. 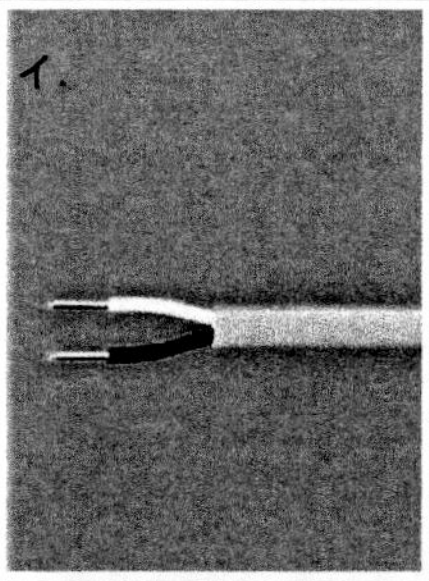	ロ. 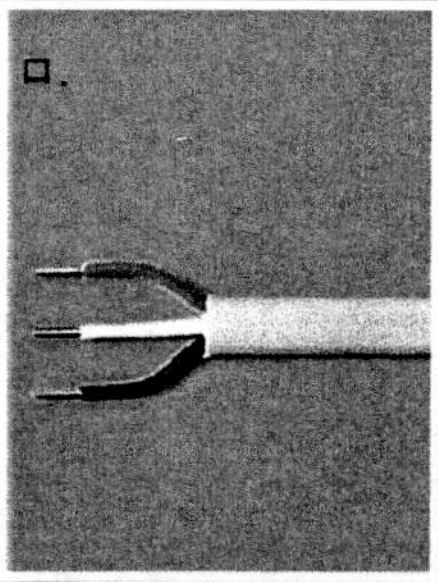	ハ. 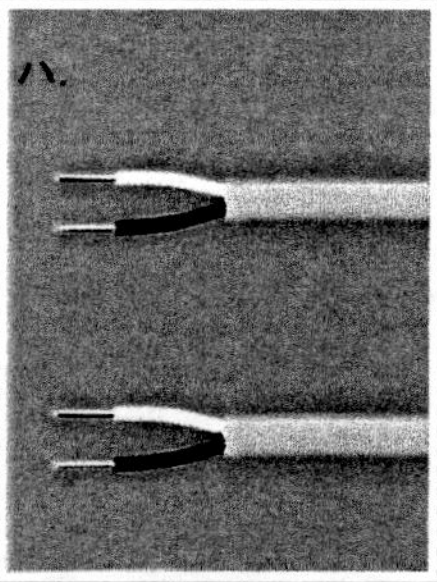	ニ. 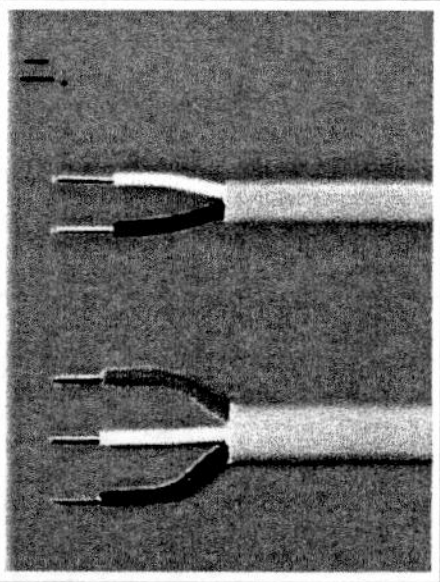
45	⑮で示すボックス内の接続をリングスリーブで圧着接続した場合のリングスリーブの種類，個数及び圧着接続後の刻印との組合せで，**正しいものは**。 ただし，使用する電線はすべてIV1.6とする。 また，写真に示す**リングスリーブ中央の○，小，中**は刻印を表す。	イ. 小 小 小 小　3個	ロ. ○ 小 小 小　3個	ハ. 小 ○ ○ 小　3個	ニ. 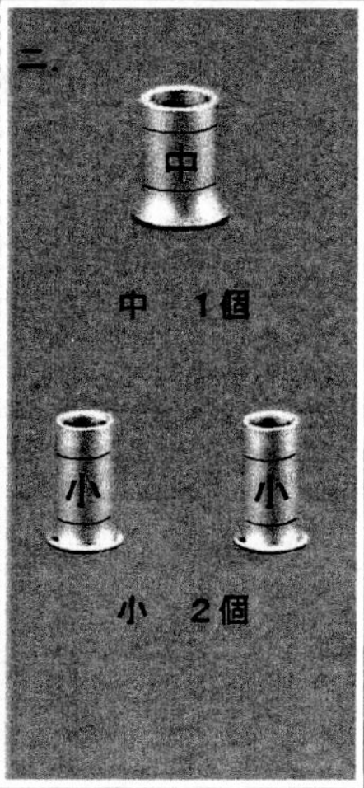中 中　1個 小 小 小　2個

問い		答え			
46	⑯で示す部分の配線を器具の裏面から見たものである。**正しいものは**。 ただし，電線の色別は，白色は電源からの接地側電線，黒色は電源からの非接地側電線，赤色は負荷に結線する電線とする。	イ． 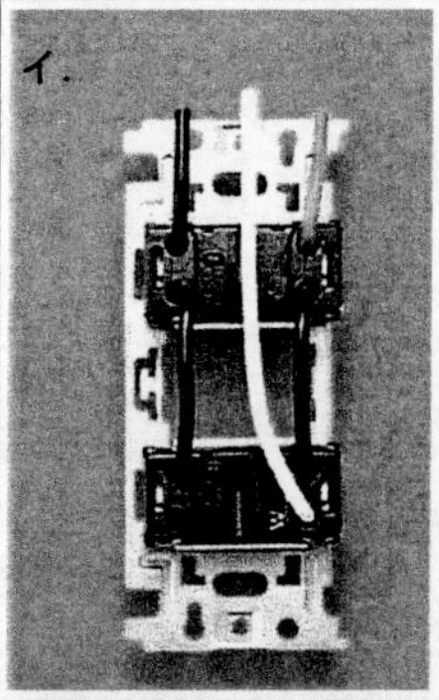	ロ． 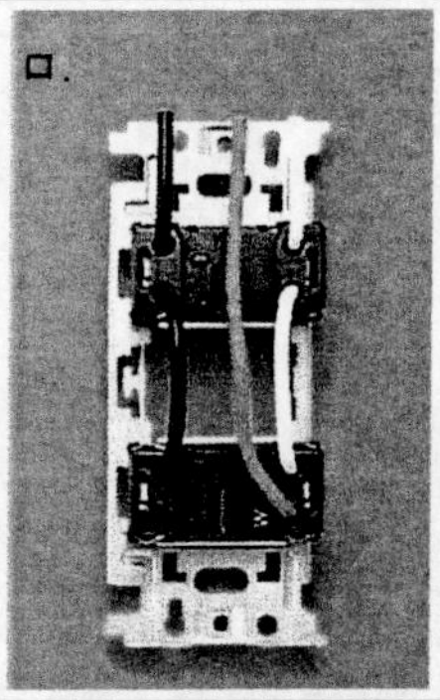	ハ． 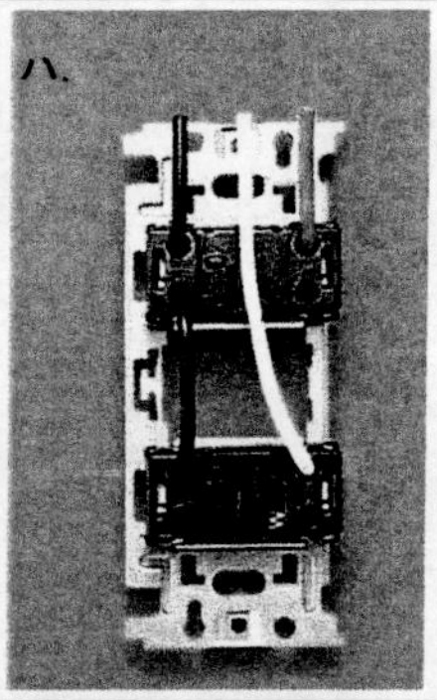	ニ． 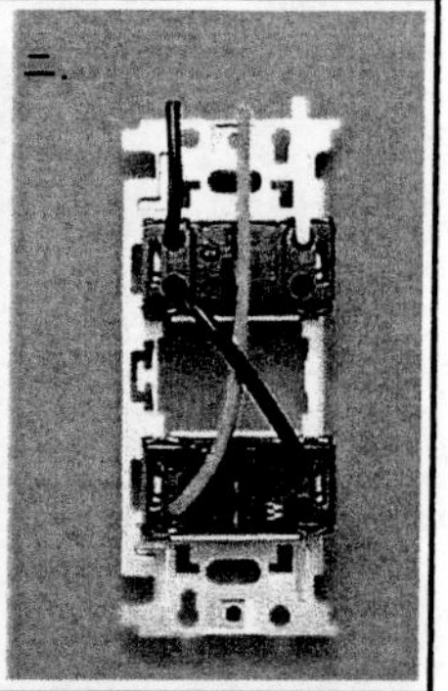
47	⑰で示す電線管相互を接続するために**使用されるものは**。	イ． 	ロ． 	ハ． 	ニ． 
48	⑱で示すジョイントボックス内の電線相互の接続作業に用いるものとして，**不適切なものは**。	イ． 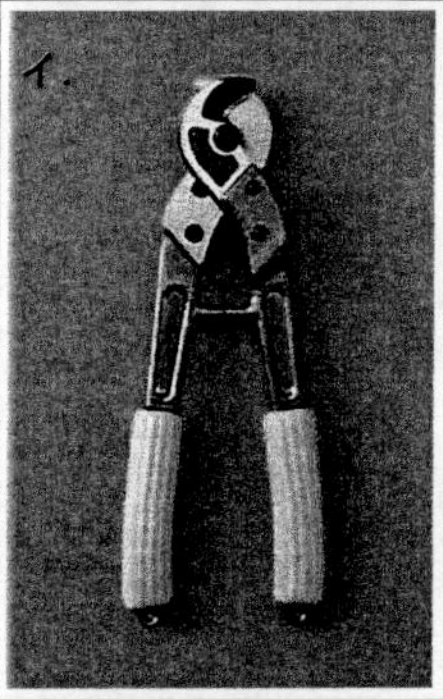	ロ． 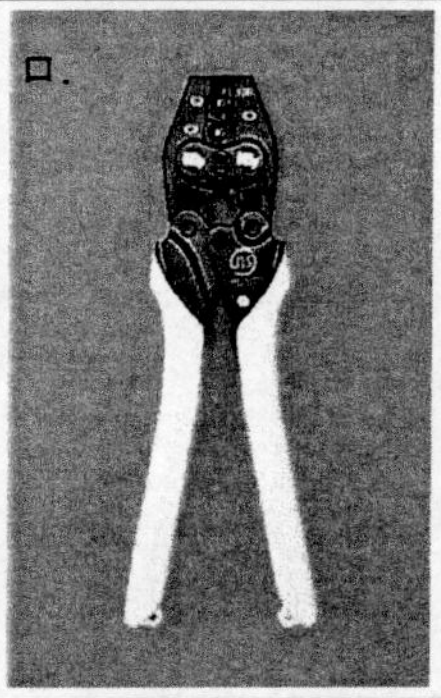	ハ． 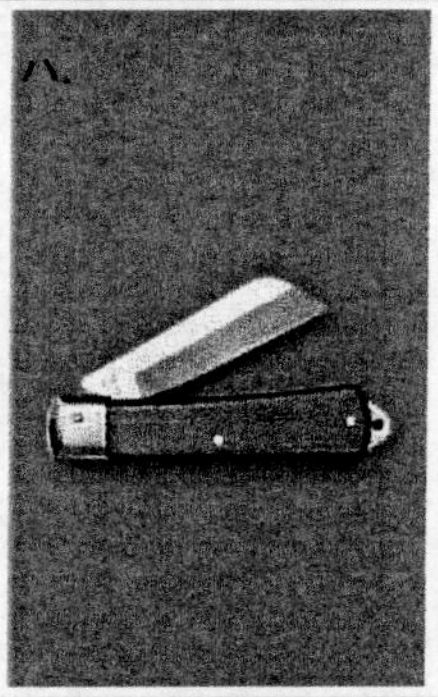	ニ． 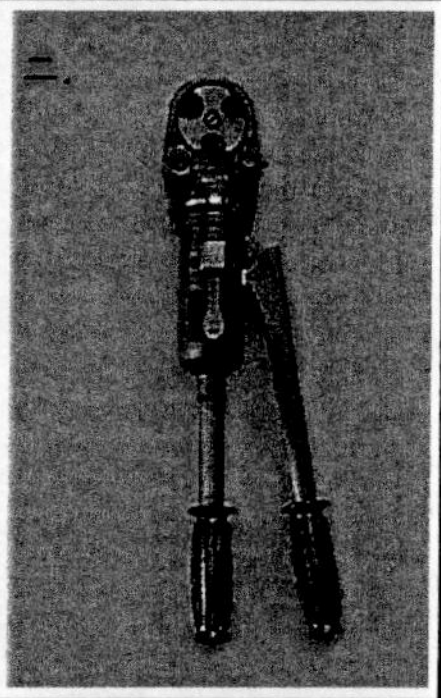
49	⑲で示す図記号の器具は。	イ． 	ロ． 	ハ． 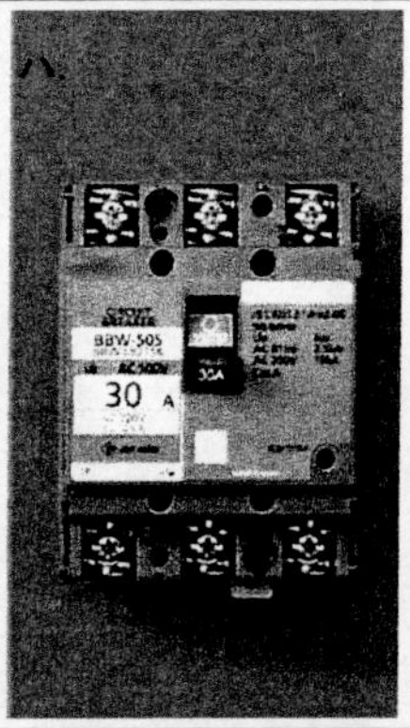	ニ． 
50	この配線図で，**使用されていない**コンセントは。	イ． 	ロ． 	ハ． 	ニ． 

図面を引き抜いてご覧ください

（赤字部分を追加訂正　R04.5.31）

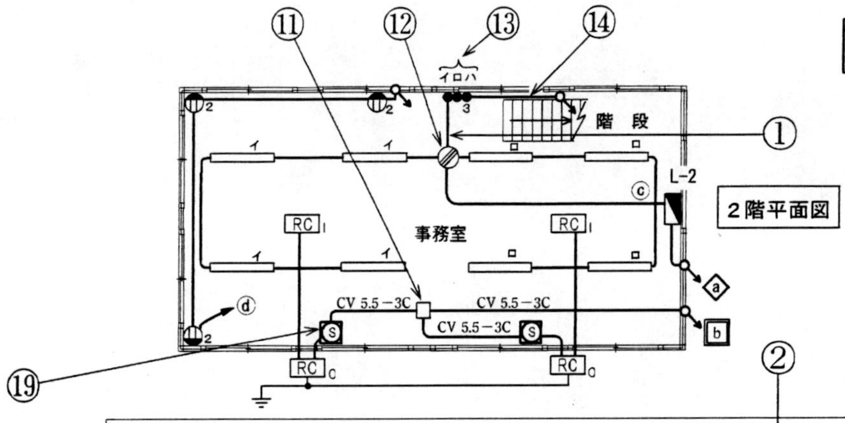

⑪ ⑫ ⑬ ⑭
イロハ
階段
①
2階平面図
L-2
事務室
RC
CV 5.5－3C
CV 5.5－3C
CV 5.5－3C
ⓐ
ⓑ
ⓒ
ⓓ
⑲

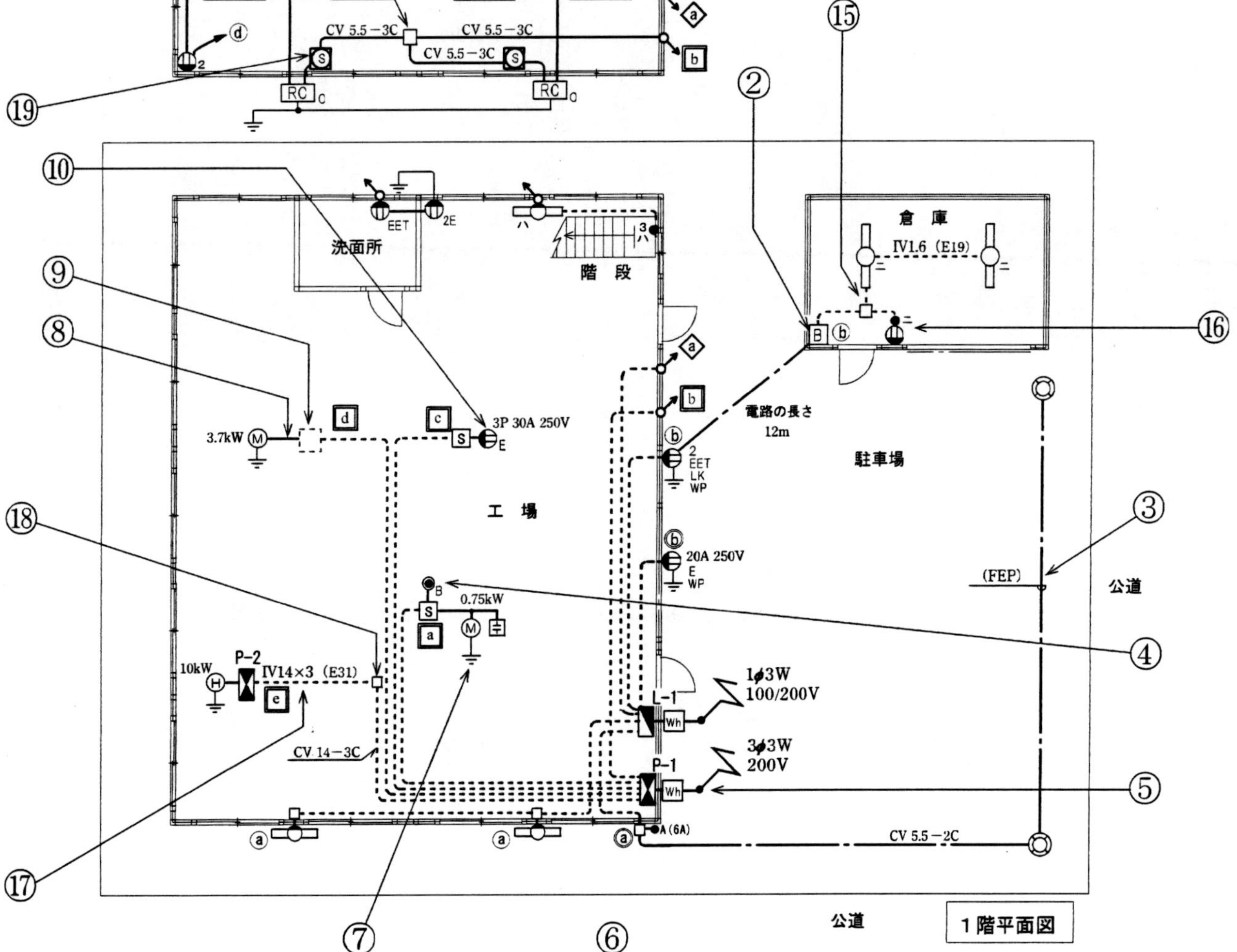

⑩ ⑨ ⑧ ⑱ ⑰ ⑦ ⑮ ② ⑯ ③ ④ ⑤
洗面所
EET
2E
階段
倉庫
IV1.6（E19）
電路の長さ
12m
駐車場
3.7kW
3P 30A 250V
2 EET LK WP
工場
20A 250V E WP
(FEP)
公道
0.75kW
10kW
P-2
IV14×3（E31）
CV 14－3C
L-1
1φ3W 100/200V
P-1
3φ3W 200V
A (6A)
CV 5.5－2C
公道
1階平面図

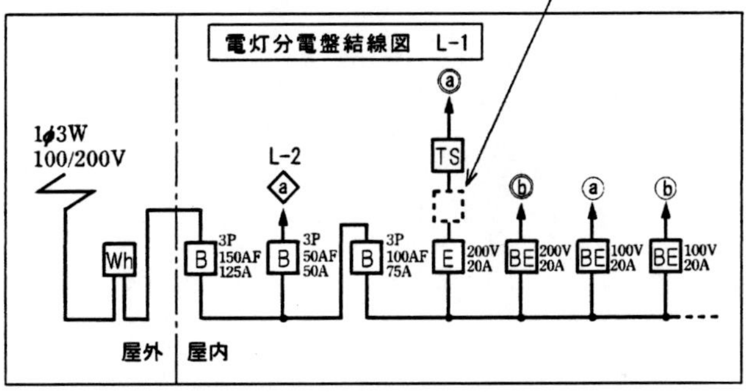

電灯分電盤結線図　L-1
1φ3W
100/200V
L-2
⑥
TS
3P 150AF 125A
3P 50AF 50A
3P 100AF 75A
200V 20A
200V 20A
100V 20A
100V 20A
屋外
屋内

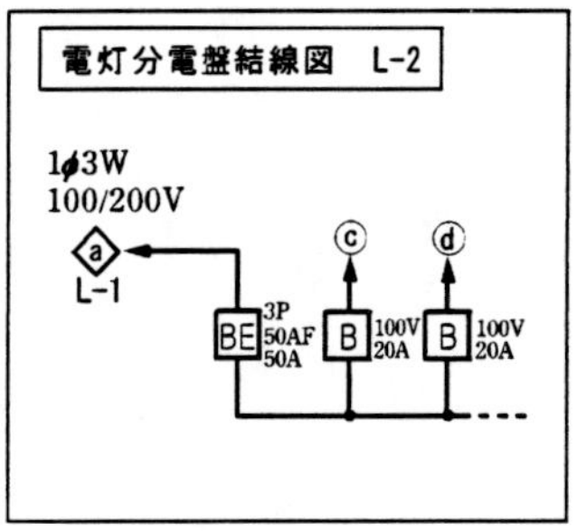

電灯分電盤結線図　L-2
1φ3W
100/200V
L-1
3P 50AF 50A
100V 20A
100V 20A

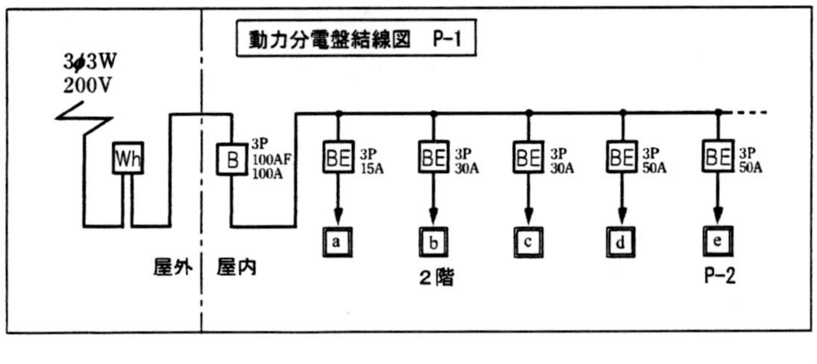

動力分電盤結線図　P-1
3φ3W
200V
3P 100AF 100A
3P 15A
3P 30A
3P 30A
3P 50A
3P 50A
屋外
屋内
2階
P-2

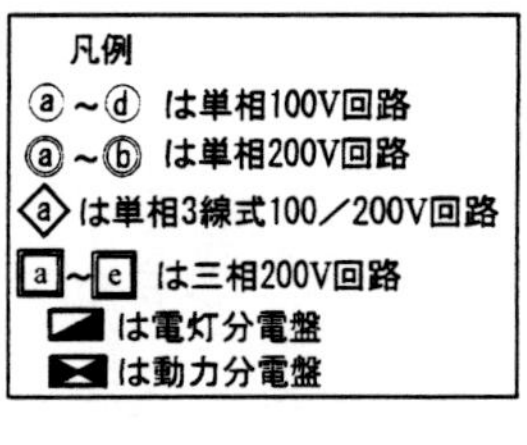

凡例
ⓐ～ⓓ は単相100V回路
ⓐ～ⓑ は単相200V回路
◇ は単相3線式100／200V回路
a～e は三相200V回路
は電灯分電盤
は動力分電盤

令和四年度上期（am）筆記試験 解答

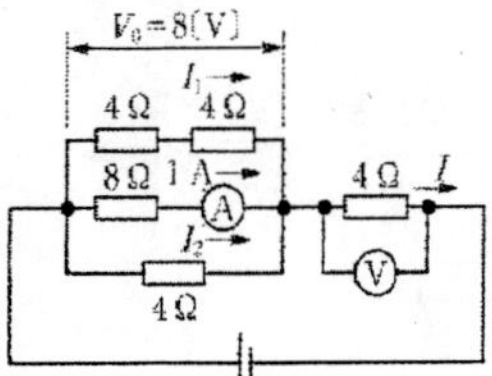

1　イ　$V_0=1\times8=8$〔V〕

$I_1=\dfrac{V_0}{4+4}=\dfrac{8}{8}=1$〔Ω〕

$I_2=\dfrac{V_0}{4}=\dfrac{8}{4}=2$〔A〕

$I=1+I_1+I_2=1+1+2=4$〔A〕

$V=I\times4=4\times4=16$〔V〕

2　イ　絶縁電線は，周囲の温度が高くなると放熱能力が低下して，許容電流が小さくなる。

3　ハ　**2700**

$P=VI=100\times5=500$〔W〕$=0.5$〔kW〕

$t=1+(30/60)=1+0.5=1.5$〔kW〕

$Q=3600\times0.5\times1.5=2700$〔kJ〕

4　ニ　$Z=\sqrt{8^2+6^2}=\sqrt{100}=10$〔Ω〕

$I=\dfrac{V}{Z}=\dfrac{100}{20}=10$〔A〕，$V=IR=10\times8=80$〔V〕

5　ハ　**7.2**

$Z=\sqrt{6^2+8^2}=\sqrt{36+64}=\sqrt{100}=10$〔Ω〕

$I=\dfrac{200}{Z}=\dfrac{200}{10}=20$〔A〕

全消費電力 P〔kW〕は，

$P=3I^2R=3\times20^2\times6=7200$〔W〕$=7.2$〔kW〕

6　ニ　**45**

$P_l=3I^2r=3\times10^2\times0.15=300\times0.15=45$〔W〕

7　ロ　$I=\dfrac{200}{10+50}=\dfrac{200}{60}$〔A〕

$V_{ab}=\dfrac{200}{60}\times10\fallingdotseq33$〔V〕

8　イ　**22**

電技解釈 第 146 条

$35\times0.63=22.05\rightarrow22$〔A〕

9　ロ　**60**

$I_M=12\times5\times0.8=48$〔A〕

$I_W\geqq1.25\times48+0=60$〔A〕

10　ニ　配線用遮断器で保護する分岐回路より，

配線用遮断器の定格電流	電線の太さ（軟銅線）	コンセントの定格電流
30 A	2.6mm($5.5mm^2$) 以上	20A 以上 30A 以下

11　イ　略

12　ロ　**75**

内線規程 1340−1（絶縁電線などの許容電流）の **1340−3** 表による

13　ハ　金属管工事とクリックボール

14　ニ　無負荷の場合は同期速度に近い値で回転するので，電源の周波数が 50Hz から 60Hz に変わると，回転速度が増加する

15　ニ　蛍光灯の発光効率は白熱灯の約 5 倍である。

16　イ　略

17　ニ　略

18　イ　略

19　ハ　**電技解釈 第 12 条**（電線の接続法）**による。**

20　ハ　**電技解釈 第 1 条**（用語の定義）**三十七による。**

21　ニ　略

22　ハ　**電技解釈 第 17 条**（接地工事の種類及び施設方法），**第 29 条**（機械器具の金属製外箱等の接地）による。

23　イ　**電技解釈 第 158 条**（合成樹脂管工事）による管の支持点間の距離は，1.5m 以下

24　ハ　右図参照

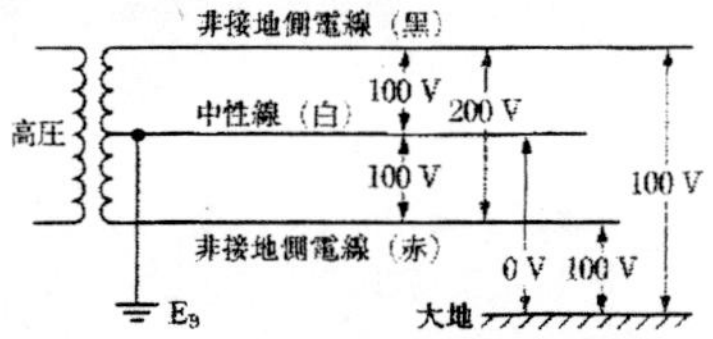

25　ハ　**電技 第 58 条**（低圧の電路の絶縁性能）による。

26　ロ　**0.3MΩ，60Ω**

電技 第 58 条（低圧の電路の絶縁性能），**電技解釈 第 17 条**（接地工事の種類及び施設方法），**第 29 条**（機械器具の金属製外箱等の接地）による。

表の値以上でなければならない。

電路の使用電圧の区分		絶縁抵抗値
300 V 以下	対地電圧が 150V 以下の場合	0.1MΩ
	その他の場合	0.2MΩ
300 V を越えるもの		0.4MΩ

27　イ　略

28　イ　**電気工事士法第 2 条**（用語の定義），**第 3 条**（電気工事士等），**施行令第 1 条**（軽微な工事），**施行規則第 2 条**（軽微な作業）

29　ロ　略

30　ロ　**電気事業法第 38 条，施行規則第 48 条**

31　ロ　略

32　ニ　**電技解釈 第 147 条**（低圧屋内電路の引込口における開閉器の施設）

右図参照

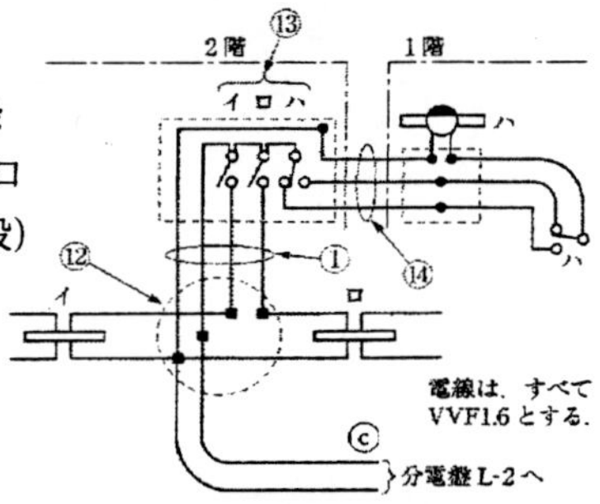

33　ニ　略

34　ハ　略

35　イ　**電技解釈 第 116 条**（低圧架空引込線等の施設）

36　ニ　**電技解釈 第 149 条**（低圧分岐回路等の施設），**内線規程 1360−7**（過電流遮断器の極）

37　ハ　**電技解釈 第 17 条**（接地工事の種類及び施設方法），**第 29 条**（機械器具の金属製外箱等の接地）

38　ロ　**電技 第 58 条**（低圧の電路の絶縁性能）による。

39　ニ　略

40　ロ　略

41　ニ　右図参照

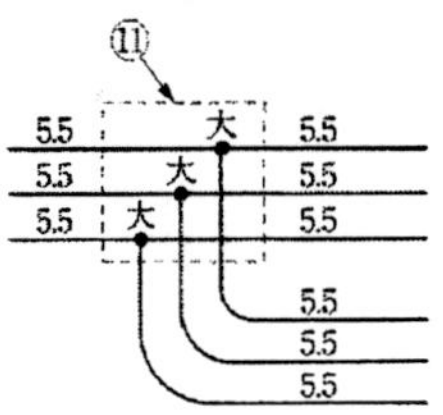

42　ニ　略

43　ロ　32 の図参照

44　ロ　32 の図参照

45　ハ　右図参照

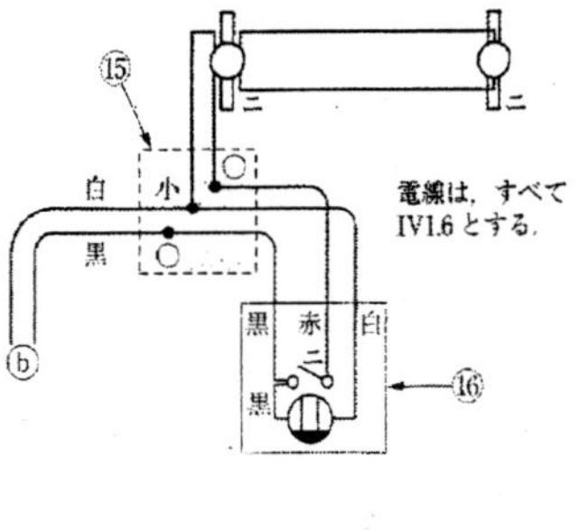

46　ハ　45 の図参照

47　ニ　略

48　ロ　略

49　イ　略

50　ニ　略

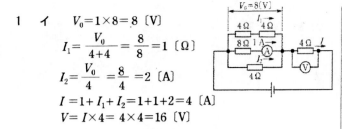

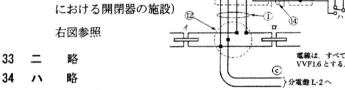

第二種電気工事士　筆記模擬試験の答案用紙

令和　3　年　下期〔pm〕

受験番号							
百万の位	十万の位	万の位	千の位	百の位	十の位	一の位	記号
0	0	0	0	0	0	0	A
1	1	1	1	1	1	1	E
2	2	2	2	2	2	2	F
3	3	3	3	3	3	3	G
4	4	4	4	4	4	4	K
5	5	5	5	5	5	5	P
6	6	6	6	6	6	6	T
7	7	7	7	7	7	7	
8	8	8	8	8	8	8	
9	9	9	9	9	9	9	

A E F G K P T

受験番号を数字で記入して下さい。➡

受験番号に該当する位置にマークして下さい。➡

よい例	わるい例

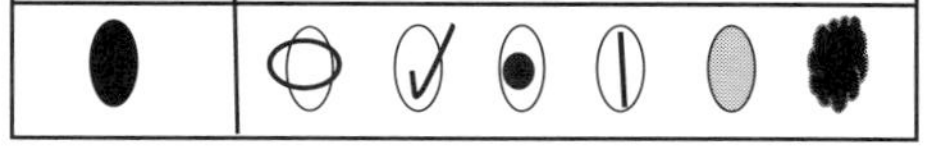

1. マークは上の例のようにマークすること。
2. 氏名・生年月日・試験地・受験番号を必ず記入すること。
3. 受験番号は欄外にはみださないように正確に記入し、必ず該当する番号にマークすること。
4. マークの記入にあったては濃度HBの黒鉛筆を使用すること。
5. 誤ってマークしたときは、跡の残らないようにプラスチック消しゴムできれいに消すこと。
6. 答の欄は各問につき一つだけマークすること。
7. 用紙は絶対に折り曲げたり汚したりしないこと。

氏　名

生年月日
昭和 平成　年　月　日

試験地

（2点×30問）

問題 1. 一般問題

問	答	問	答	問	答
1	イ ロ ハ ニ	11	イ ロ ハ ニ	21	イ ロ ハ ニ
2	イ ロ ハ ニ	12	イ ロ ハ ニ	22	イ ロ ハ ニ
3	イ ロ ハ ニ	13	イ ロ ハ ニ	23	イ ロ ハ ニ
4	イ ロ ハ ニ	14	イ ロ ハ ニ	24	イ ロ ハ ニ
5	イ ロ ハ ニ	15	イ ロ ハ ニ	25	イ ロ ハ ニ
6	イ ロ ハ ニ	16	イ ロ ハ ニ	26	イ ロ ハ ニ
7	イ ロ ハ ニ	17	イ ロ ハ ニ	27	イ ロ ハ ニ
8	イ ロ ハ ニ	18	イ ロ ハ ニ	28	イ ロ ハ ニ
9	イ ロ ハ ニ	19	イ ロ ハ ニ	29	イ ロ ハ ニ
10	イ ロ ハ ニ	20	イ ロ ハ ニ	30	イ ロ ハ ニ

（2点×20問）

問題 2. 配線図

問	答	問	答
31	イ ロ ハ ニ	41	イ ロ ハ ニ
32	イ ロ ハ ニ	42	イ ロ ハ ニ
33	イ ロ ハ ニ	43	イ ロ ハ ニ
34	イ ロ ハ ニ	44	イ ロ ハ ニ
35	イ ロ ハ ニ	45	イ ロ ハ ニ
36	イ ロ ハ ニ	46	イ ロ ハ ニ
37	イ ロ ハ ニ	47	イ ロ ハ ニ
38	イ ロ ハ ニ	48	イ ロ ハ ニ
39	イ ロ ハ ニ	49	イ ロ ハ ニ
40	イ ロ ハ ニ	50	イ ロ ハ ニ

筆記試験　令和3年　下期〔pm〕

問題1．一般問題（問題数30，配点は1問当たり2点）

【注】本問題の計算で$\sqrt{2}$，$\sqrt{3}$及び円周率πを使用する場合の数値は次によること。$\sqrt{2}=1.41$，$\sqrt{3}=1.73$，$\pi=3.14$

次の各問いには4通りの答え（イ，ロ，ハ，ニ）が書いてある。それぞれの問いに対して答えを1つ選びなさい。

なお，選択肢が数値の場合は最も近い値を選びなさい。

問い		答え			
1	図のような回路で，電流計Ⓐの値が2Aを示した。このときの電圧計Ⓥの指示値［V］は。 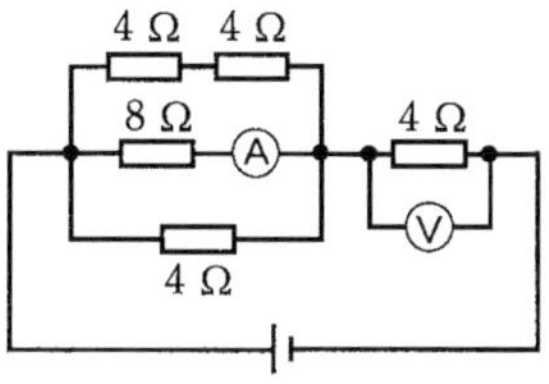 4 Ω 4 Ω 8 Ω A 4 Ω V 4 Ω	イ．16	ロ．32	ハ．40	ニ．48
2	抵抗率ρ［Ω・m］，直径D［mm］，長さL［m］の導線の電気抵抗［Ω］を表す式は。	イ．$\frac{\rho L^2}{\pi D^2}\times10^6$	ロ．$\frac{4\rho L}{\pi D^2}\times10^6$	ハ．$\frac{4\rho L^2}{\pi D}\times10^6$	ニ．$\frac{4\rho L}{\pi D}\times10^6$
3	消費電力が500Wの電熱器を，1時間30分使用したときの発熱量［kJ］は。	イ．450	ロ．750	ハ．1 800	ニ．2 700
4	単相200Vの回路に，消費電力2.0kW，力率80％の負荷を接続した場合，回路に流れる電流［A］は。	イ．7.2	ロ．8.0	ハ．10.0	ニ．12.5
5	図のような三相3線式回路に流れる電流I［A］は。 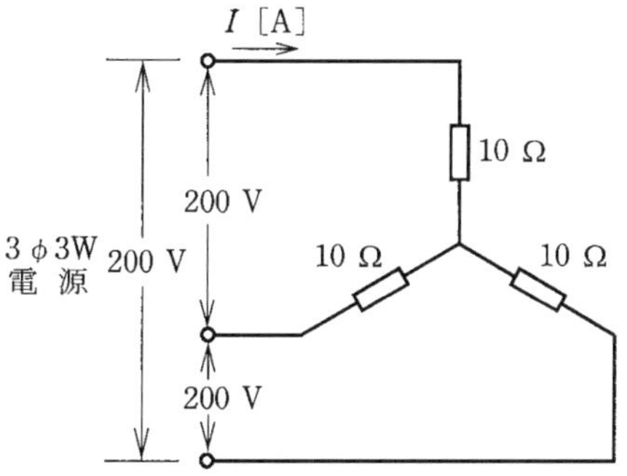 I [A] 10 Ω 200 V 3φ3W 電源 200 V 10 Ω 10 Ω 200 V	イ．8.3	ロ．11.6	ハ．14.3	ニ．20.0

	問い	答え			
6	図のような単相2線式回路において，c－c′間の電圧が 100 V のとき，a－a′間の電圧［V］は。 ただし，r は電線の電気抵抗［Ω］とする。 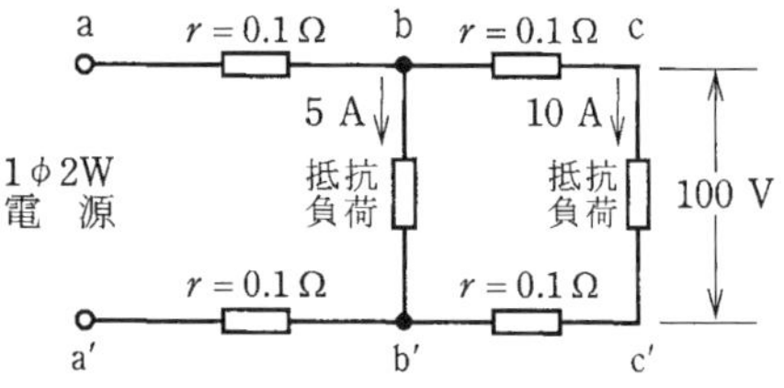a $r=0.1\,\Omega$ b $r=0.1\,\Omega$ c 5 A 10 A 1φ2W 電　源 抵抗 負荷 抵抗 負荷 100 V $r=0.1\,\Omega$ $r=0.1\,\Omega$ a′ b′ c′	イ．102	ロ．103	ハ．104	ニ．105
7	図のような単相3線式回路において，電線1線当たりの電気抵抗が 0.2 Ω，抵抗負荷に流れる電流がともに 10 A のとき，配線の電力損失［W］は。 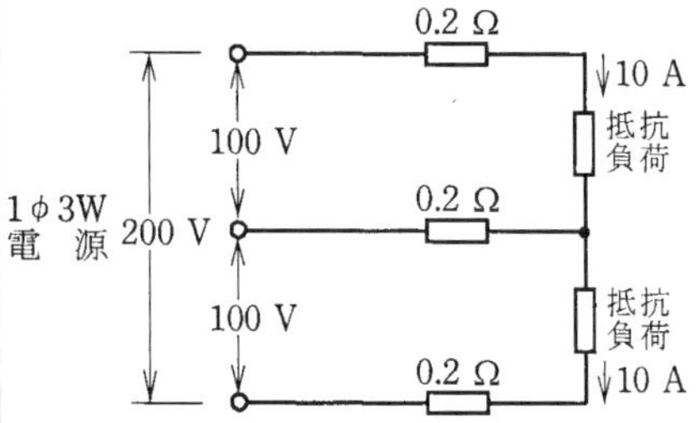0.2 Ω 10 A 100 V 抵抗 負荷 1φ3W 電　源 200 V 0.2 Ω 100 V 抵抗 負荷 0.2 Ω 10 A	イ．4	ロ．8	ハ．40	ニ．80
8	金属管による低圧屋内配線工事で，管内に断面積 $3.5\ mm^2$ の 600V ビニル絶縁電線(軟銅線)3 本を収めて施設した場合，電線1本当たりの許容電流［A］は。 ただし，周囲温度は 30 ℃以下，電流減少係数は 0.70 とする。	イ．19	ロ．26	ハ．34	ニ．49
9	図のような電熱器Ⓗ1台と電動機Ⓜ2台が接続された単相 2 線式の低圧屋内幹線がある。この幹線の太さを決定する根拠となる電流 I_W［A］と幹線に施設しなければならない過電流遮断器の定格電流を決定する根拠となる電流 I_B［A］の組合せとして，**適切なものは。** ただし，需要率は 100 %とする。 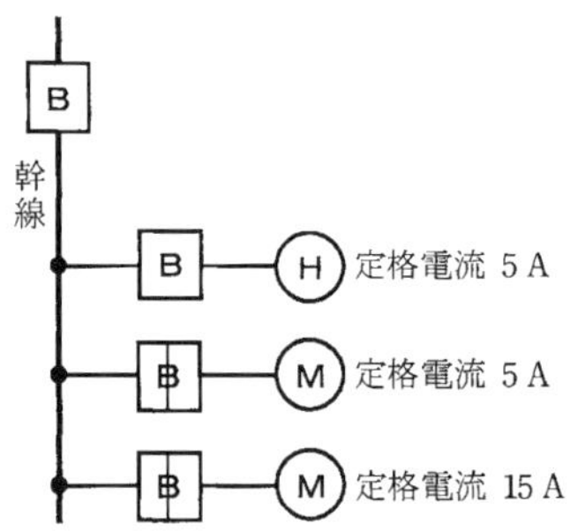B 幹線 B H 定格電流 5 A B M 定格電流 5 A B M 定格電流 15 A	イ．I_W 27 I_B 55	ロ．I_W 27 I_B 65	ハ．I_W 30 I_B 55	ニ．I_W 30 I_B 65

	問　い	答　え
10	定格電流 30 A の配線用遮断器で保護される分岐回路の電線(軟銅線)の太さと，接続できるコンセントの図記号の組合せとして，**適切なものは**。 ただし，コンセントは兼用コンセントではないものとする。	イ．断面積 5.5 mm^2  20A 2 ロ．直径 2.6 mm  2 ハ．直径 2.0 mm  30A ニ．断面積 8 mm^2  2
11	金属管工事において，絶縁ブッシングを使用する主な目的は。	イ．電線の被覆を損傷させないため。 ロ．電線の接続を容易にするため。 ハ．金属管を造営材に固定するため。 ニ．金属管相互を接続するため。
12	低圧の地中配線を直接埋設式により施設する場合に**使用できるものは**。	イ．屋外用ビニル絶縁電線(OW) ロ．600 V 架橋ポリエチレン絶縁ビニルシースケーブル(CV) ハ．引込用ビニル絶縁電線(DV) ニ．600 V ビニル絶縁電線(IV)
13	金属管(鋼製電線管)の切断及び曲げ作業に使用する工具の組合せとして，**適切なものは**。	イ．やすり パイプレンチ パイプベンダ ロ．やすり 金切りのこ パイプベンダ ハ．リーマ 金切りのこ トーチランプ ニ．リーマ パイプレンチ トーチランプ
14	必要に応じ，スターデルタ始動を行う電動機は。	イ．三相かご形誘導電動機 ロ．三相巻線形誘導電動機 ハ．直流分巻電動機 ニ．単相誘導電動機
15	漏電遮断器に関する記述として，**誤っているものは**。	イ．高速形漏電遮断器は，定格感度電流における動作時間が 0.1 秒以下である。 ロ．漏電遮断器には，漏電電流を模擬したテスト装置がある。 ハ．漏電遮断器は，零相変流器によって地絡電流を検出する。 ニ．高感度形漏電遮断器は，定格感度電流が 1 000 mA 以下である。
16	写真に示す材料の用途は。 	イ．合成樹脂製可とう電線管相互を接続するのに用いる。 ロ．合成樹脂製可とう電線管と硬質ポリ塩化ビニル電線管(硬質塩化ビニル電線管)とを接続するのに用いる。 ハ．硬質ポリ塩化ビニル電線管(硬質塩化ビニル電線管)相互を接続するのに用いる。 ニ．鋼製電線管と合成樹脂製可とう電線管とを接続するのに用いる。

	問　い	答　え
17	写真に示す器具の用途は。 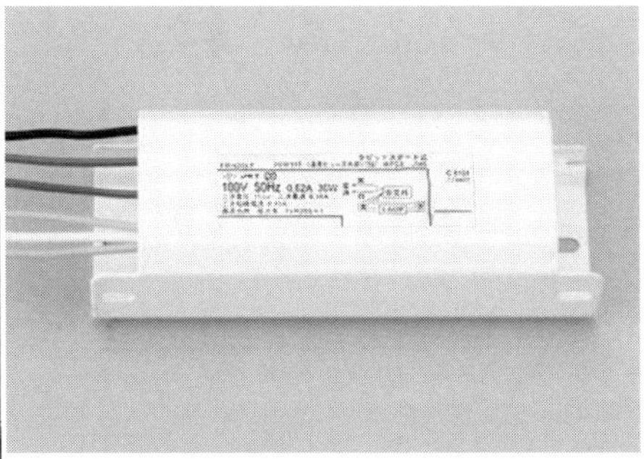  JET 100V 50Hz 0.62A 30W 電源 黒 白 安定器 二次電圧 150V 二次電流 0.36A 二次短絡電流 0.45A 器具内用 低力率 FLR20S×1 黄 LAMP 青	イ．手元開閉器として用いる。 ロ．電圧を変成するために用いる。 ハ．力率を改善するために用いる。 ニ．蛍光灯の放電を安定させるために用いる。
18	写真に示す工具の用途は。 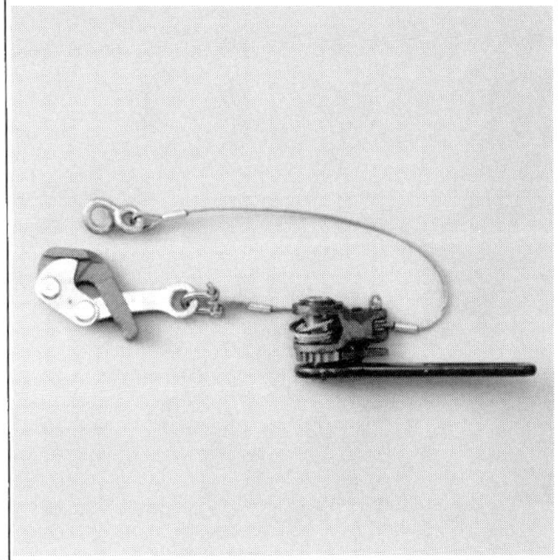	イ．電線の支線として用いる。 ロ．太い電線を曲げてくせをつけるのに用いる。 ハ．施工時の電線管の回転等すべり止めに用いる。 ニ．架空線のたるみを調整するのに用いる。
19	600 V ビニル絶縁ビニルシースケーブル平形 1.6 mm を使用した低圧屋内配線工事で，絶縁電線相互の終端接続部分の絶縁処理として，**不適切なものは。** ただし，ビニルテープは JIS に定める厚さ約 0.2 mm の電気絶縁用ポリ塩化ビニル粘着テープとする。	イ．差込形コネクタにより接続し，接続部分をビニルテープで巻かなかった。 ロ．リングスリーブ(E 形)により接続し，接続部分を黒色粘着性ポリエチレン絶縁テープ(厚さ約 0.5 mm)で半幅以上重ねて 1 回(2 層)巻いた。 ハ．リングスリーブ(E 形)により接続し，接続部分をビニルテープで半幅以上重ねて 1 回(2 層)巻いた。 ニ．リングスリーブ(E 形)により接続し，接続部分にリングスリーブ用の絶縁キャップを被せ，ビニルテープで巻かなかった。
20	同一敷地内の車庫へ使用電圧 100 V の電気を供給するための低圧屋側配線部分の工事として，**不適切なものは。**	イ．1 種金属製線ぴによる金属線ぴ工事 ロ．硬質ポリ塩化ビニル電線管(硬質塩化ビニル電線管)(VE)による合成樹脂管工事 ハ．600 V 架橋ポリエチレン絶縁ビニルシースケーブル(CV)によるケーブル工事 ニ．600 V ビニル絶縁ビニルシースケーブル丸形(VVR)によるケーブル工事
21	単相 3 線式 100/200 V の屋内配線工事で漏電遮断器を**省略できないものは。**	イ．乾燥した場所の天井に取り付ける照明器具に電気を供給する電路 ロ．小勢力回路の電路 ハ．簡易接触防護措置を施してない場所に施設するライティングダクトの電路 ニ．乾燥した場所に施設した，金属製外箱を有する使用電圧 200 V の電動機に電気を供給する電路

	問　い	答　え
22	D 種接地工事の施工方法として，**不適切なものは。**	イ．移動して使用する電気機械器具の金属製外箱の接地線として，多心キャブタイヤケーブルの断面積 0.75 mm^2 の 1 心を使用した。 ロ．低圧電路に地絡を生じた場合に 0.5 秒以内に自動的に電路を遮断する装置を設置し，接地抵抗値が 300 Ω であった。 ハ．単相 100 V の電動機を水気のある場所に設置し，定格感度電流 30 mA，動作時間 0.1 秒の電流動作型漏電遮断器を取り付けたので，接地工事を省略した。 ニ．ルームエアコンの接地線として，直径 1.6 mm の軟銅線を使用した。
23	低圧屋内配線の合成樹脂管工事で，合成樹脂管(合成樹脂製可とう電線管及び CD 管を除く)を造営材の面に沿って取り付ける場合，管の支持点間の距離の最大値［m］は。	イ．1　　ロ．1.5　　ハ．2　　ニ．2.5
24	低圧電路で使用する測定器とその用途の組合せとして，**正しいものは。**	イ．電力計　と　消費電力量の測定 ロ．検電器　と　電路の充電の有無の確認 ハ．回転計　と　三相回路の相順(相回転)の確認 ニ．回路計(テスタ)　と　絶縁抵抗の測定
25	絶縁抵抗計(電池内蔵)に関する記述として，**誤っているものは。**	イ．絶縁抵抗計には，ディジタル形と指針形(アナログ形)がある。 ロ．絶縁抵抗測定の前には，絶縁抵抗計の電池容量が正常であることを確認する。 ハ．絶縁抵抗計の定格測定電圧(出力電圧)は，交流電圧である。 ニ．電子機器が接続された回路の絶縁測定を行う場合は，機器等を損傷させない適正な定格測定電圧を選定する。
26	工場の 200 V 三相誘導電動機(対地電圧 200 V)への配線の絶縁抵抗値［MΩ］及びこの電動機の鉄台の接地抵抗値［Ω］を測定した。電気設備技術基準等に適合する測定値の組合せとして，**適切なものは。** ただし，200 V 電路に施設された漏電遮断器の動作時間は 0.1 秒とする。	イ．0.1 MΩ　50 Ω ロ．1 MΩ　600 Ω ハ．0.15 MΩ　200 Ω ニ．0.4 MΩ　300 Ω

	問　い	答　え
27	アナログ計器とディジタル計器の特徴に関する記述として，**誤っているものは。**	イ．アナログ計器は永久磁石可動コイル形計器のように，電磁力等で指針を動かし，振れ角でスケールから値を読み取る。 ロ．ディジタル計器は測定入力端子に加えられた交流電圧などのアナログ波形を入力変換回路で直流電圧に変換し，次に A-D 変換回路に送り，直流電圧の大きさに応じたディジタル量に変換し，測定値が表示される。 ハ．電圧測定では，アナログ計器は入力抵抗が高いので被測定回路に影響を与えにくいが，ディジタル計器は入力抵抗が低いので被測定回路に影響を与えやすい。 ニ．アナログ計器は変化の度合いを読み取りやすく，測定量を直感的に判断できる利点を持つが，読み取り誤差を生じやすい。
28	「電気工事士法」において，第二種電気工事士であっても**従事できない作業は。**	イ．一般用電気工作物の配線器具に電線を接続する作業 ロ．一般用電気工作物に接地線を取り付ける作業 ハ．自家用電気工作物（最大電力 500 kW 未満の需要設備）の地中電線用の管を設置する作業 ニ．自家用電気工作物（最大電力 500 kW 未満の需要設備）の低圧部分の電線相互を接続する作業
29	「電気用品安全法」の適用を受ける電気用品に関する記述として，**誤っているものは。**	イ．電気工事士は，「電気用品安全法」に定められた所定の表示が付されているものでなければ，電気用品を電気工作物の設置又は変更の工事に使用してはならない。 ロ．の記号は，電気用品のうち特定電気用品を示す。 ハ．(PS)E の記号は，輸入した特定電気用品を示す。 ニ．の記号は，電気用品のうち特定電気用品以外の電気用品を示す。
30	「電気設備に関する技術基準を定める省令」において，次の空欄(A)及び(B)の組合せとして，**正しいものは。** 電圧の種別が低圧となるのは，電圧が直流にあっては (A) ，交流にあっては (B) のものである。	イ．(A) 600 V 以下　(B) 650 V 以下 ロ．(A) 650 V 以下　(B) 750 V 以下 ハ．(A) 750 V 以下　(B) 600 V 以下 ニ．(A) 750 V 以下　(B) 650 V 以下

問題２．配線図 (問題数 20，配点は１問当たり 2 点)

※図は１３頁参照

図は，鉄骨軽量コンクリート造一部２階建工場及び倉庫の配線図である。この図に関する次の各問いには４通りの答え（イ，ロ，ハ，ニ）が書いてある。それぞれの問いに対して，答えを１つ選びなさい。

【注意】
1．屋内配線の工事は，特記のある場合を除き電灯回路は 600 V ビニル絶縁ビニルシースケーブル平形（VVF），動力回路は 600 V 架橋ポリエチレン絶縁ビニルシースケーブル（CV）を用いたケーブル工事である。
2．屋内配線等の電線の本数，電線の太さ，その他，問いに直接関係のない部分等は省略又は簡略化してある。
3．漏電遮断器は，定格感度電流 30 mA，動作時間が 0.1 秒以内のものを使用している。
4．選択肢（答え）の写真にあるコンセントは，「JIS C 0303:2000 構内電気設備の配線用図記号」で示す「一般形」である。
5．ジョイントボックスを経由する電線は，すべて接続箇所を設けている。
6．３路スイッチの記号「０」の端子には，電源側又は負荷側の電線を結線する。

	問 い	答 え
31	①で示す部分の最少電線本数(心線数)は。	イ．3　ロ．4　ハ．5　ニ．6
32	②で示す引込口開閉器が省略できる場合の，工場と倉庫との間の電路の長さの最大値［m］は。	イ．5　ロ．10　ハ．15　ニ．20
33	③で示す図記号の名称は。	イ．圧力スイッチ ロ．押しボタン ハ．電磁開閉器用押しボタン ニ．握り押しボタン
34	④で示す部分に使用できるものは。	イ．引込用ビニル絶縁電線 ロ．架橋ポリエチレン絶縁ビニルシースケーブル ハ．ゴム絶縁丸打コード ニ．屋外用ビニル絶縁電線
35	⑤で示す屋外灯の種類は。	イ．水銀灯　ロ．メタルハライド灯 ハ．ナトリウム灯　ニ．蛍光灯
36	⑥で示す部分に施設してはならない過電流遮断装置は。	イ．２極にヒューズを取り付けたカバー付ナイフスイッチ ロ．２極２素子の配線用遮断器 ハ．２極にヒューズを取り付けたカットアウトスイッチ ニ．２極１素子の配線用遮断器
37	⑦で示す図記号の計器の使用目的は。	イ．電力を測定する。 ロ．力率を測定する。 ハ．負荷率を測定する。 ニ．電力量を測定する。
38	⑧で示す部分の接地工事の電線(軟銅線)の最小太さと，接地抵抗の最大値との組合せで，**正しいものは。**	イ．1.6 mm　100 Ω　ロ．1.6 mm　500 Ω ハ．2.0 mm　100 Ω　ニ．2.0 mm　600 Ω
39	⑨で示す部分に使用するコンセントの極配置(刃受)は。	イ．  ロ．  ハ．  ニ． 
40	⑩で示す部分に取り付けるモータブレーカの図記号は。	イ．  ロ．  ハ．  ニ． 

（次頁へ続く）

	問い	答え			
41	⑪で示す部分の接地抵抗を測定するものは。	イ. 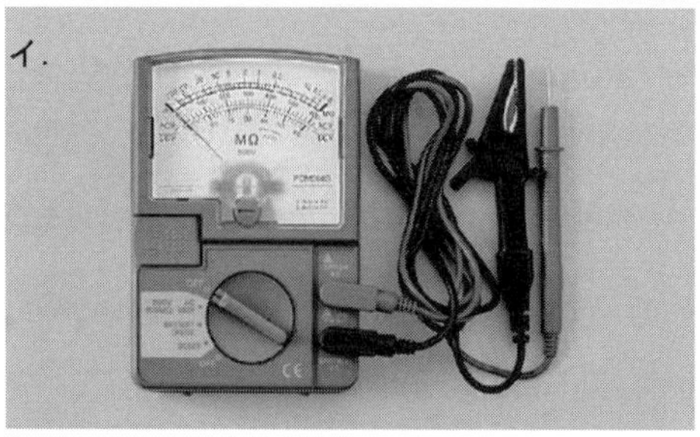	ロ. 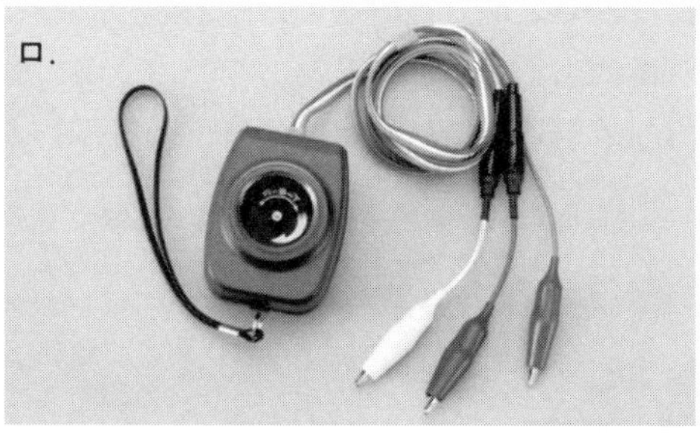	ハ. 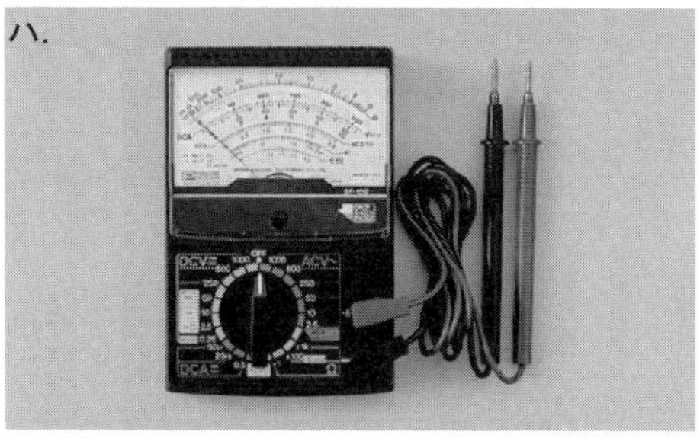	ニ. 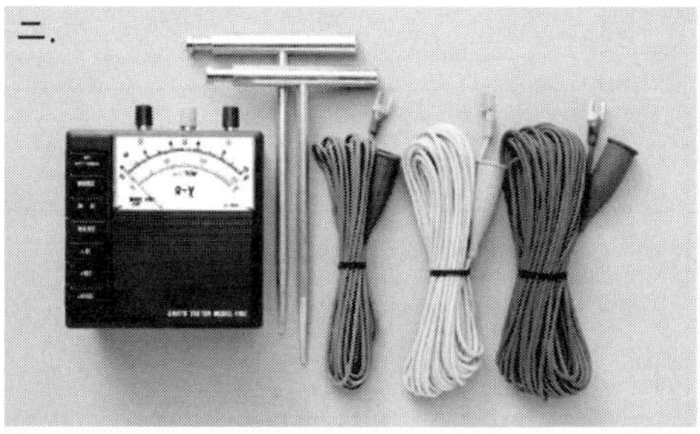
42	⑫で示すジョイントボックス内の接続をすべて圧着接続とする場合，使用するリングスリーブの種類と最少個数の組合せで，**正しいものは**。	イ. 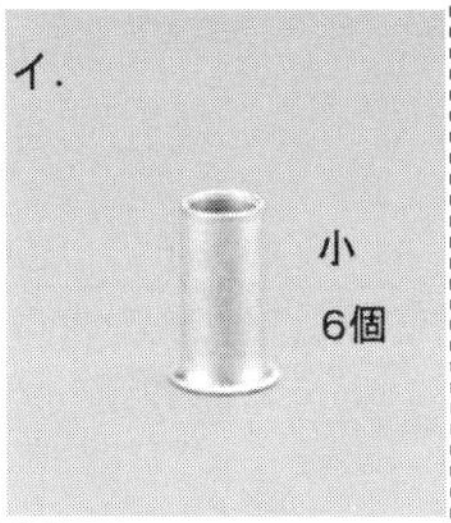 小 6個	ロ.  中 3個	ハ.  大 3個	ニ.  小 3個
43	⑬で示すVVF用ジョイントボックス内の接続をすべて差込形コネクタとする場合，使用する差込形コネクタの種類と最少個数の組合せで，**正しいものは**。 ただし，使用する電線はすべてVVF1.6とする。	イ.  3個 1個	ロ.  2個 2個	ハ. 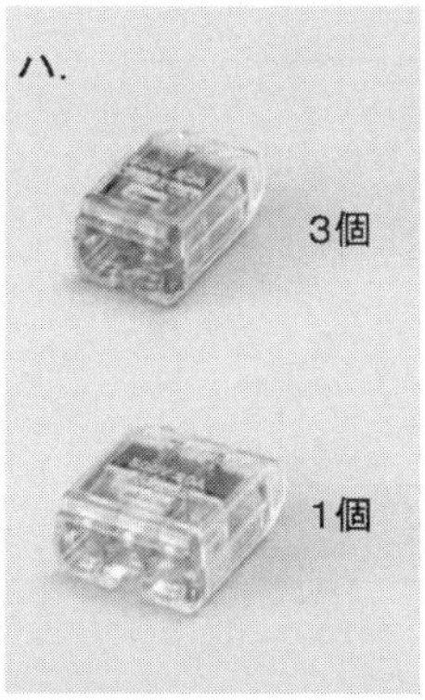 3個 1個	ニ. 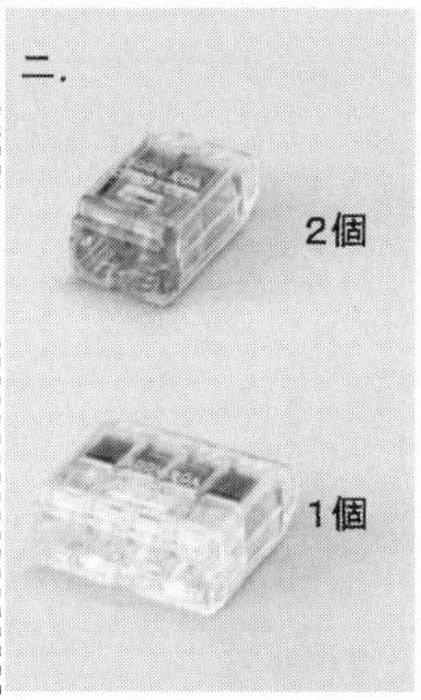 2個 1個
44	⑭で示す点滅器の取付け工事に**使用されることのない**材料は。	イ. 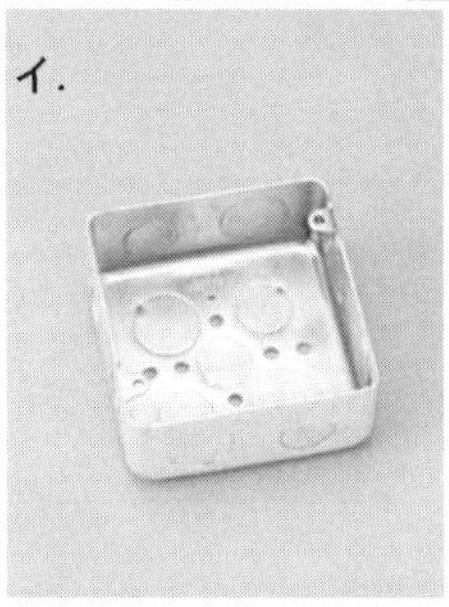	ロ. 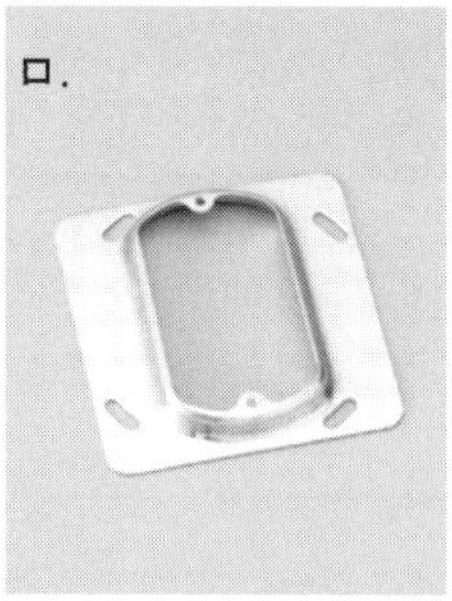	ハ. 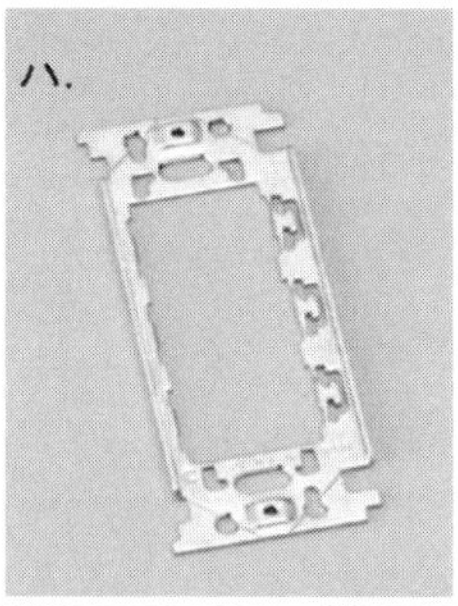	ニ. 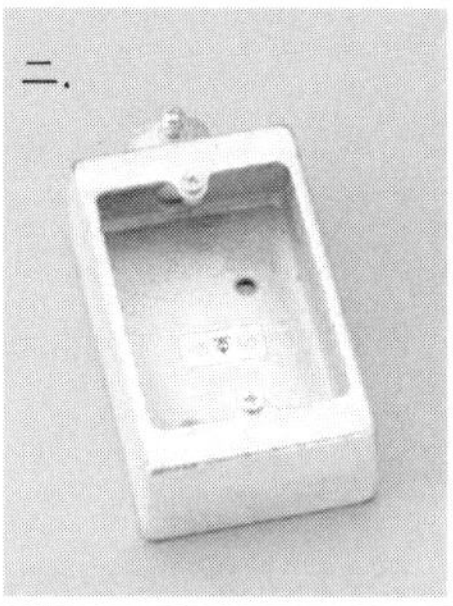
45	⑮で示す図記号のコンセントは。	イ. 	ロ. 	ハ. 	ニ. 

問　い		答　え
46	⑯で示す部分の配線工事に必要なケーブルは。 ただし，心線数は最少とする。	イ.  ロ.  ハ. 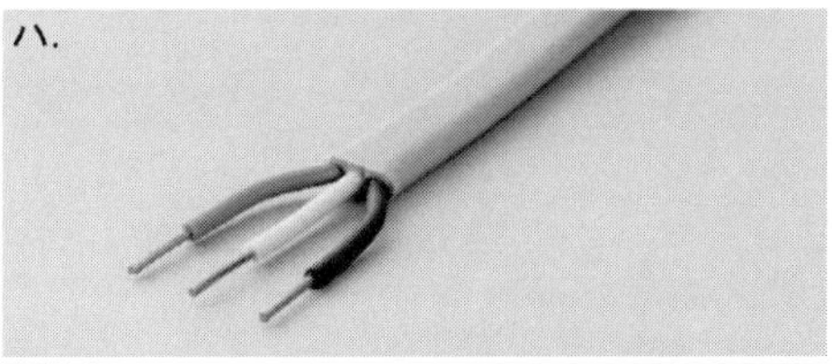 ニ. 
47	⑰で示す部分に使用するトラフは。	イ.  ロ. 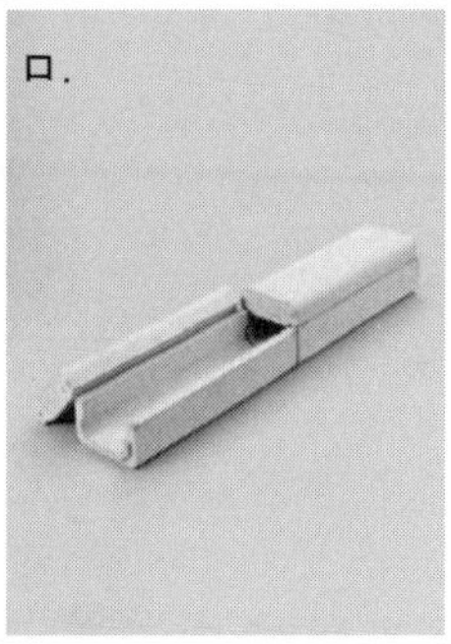 ハ.  ニ. 
48	⑱で示す図記号の機器は。	イ. 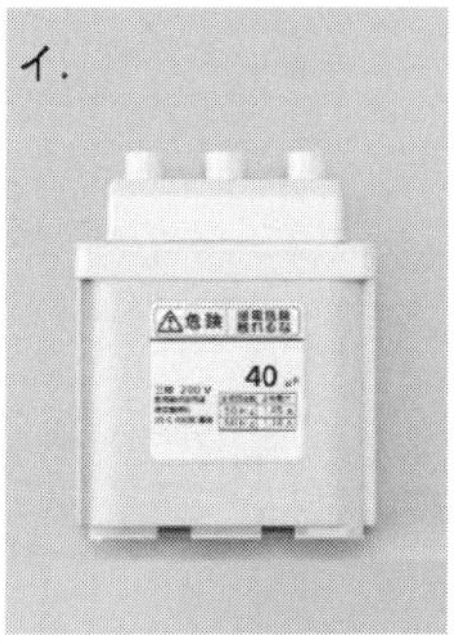 ロ. 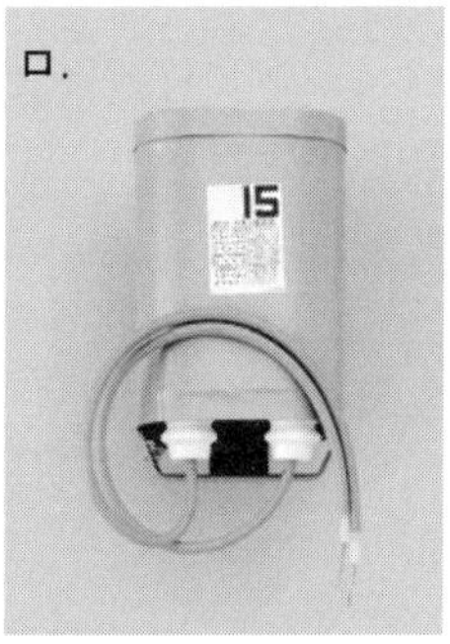 ハ. 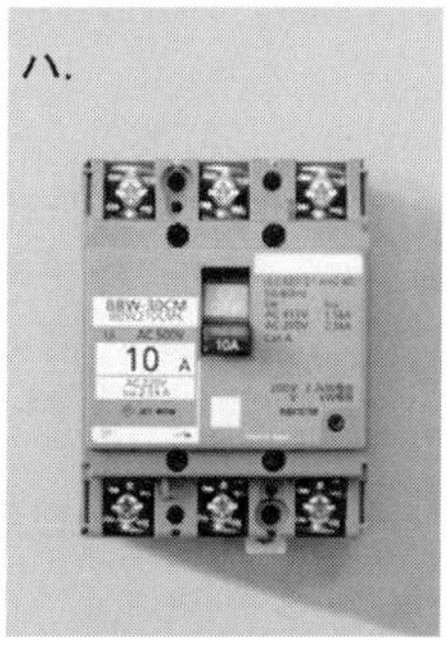 ニ. 
49	⑲で示す部分を金属管工事で行う場合、管の支持に用いる材料は。	イ.  ロ. 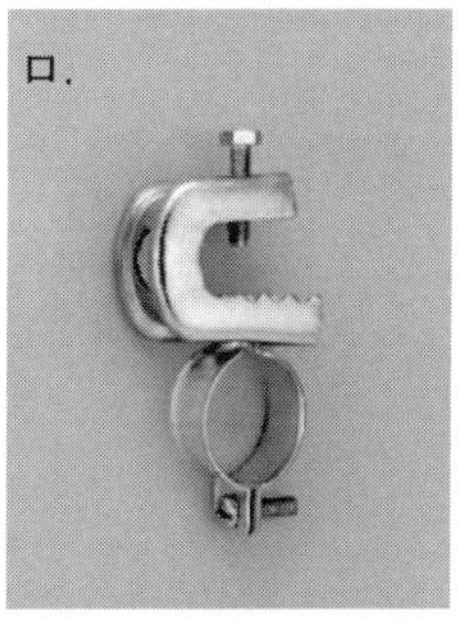 ハ.  ニ. 
50	⑳で示すジョイントボックス内の電線相互の接続作業に**使用されることのないもの**は。	イ. 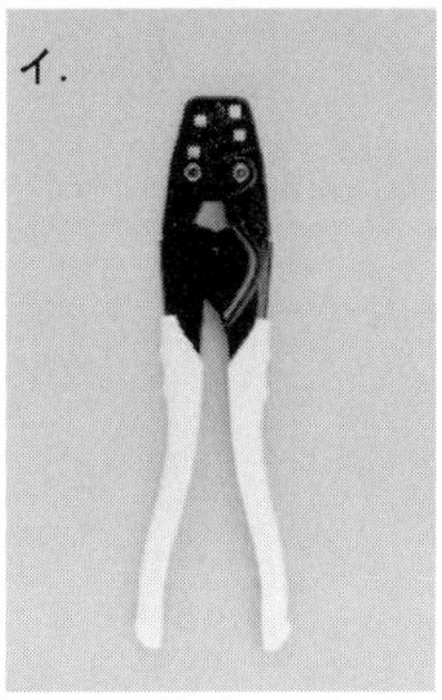 ロ. 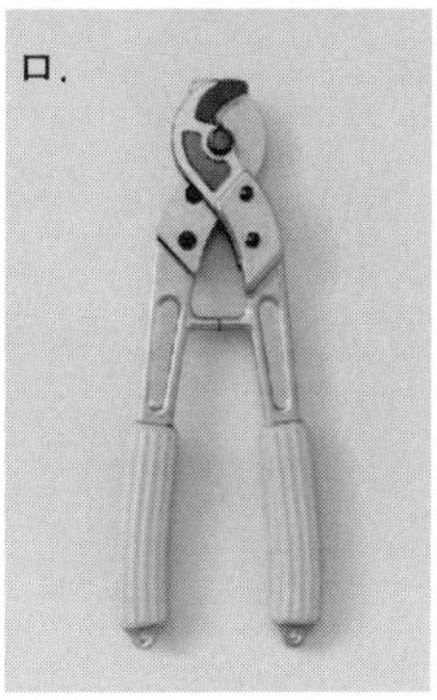 ハ. 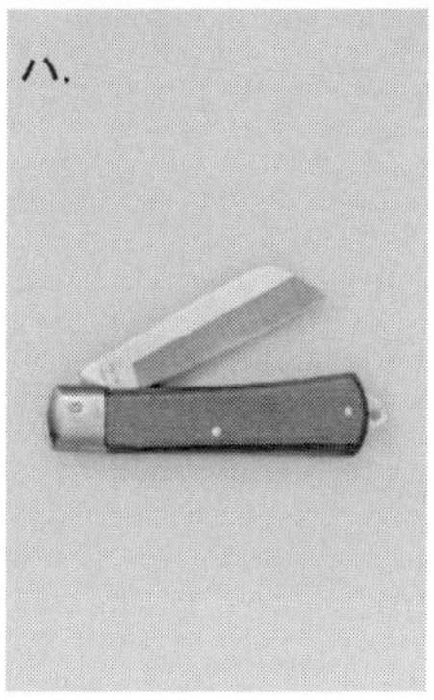 ニ. 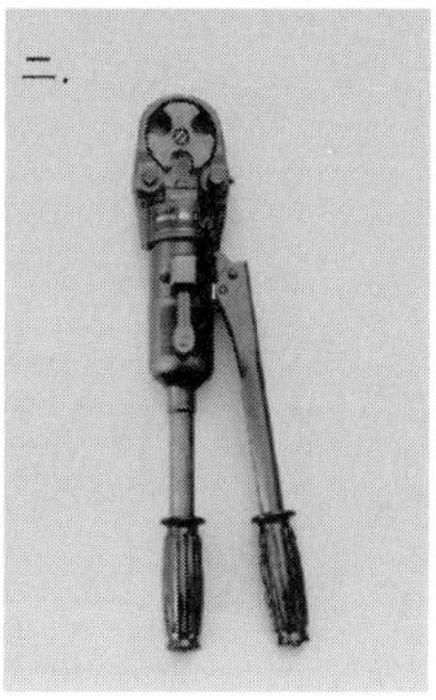

図面を引き抜いてご覧ください

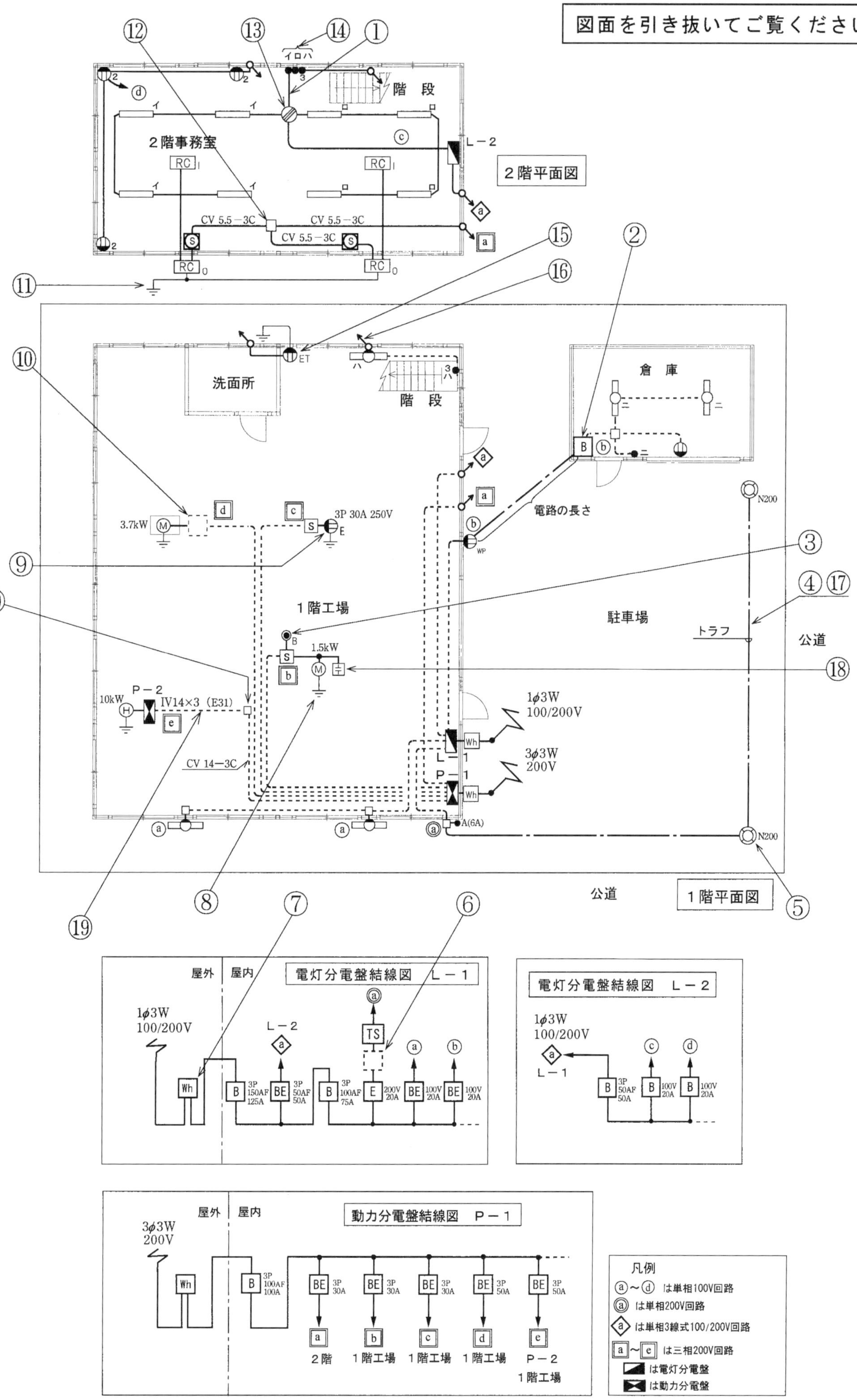

2階平面図
2階事務室
階段
L－2
CV 5.5－3C
CV 5.5－3C
CV 5.5－3C
RC
1階平面図
洗面所
階段
倉庫
電路の長さ
3P 30A 250V
3.7kW
1階工場
駐車場
トラフ
公道
1.5kW
10kW
P－2
IV14×3（E31）
CV 14－3C
1φ3W
100/200V
3φ3W
200V
L－1
P－1
A(6A)
N200
公道
電灯分電盤結線図　L－1
屋外
屋内
1φ3W
100/200V
3P 150AF 125A
3P 50AF 50A
3P 100AF 75A
200V 20A
100V 20A
100V 20A
電灯分電盤結線図　L－2
1φ3W
100/200V
3P 50AF 50A
100V 20A
100V 20A
動力分電盤結線図　P－1
屋外
屋内
3φ3W
200V
3P 100AF 100A
3P 30A
3P 30A
3P 30A
3P 50A
3P 50A
2階
1階工場
1階工場
1階工場
P－2
1階工場
凡例
ⓐ～ⓓ は単相100V回路
ⓐ は単相200V回路
◇ は単相3線式100/200V回路
a～e は三相200V回路
は電灯分電盤
は動力分電盤

令和三年度下期（pm）　筆記試験 解答

1　ロ　$V_0=2\times 8=16$〔V〕

$I_1=\dfrac{V_0}{4+4}=\dfrac{16}{8}=2$〔A〕　$I_2=\dfrac{V_0}{4}=\dfrac{16}{4}=4$〔A〕

$I=2+I_1+I_2=2+2+4=8$〔A〕　$V=I\times 4=32$〔V〕

2　ロ　導線の直径 D〔mm〕の断面積 A〔m^2〕は，

$A=\dfrac{\pi\times(D\times 10^{-3})^2}{4}=\dfrac{\pi D^2\times 10^{-6}}{4}$〔$m^2$〕

$R=\rho\dfrac{L}{A}=\rho\times\dfrac{L}{\dfrac{\pi D^2\times 10^{-6}}{4}}=\dfrac{4\rho L}{\pi D^2}\times 10^6$〔Ω〕

3　ニ　消費電力 $P=\dfrac{500}{1000}=0.5$〔k W〕

使用時間　$t=1+\dfrac{30}{60}=1+0.5=1.5$〔h〕

発熱量　$Q=3600\,Pt=3600\times 0.5\times 1.5=2700$〔kJ〕

4　ニ　$P=VI\cos\theta$〔W〕

$I=\dfrac{P}{V\cos\theta}=\dfrac{2000}{200\times 0.8}=\dfrac{10}{0.8}=12.5$〔A〕

5　ロ　$V=\dfrac{200}{\sqrt{3}}$〔V〕

$I=\dfrac{V}{10}=\dfrac{\dfrac{200}{\sqrt{3}}}{10}=\dfrac{200}{10\sqrt{3}}=\dfrac{20}{\sqrt{3}}\fallingdotseq 11.6$〔A〕

6　ニ　a−a′ 間から b−b′ 間の電圧降下 v_1〔V〕は，

$v_1=2\times 15\times 0.1=3$〔V〕　$v_2=2\times 10\times 0.1=2$〔V〕

回路全体の電圧降下 v〔V〕は，$v=3+2=5$〔V〕

$V_{aa'}=100+v=100+5=105$〔V〕

7　ハ　$P_l=2I^2r=2\times 10^2\times 0.2=40$〔W〕

8　ロ　断面積が3.5 mm²の600Vビニル絶縁電線（軟銅線）の許容電流は37 Aである。$37\times 0.7=25.9\rightarrow 26$〔A〕

9　ニ　**電技解釈第148条**（低圧幹線の施設）

$I_M=5+15=20$〔A〕　$I_H=5$〔A〕

$I_W\geqq 1.25I_M+I_H=1.25\times 20+5=30$〔A〕

$I_B\leqq 3I_M+I_H=3\times 20+5=65$〔A〕

$I_B\leqq 2.5I_W=2.5\times 30=75$〔A〕

10　イ　**電技解釈第 149 条**（低圧分岐回路等の施設）

11　イ　電線の被覆を破損させないため

12　ロ　600 架橋ポリエチレン絶縁ビニルシースケーブル

13　ロ　やすり　金切りのこ　パイプベンダ

14　イ　三相かご形誘導電動機

15　ニ　**JIS C 8201 - 2 - 2**（低圧開閉装置及び制御装置―第 2-2 部：漏電遮断器）

16　イ　略

17　ニ　略

18　ニ　略

19　ハ　**電技解釈第 12 条**（電線の接続法），**内線規程 1335 - 7**（電線の接続）

20　イ　**電技解釈第 166 条**（低圧の屋側配線又は屋外配線の施設）

21　ハ　**電技解釈第 36 条**（地絡遮断装置の施設），**第 165 条**（特殊な低圧屋内配線工事）

22　ハ　**電技解釈第 17 条**（接地工事の種類及び施設方法）・**第 29 条**（機械器具の金属製外箱等の接地）

23　ロ　**電技解釈第 158 条**（合成樹脂管工事）

24　ロ　検電器と電路の充電の有無の確認

25　ハ　絶縁抵抗計の定格測定電圧（出力電圧）は，直流電圧

26　ニ　0.4〔MΩ〕　300〔Ω〕

電技第 58 条（低圧の電路の絶縁性能）

電技解釈第 17 条（接地工事の種類及び施設方法）

第 29 条（機械器具の金属製外箱等の接地）

27　ハ　ディジタル計器は入力抵抗が低いので被測定回路に影響を与えやすい。

28　ニ　自家用電気工作物の低圧部分の電線相互を接続。

29　ハ　**電気用品安全法第 10 条**（表示）・**第 28 条**（使用の制限），**施行規則第 17 条**（表示の方式）

30　ハ　**電技第 2 条**（電圧の種別等）

31　ロ　①で示す部分の複線図は，図のようになる。

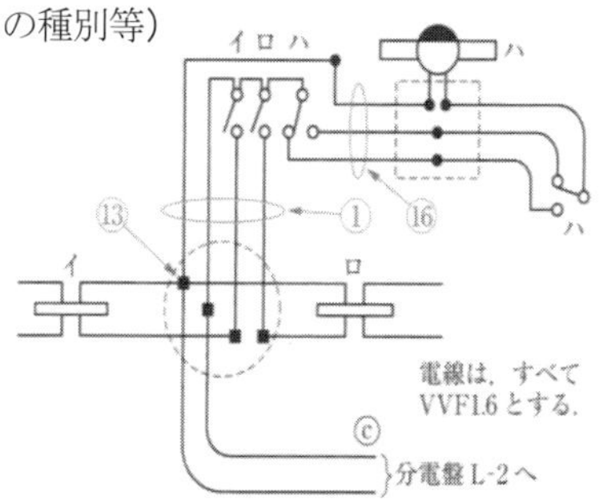

32　ハ　**電技解釈第 147 条**（低圧屋内電路の引込口における開閉器の施設）

33　ハ　電磁開閉器用押しボタン

34　ロ　**電技解釈第 120 条**（地中電線路の施設），**内線規程 3165–1**（施設方法）

35　ハ　ナトリウム灯

36　ニ　2 極 1 素子の配線用遮断器

電技解釈第 149 条（低圧分岐回路等の施設），**内線規程 1360–12**（電線を保護する配線用遮断器の過電流素子及び開閉部の数）

37　ニ　電力量を測定する。

38　ロ　1.6mm　500〔Ω〕

電技解釈第 17 条（接地工事の種類及び施設方法）・**第 29 条**（機械器具の金属製外箱等の接地）

39　イ　略

40　イ　略

41　ニ　略

42　ハ　（右図参照）

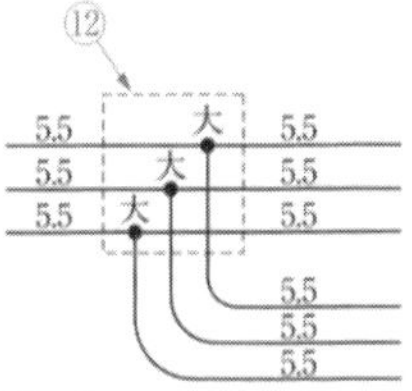

43　イ　⑬で示す VVF 用ジョイントボックス内の接続は，問 31 の図のようになる。

44　ニ　略

45　ハ　略

46　ハ　略

47　ロ　略

48　イ　略

49　ロ　略

50　イ　（右図参照）

P形スリーブ

第二種電気工事士　筆記模擬試験の答案用紙

令和　3　年　下期〔am〕

氏　名	生　年　月　日	試　験　地
	昭和　平成　年　月　日	

受験番号を数字で記入して下さい。➡

受験番号に該当する位置にマークして下さい。➡

受験番号							
百万の位	十万の位	万の位	千の位	百の位	十の位	一の位	記号
0	0	0	0	0	0	0	A
1	1	1	1	1	1	1	E
2	2	2	2	2	2	2	F
3	3	3	3	3	3	3	G
4	4	4	4	4	4	4	K
5	5	5	5	5	5	5	P
6	6	6	6	6	6	6	T
7	7	7	7	7	7	7	
8	8	8	8	8	8	8	
9	9	9	9	9	9	9	

A E F G K P T

よい例　わるい例

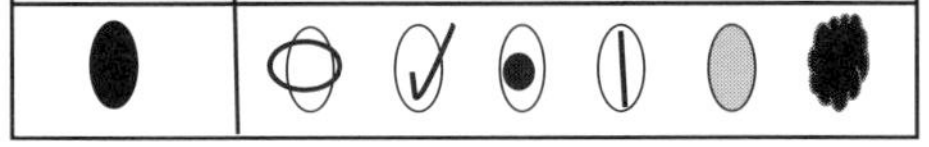

1. マークは上の例のようにマークすること。
2. 氏名・生年月日・試験地・受験番号を必ず記入すること。
3. 受験番号は欄外にはみださないように正確に記入し、必ず該当する番号にマークすること。
4. マークの記入にあったては濃度HBの黒鉛筆を使用すること。
5. 誤ってマークしたときは、跡の残らないようにプラスチック消しゴムできれいに消すこと。
6. 答の欄は各問につき一つだけマークすること。
7. 用紙は絶対に折り曲げたり汚したりしないこと。

（2点×30問）

問題 1. 一般問題

問	答	問	答	問	答
1	イ ロ ハ ニ	11	イ ロ ハ ニ	21	イ ロ ハ ニ
2	イ ロ ハ ニ	12	イ ロ ハ ニ	22	イ ロ ハ ニ
3	イ ロ ハ ニ	13	イ ロ ハ ニ	23	イ ロ ハ ニ
4	イ ロ ハ ニ	14	イ ロ ハ ニ	24	イ ロ ハ ニ
5	イ ロ ハ ニ	15	イ ロ ハ ニ	25	イ ロ ハ ニ
6	イ ロ ハ ニ	16	イ ロ ハ ニ	26	イ ロ ハ ニ
7	イ ロ ハ ニ	17	イ ロ ハ ニ	27	イ ロ ハ ニ
8	イ ロ ハ ニ	18	イ ロ ハ ニ	28	イ ロ ハ ニ
9	イ ロ ハ ニ	19	イ ロ ハ ニ	29	イ ロ ハ ニ
10	イ ロ ハ ニ	20	イ ロ ハ ニ	30	イ ロ ハ ニ

（2点×20問）

問題 2. 配線図

問	答	問	答
31	イ ロ ハ ニ	41	イ ロ ハ ニ
32	イ ロ ハ ニ	42	イ ロ ハ ニ
33	イ ロ ハ ニ	43	イ ロ ハ ニ
34	イ ロ ハ ニ	44	イ ロ ハ ニ
35	イ ロ ハ ニ	45	イ ロ ハ ニ
36	イ ロ ハ ニ	46	イ ロ ハ ニ
37	イ ロ ハ ニ	47	イ ロ ハ ニ
38	イ ロ ハ ニ	48	イ ロ ハ ニ
39	イ ロ ハ ニ	49	イ ロ ハ ニ
40	イ ロ ハ ニ	50	イ ロ ハ ニ

筆 記 試 験　　令和３年　下期〔am〕

問題１．一般問題（問題数 30，配点は１問当たり２点）

【注】本問題の計算で $\sqrt{2}$，$\sqrt{3}$ 及び円周率 π を使用する場合の数値は次によること。$\sqrt{2}=1.41$ ，$\sqrt{3}=1.73$ ，$\pi=3.14$

次の各問いには４通りの答え（イ，ロ，ハ，ニ）が書いてある。それぞれの問いに対して答えを１つ選びなさい。

なお，選択肢が数値の場合は最も近い値を選びなさい。

問い		答え			
1	図のような回路で，スイッチ S_1 を閉じ，スイッチ S_2 を開いたときの，端子 a－b 間の合成抵抗［Ω］は。 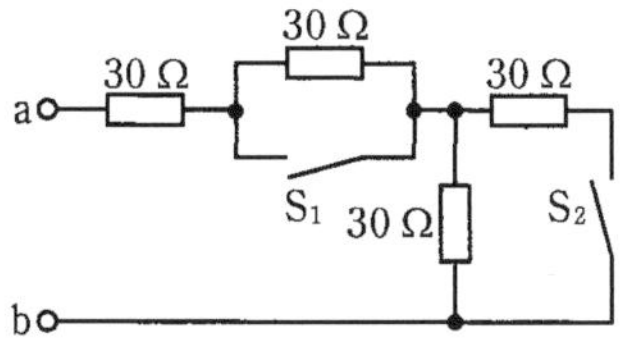 	イ．45	ロ．60	ハ．75	ニ．120
2	電気抵抗 R［Ω］，直径 D［mm］，長さ L［m］の導線の抵抗率［Ω・m］を表す式は。	イ．$\dfrac{\pi DR}{4L\times10^3}$	ロ．$\dfrac{\pi D^2R}{L^2\times10^6}$	ハ．$\dfrac{\pi D^2R}{4L\times10^6}$	ニ．$\dfrac{\pi DR}{4L^2\times10^3}$
3	消費電力が300 Wの電熱器を，2時間使用したときの発熱量［kJ］は。	イ．600	ロ．1 080	ハ．2 160	ニ．3 600
4	図のような抵抗とリアクタンスとが直列に接続された回路の消費電力［W］は。 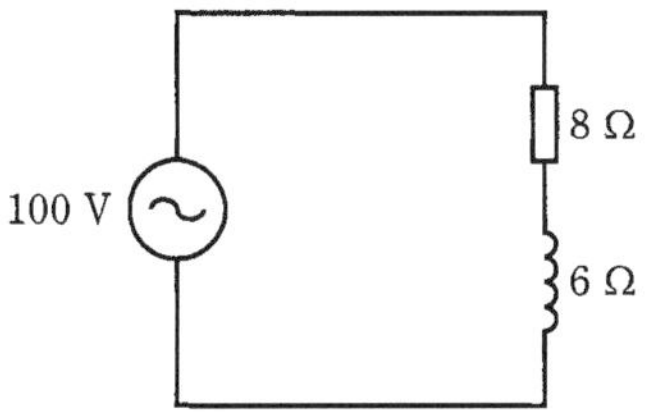 	イ．600	ロ．800	ハ．1 000	ニ．1 250
5	図のような三相負荷に三相交流電圧を加えたとき，各線に20 Aの電流が流れた。線間電圧 E［V］は。 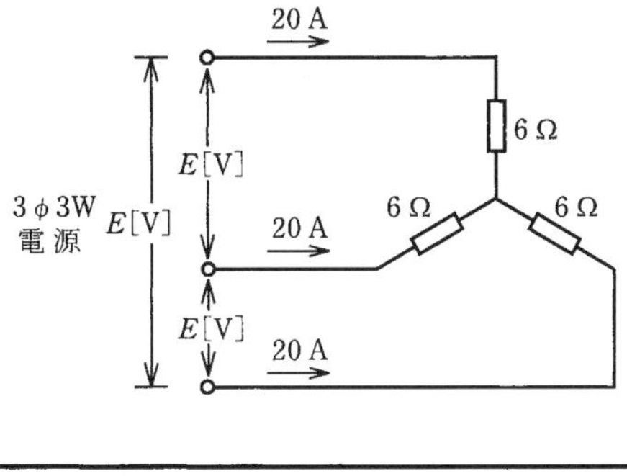 	イ．120	ロ．173	ハ．208	ニ．240

問い	答え

6　図のような単相2線式回路において，d－d′間の電圧が100 Vのときa－a′間の電圧［V］は。

ただし，r_1，r_2及びr_3は電線の電気抵抗［Ω］とする。

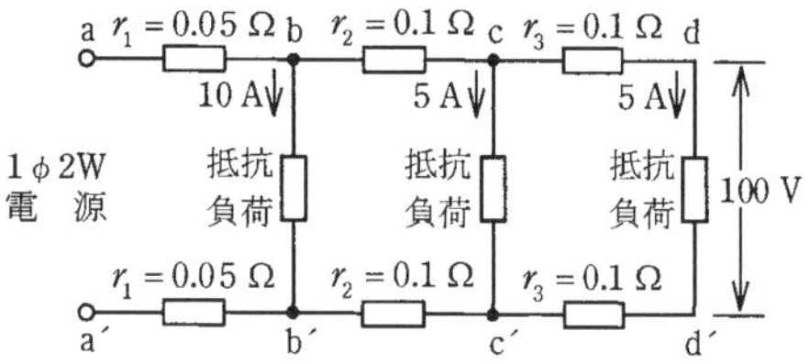

a
r_1 = 0.05 Ω
b
r_2 = 0.1 Ω
c
r_3 = 0.1 Ω
d
10 A
5 A
5 A
1 φ 2W
電　源
抵抗
負荷
100 V
a′
b′
c′
d′

イ．102　　ロ．103　　ハ．104　　ニ．105

7　図のような単相3線式回路において，電線1線当たりの抵抗が0.05 Ωのとき，a－b間の電圧［V］は。

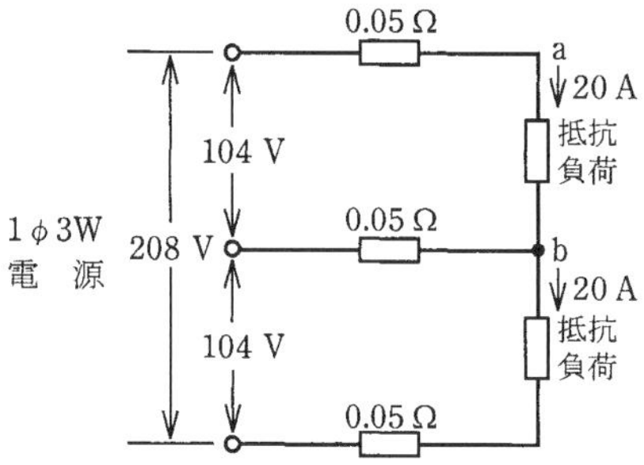

0.05 Ω
a
20 A
抵抗
負荷
104 V
1 φ 3W
電　源
208 V
b

イ．100　　ロ．101　　ハ．102　　ニ．103

8　低圧屋内配線の合成樹脂管工事で，管内に直径2.0 mmの600Vビニル絶縁電線（軟銅線）を4本収めて施設した場合，電線1本当たりの許容電流［A］は。

ただし，周囲温度は30℃以下とする。

イ．17　　ロ．19　　ハ．22　　ニ．24

9　図のように定格電流40 Aの過電流遮断器で保護された低圧屋内幹線から分岐して，10 mの位置に過電流遮断器を施設するとき，a－b間の電線の許容電流の最小値［A］は。

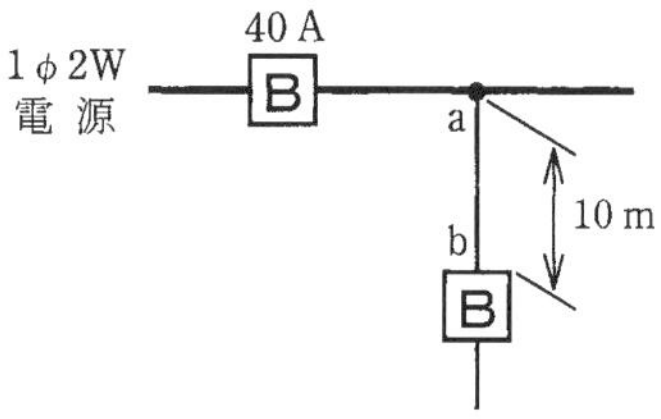

40 A
1 φ 2W
電　源
B
a
b
10 m

イ．10　　ロ．14　　ハ．18　　ニ．22

	問　い	答　え
10	低圧屋内配線の分岐回路の設計で，配線用遮断器，分岐回路の電線の太さ及びコンセントの組合せとして，**適切なものは。** ただし，分岐点から配線用遮断器までは3 m，配線用遮断器からコンセントまでは8 mとし，電線の数値は分岐回路の電線（軟銅線）の太さを示す。 また，コンセントは兼用コンセントではないものとする。	イ.　ロ.　ハ.　ニ. 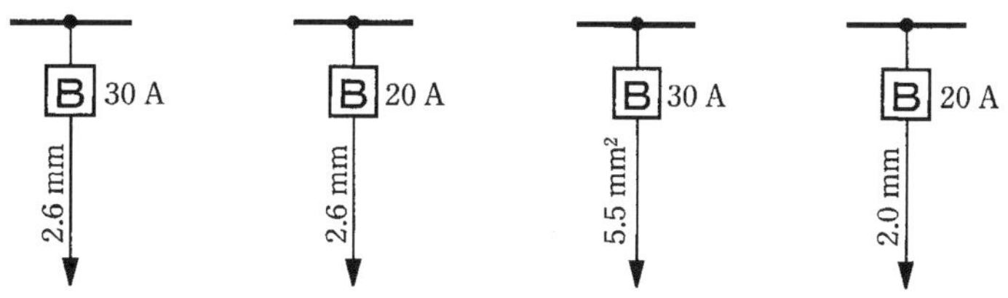 イ. 定格電流 20 Aのコンセント 1個 ロ. 定格電流 30 Aのコンセント 1個 ハ. 定格電流 15 Aのコンセント 2個 ニ. 定格電流 30 Aのコンセント 2個
11	金属管工事において使用されるリングレジューサの使用目的は。	イ. アウトレットボックスのノックアウト（打ち抜き穴）の径が，それに接続する金属管の外径より大きいときに使用する。 ロ. 金属管相互を直角に接続するときに使用する。 ハ. 金属管の管端に取り付け，引き出す電線の被覆を保護するときに使用する。 ニ. 両方とも回すことのできない金属管相互を接続するときに使用する。
12	許容電流から判断して，公称断面積1.25 mm^{2}のゴムコード（絶縁物が天然ゴムの混合物）を使用できる最も消費電力の大きな電熱器具は。 ただし，電熱器具の定格電圧は100 Vで，周囲温度は30℃以下とする。	イ. 600 Wの電気炊飯器 ロ. 1 000 Wのオーブントースター ハ. 1 500 Wの電気湯沸器 ニ. 2 000 Wの電気乾燥器
13	電気工事の種類と，その工事で使用する工具の組合せとして，**適切なものは。**	イ. 金属管工事　と　リーマ ロ. 合成樹脂管工事　と　パイプベンダ ハ. 金属線ぴ工事　と　ボルトクリッパ ニ. バスダクト工事　と　ガストーチランプ
14	三相誘導電動機の始動電流を小さくするために用いられる方法は。	イ. 三相電源の3本の結線を3本とも入れ替える。 ロ. 三相電源の3本の結線のうち，いずれか2本を入れ替える。 ハ. コンデンサを取り付ける。 ニ. スターデルタ始動装置を取り付ける。
15	低圧電路に使用する定格電流20 Aの配線用遮断器に40 Aの電流が継続して流れたとき，この配線用遮断器が自動的に動作しなければならない時間［分］の限度（最大の時間）は。	イ. 1　　ロ. 2　　ハ. 4　　ニ. 60

	問　い	答　え

16　写真に示す材料の用途は。

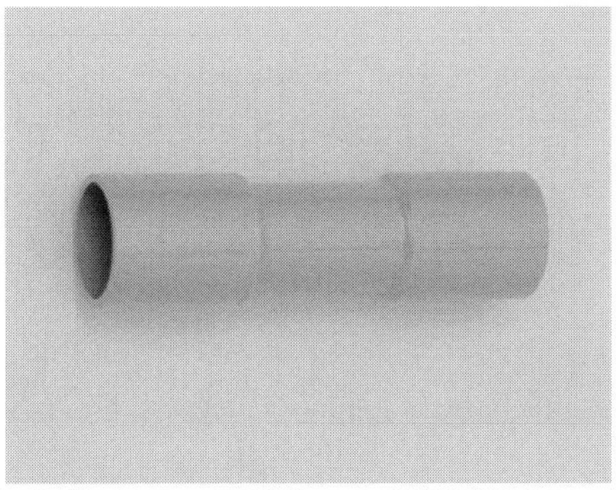

イ．硬質ポリ塩化ビニル電線管(硬質塩化ビニル電線管)相互を接続するのに用いる。

ロ．金属管と硬質ポリ塩化ビニル電線管(硬質塩化ビニル電線管)とを接続するのに用いる。

ハ．合成樹脂製可とう電線管相互を接続するのに用いる。

ニ．合成樹脂製可とう電線管とCD管とを接続するのに用いる。

17　写真に示す器具の名称は。

イ．キーソケット

ロ．線付防水ソケット

ハ．プルソケット

ニ．ランプレセプタクル

18　写真に示す測定器の名称は。

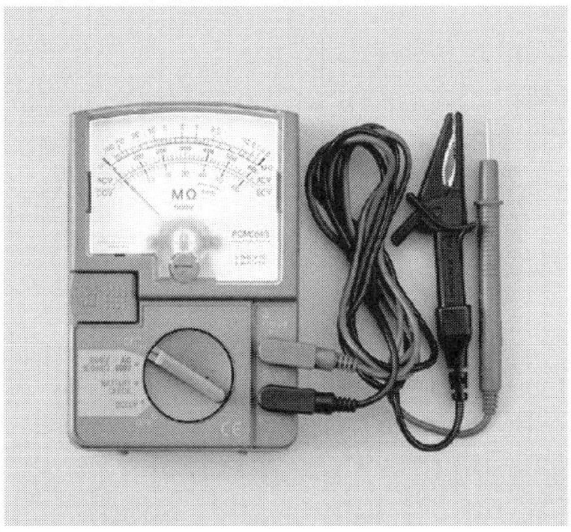

イ．接地抵抗計

ロ．漏れ電流計

ハ．絶縁抵抗計

ニ．検相器

19　低圧屋内配線工事で，600V ビニル絶縁電線(軟銅線)をリングスリーブ用圧着工具とリングスリーブE形を用いて終端接続を行った。接続する電線に適合するリングスリーブの種類と圧着マーク(刻印)の組合せで，a～dのうちから**不適切なものを全て選んだ組合せとして，正しいものは。**

	接続する電線の太さ(直径)及び本数	リングスリーブの種類	圧着マーク(刻印)
a	1.6 mm　2本	小	○
b	1.6 mm　2本と 2.0 mm　1本	中	中
c	1.6 mm　4本	中	中
d	1.6 mm　1本と 2.0 mm　2本	中	中

イ．a，b

ロ．b，c

ハ．c，d

ニ．a，d

	問　い	答　え
20	D 種接地工事を**省略できないものは**。 ただし，電路には定格感度電流 15 mA，動作時間が 0.1 秒以下の電流動作型の漏電遮断器が取り付けられているものとする。	イ．乾燥した場所に施設する三相 200 V(対地電圧 200 V)動力配線の電線を収めた長さ 3 m の金属管。 ロ．乾燥した木製の床の上で取り扱うように施設する三相 200 V(対地電圧 200 V)空気圧縮機の金属製外箱部分。 ハ．水気のある場所のコンクリートの床に施設する三相 200 V(対地電圧 200 V)誘導電動機の鉄台。 ニ．乾燥した場所に施設する単相 3 線式 100/200 V(対地電圧 100 V)配線の電線を収めた長さ 7 m の金属管。
21	使用電圧 200 V の三相電動機回路の施工方法で，**不適切なものは**。	イ．湿気の多い場所に 1 種金属製可とう電線管を用いた金属可とう電線管工事を行った。 ロ．造営材に沿って取り付けた 600V ビニル絶縁ビニルシースケーブルの支持点間の距離を 2 m 以下とした。 ハ．金属管工事に 600V ビニル絶縁電線を使用した。 ニ．乾燥した場所の金属管工事で，管の長さが 3 m なので金属管の D 種接地工事を省略した。
22	三相誘導電動機回路の力率を改善するために，低圧進相コンデンサを接続する場合，その接続場所及び接続方法として，**最も適切なものは**。	イ．手元開閉器の負荷側に電動機と並列に接続する。 ロ．主開閉器の電源側に各台数分をまとめて電動機と並列に接続する。 ハ．手元開閉器の負荷側に電動機と直列に接続する。 ニ．手元開閉器の電源側に電動機と並列に接続する。
23	金属管工事による低圧屋内配線の施工方法として，**不適切なものは**。	イ．太さ 25 mm の薄鋼電線管に断面積 8 mm^2 の 600V ビニル絶縁電線 3 本を引き入れた。 ロ．太さ 25 mm の薄鋼電線管相互の接続にコンビネーションカップリングを使用した。 ハ．薄鋼電線管とアウトレットボックスとの接続部にロックナットを使用した。 ニ．ボックス間の配管でノーマルベンドを使った屈曲箇所を 2 箇所設けた。
24	低圧回路を試験する場合の試験項目と測定器に関する記述として，**誤っているものは**。	イ．導通試験に回路計(テスタ)を使用する。 ロ．絶縁抵抗測定に絶縁抵抗計を使用する。 ハ．負荷電流の測定にクランプ形電流計を使用する。 ニ．電動機の回転速度の測定に検相器を使用する。
25	分岐開閉器を開放して負荷を電源から完全に分離し，その負荷側の低圧屋内電路と大地間の絶縁抵抗を一括測定する方法として，**適切なものは**。	イ．負荷側の点滅器をすべて「切」にして，常時配線に接続されている負荷は，使用状態にしたままで測定する。 ロ．負荷側の点滅器をすべて「入」にして，常時配線に接続されている負荷は，使用状態にしたままで測定する。 ハ．負荷側の点滅器をすべて「切」にして，常時配線に接続されている負荷は，すべて取り外して測定する。 ニ．負荷側の点滅器をすべて「入」にして，常時配線に接続されている負荷は，すべて取り外して測定する。

問い		答え
26	接地抵抗計(電池式)に関する記述として，**正しいものは。**	**イ．** 接地抵抗計はアナログ形のみである。 **ロ．** 接地抵抗計の出力端子における電圧は，直流電圧である。 **ハ．** 接地抵抗測定の前には，P 補助極(電圧極)，被測定接地極(E 極)，C 補助極(電流極)の順に約 10 m 間隔で直線上に配置する。 **ニ．** 接地抵抗測定の前には，接地極の地電圧が許容値以下であることを確認する。
27	アナログ式回路計(電池内蔵)の回路抵抗測定に関する記述として，**誤っているものは。**	**イ．** 回路計の電池容量が正常であることを確認する。 **ロ．** 抵抗測定レンジに切り換える。被測定物の概略値が想定される場合は，測定レンジの倍率を適正なものにする。 **ハ．** 赤と黒の測定端子(テストリード)を開放し，指針が 0 Ωになるよう調整する。 **ニ．** 被測定物に，赤と黒の測定端子(テストリード)を接続し，その時の指示値を読む。なお，測定レンジに倍率表示がある場合は，読んだ指示値に倍率を乗じて測定値とする。
28	電気工事士の義務又は制限に関する記述として，**誤っているものは。**	**イ．** 電気工事士は，都道府県知事から電気工事の業務に関して報告するよう求められた場合には，報告しなければならない。 **ロ．** 電気工事士は，「電気工事士法」で定められた電気工事の作業に従事するときは，電気工事士免状を事務所に保管していなければならない。 **ハ．** 電気工事士は，「電気工事士法」で定められた電気工事の作業に従事するときは，「電気設備に関する技術基準を定める省令」に適合するよう作業を行わなければならない。 **ニ．** 電気工事士は，氏名を変更したときは，免状を交付した都道府県知事に申請して免状の書換えをしてもらわなければならない。
29	「電気用品安全法」の適用を受ける次の配線器具のうち，特定電気用品の組合せとして，**正しいものは。** ただし，定格電圧，定格電流，極数等から全てが「電気用品安全法」に定める電気用品であるとする。	**イ．** タンブラースイッチ，カバー付ナイフスイッチ **ロ．** 電磁開閉器，フロートスイッチ **ハ．** タイムスイッチ，配線用遮断器 **ニ．** ライティングダクト，差込み接続器
30	一般用電気工作物の適用を受けるものは。 ただし，発電設備は電圧 600 V 以下で，1 構内に設置するものとする。	**イ．** 低圧受電で，受電電力 30 kW，出力 40 kW の太陽電池発電設備と電気的に接続した出力 15 kW の風力発電設備を備えた農園 **ロ．** 低圧受電で，受電電力 30 kW，出力 20 kW の非常用内燃力発電設備を備えた映画館 **ハ．** 低圧受電で，受電電力 30 kW，出力 30 kW の太陽電池発電設備を備えた幼稚園 **ニ．** 高圧受電で，受電電力 50 kW の機械工場

問題2．配線図（問題数 20，配点は1問当たり 2 点）

※図は１３頁参照

図は，木造３階建住宅の配線図である。この図に関する次の各問いには４通りの答え（イ，ロ，ハ，ニ）が書いてある。それぞれの問いに対して，答えを１つ選びなさい。

【注意】１．屋内配線の工事は，特記のある場合を除き 600V ビニル絶縁ビニルシースケーブル平形（VVF)を用いたケーブル工事である。
２．屋内配線等の電線の本数，電線の太さ，その他，問いに直接関係のない部分等は省略又は簡略化してある。
３．漏電遮断器は，定格感度電流 30 mA，動作時間 0.1 秒以内のものを使用している。
４．選択肢（答え）の写真にあるコンセント及び点滅器は，「JIS C 0303：2000 構内電気設備の配線用図記号」で示す「一般形」である。
５．ジョイントボックスを経由する電線は，すべて接続箇所を設けている。
６．3路スイッチの記号「0」の端子には，電源側又は負荷側の電線を結線する。

	問　い	答　え
31	①で示す図記号の名称は。	イ．プルボックス　　ロ．VVF 用ジョイントボックス ハ．ジャンクションボックス　　ニ．ジョイントボックス
32	②で示す図記号の器具の名称は。	イ．一般形点滅器　　ロ．一般形調光器 ハ．ワイド形調光器　　ニ．ワイドハンドル形点滅器
33	③で示す部分の最少電線本数(心線数)は。	イ．2　　ロ．3　　ハ．4　　ニ．5
34	④で示す部分の工事の種類として，**正しいものは。**	イ．ケーブル工事(CVT) ロ．金属線ぴ工事 ハ．金属ダクト工事 ニ．金属管工事
35	⑤で示す部分に施設する機器は。	イ．3 極 2 素子配線用遮断器(中性線欠相保護付) ロ．3 極 2 素子漏電遮断器(過負荷保護付，中性線欠相保護付) ハ．3 極 3 素子配線用遮断器 ニ．2 極 2 素子漏電遮断器(過負荷保護付)
36	⑥で示す部分の電路と大地間の絶縁抵抗として，許容される最小値[MΩ]は。	イ．0.1　　ロ．0.2　　ハ．0.4　　ニ．1.0
37	⑦で示す部分に照明器具としてペンダントを取り付けたい。図記号は。	イ．　ロ．　ハ．　ニ．
38	⑧で示す部分の接地工事の種類及びその接地抵抗の許容される最大値[Ω]の組合せとして，**正しいものは。**	イ．A 種接地工事　10 Ω　　ロ．A 種接地工事　100 Ω ハ．D 種接地工事　100 Ω　　ニ．D 種接地工事　500 Ω
39	⑨で示す部分の配線工事で用いる管の種類は。	イ．波付硬質合成樹脂管 ロ．硬質ポリ塩化ビニル電線管(硬質塩化ビニル電線管) ハ．耐衝撃性硬質ポリ塩化ビニル電線管(耐衝撃性硬質塩化ビニル電線管) ニ．耐衝撃性硬質ポリ塩化ビニル管(耐衝撃性硬質塩化ビニル管)
40	⑩で示す部分の図記号の傍記表示「LK」の種類は。	イ．引掛形　　ロ．ワイド形　　ハ．抜け止め形　　ニ．漏電遮断器付

（次頁へ続く）

	問　い	答　え			
41	⑪で示す部分の配線を器具の裏面から見たものである。**正しいものは。**ただし，電線の色別は，白色は電源からの接地側電線，黒色は電源からの非接地側電線とする。	イ. 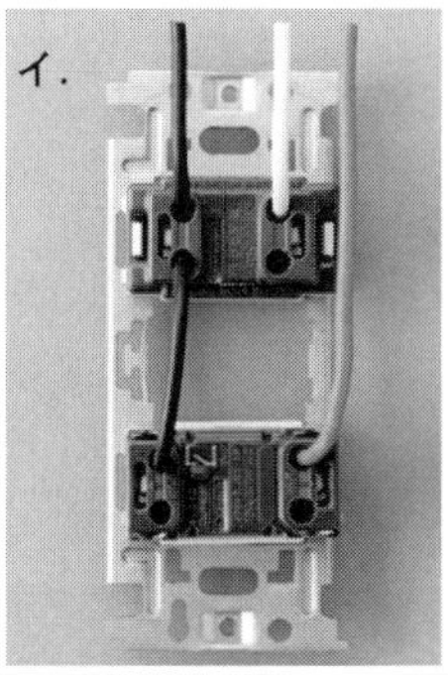	ロ. 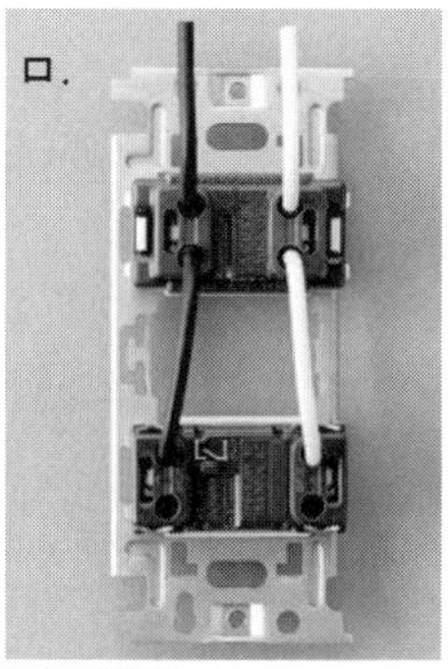	ハ. 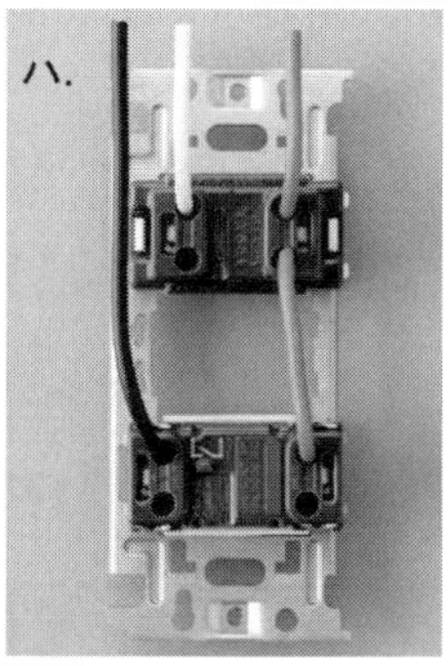	ニ. 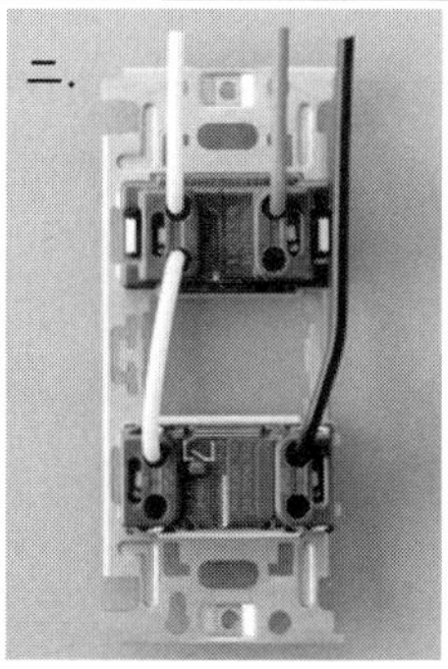
42	⑫で示す点滅器の取付け工事に使用する材料として，**適切なものは。**	イ. 	ロ. 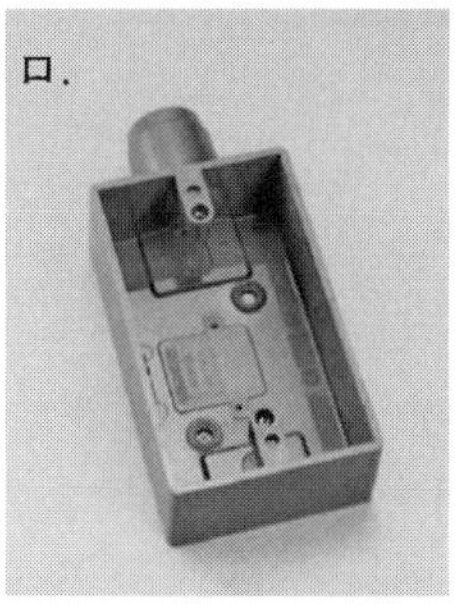	ハ. 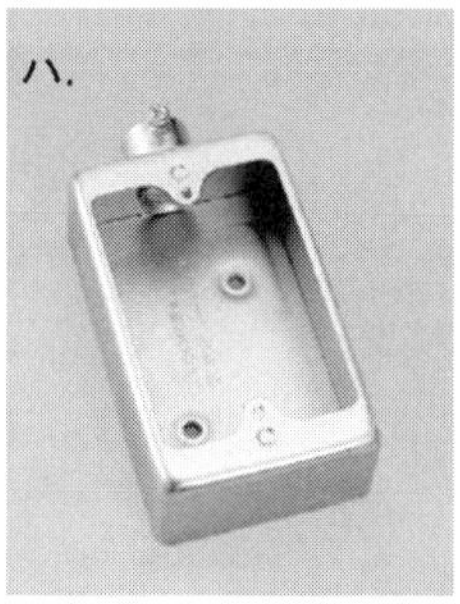	ニ. 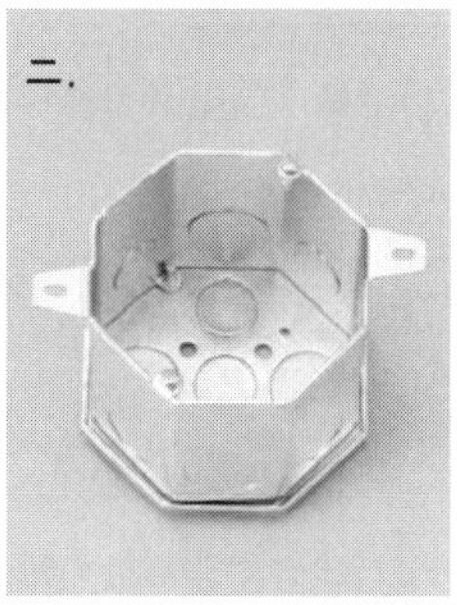
43	⑬で示す図記号の器具は。	イ. 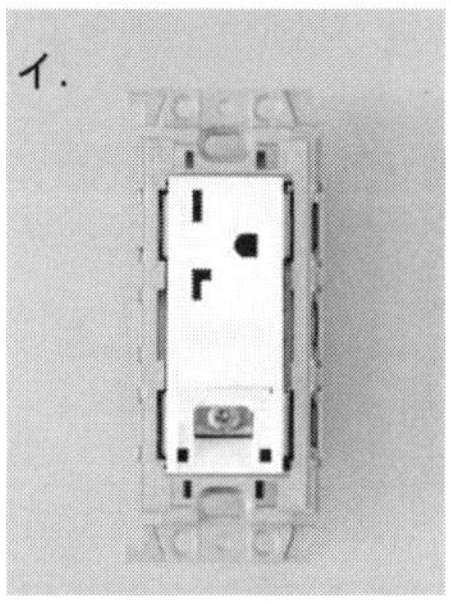	ロ. 	ハ. 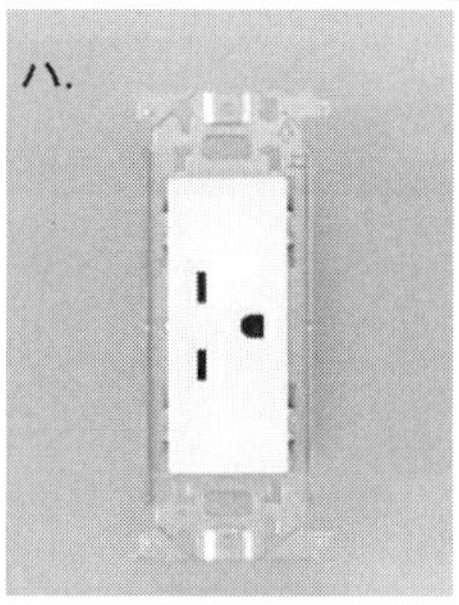	ニ. 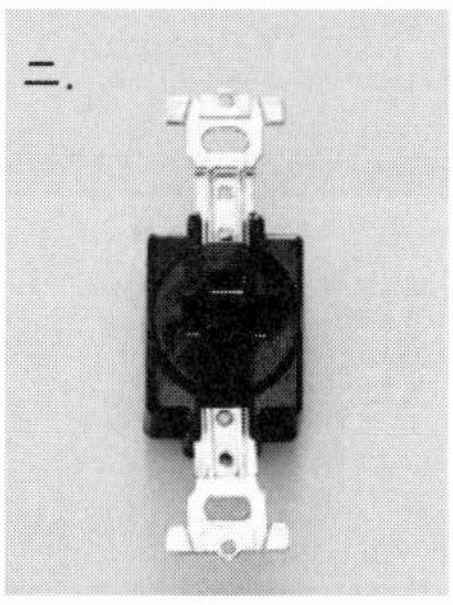
44	⑭で示すボックス内の接続をリングスリーブで圧着接続した場合のリングスリーブの種類，個数及び圧着接続後の刻印との組合せで，**正しいものは。** ただし，使用する電線は特記のないものはVVF1.6とする。 また，写真に示す**リングスリーブ中央**の**○，小，中**は刻印を表す。	イ.  小　3個	ロ. 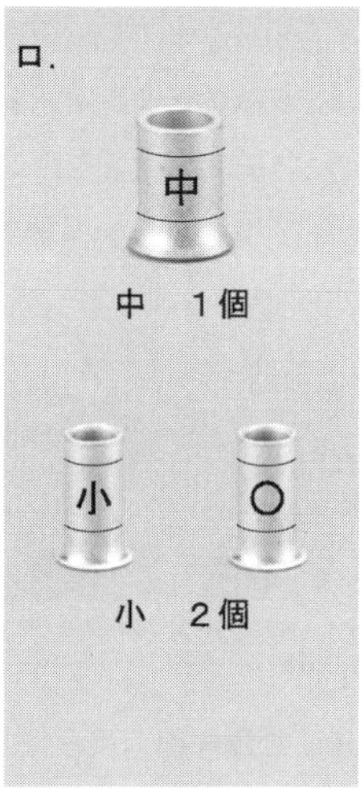 中　1個 小　2個	ハ. 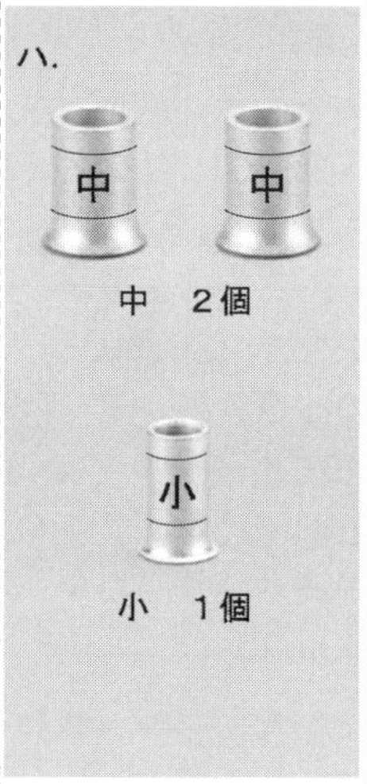 中　2個 小　1個	ニ.  中　2個 小　1個
45	⑮で示すボックス内の接続をすべて差込形コネクタとする場合,使用する差込形コネクタの種類と最少個数の組合せで,**正しいものは。** ただし，使用する電線はすべてVVF1.6とする。	イ.  4個	ロ. 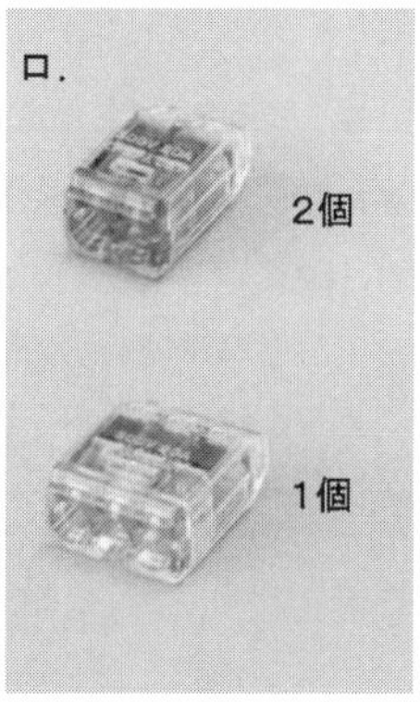 2個 1個	ハ.  3個 1個	ニ. 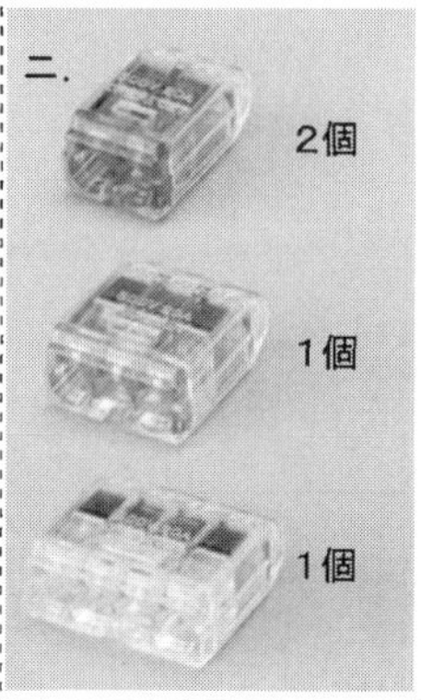 2個 1個 1個

	問　い	答　え			
46	⑯で示す図記号の機器は。	イ. 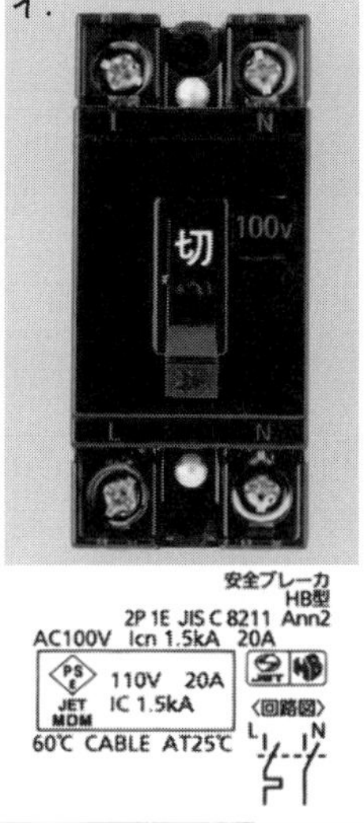 安全ブレーカ HB型 2P 1E JIS C 8211 Ann2 AC100V Icn 1.5kA 20A 110V 20A IC 1.5kA JET MDM 〈回路図〉 60℃ CABLE AT25℃	ロ. 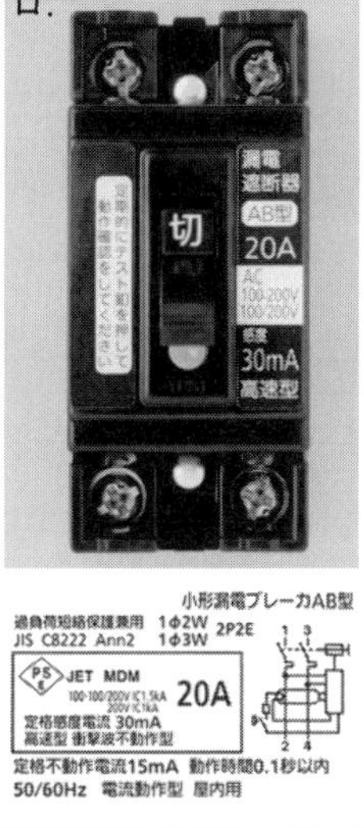 小形漏電ブレーカAB型 過負荷短絡保護兼用 1φ2W 1φ3W 2P2E JIS C8222 Ann2 JET MDM 20A 定格感度電流 30mA 高速型 衝撃波不動作型 定格不動作電流15mA 動作時間0.1秒以内 50/60Hz 電流動作型 屋内用	ハ. 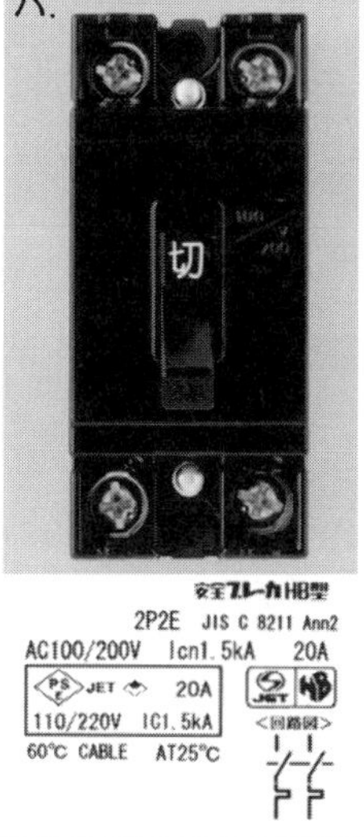 安全ブレーカHB型 2P2E JIS C 8211 Ann2 AC100/200V Icn1.5kA 20A JET 20A 110/220V IC1.5kA 60°C CABLE AT25°C <回路図>	ニ. 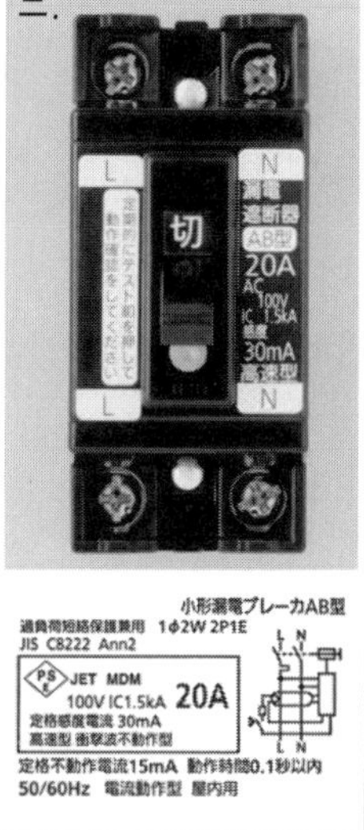 小形漏電ブレーカAB型 過負荷短絡保護兼用 1φ2W 2P1E JIS C8222 Ann2 JET MDM 100V IC1.5kA 20A 定格感度電流 30mA 高速型 衝撃波不動作型 定格不動作電流15mA 動作時間0.1秒以内 50/60Hz 電流動作型 屋内用
47	⑰で示すボックス内の接続をすべて圧着接続とする場合，使用するリングスリーブの種類と最少個数の組合せで，**正しいものは。** ただし，使用する電線はすべてVVF1.6とする。	イ. 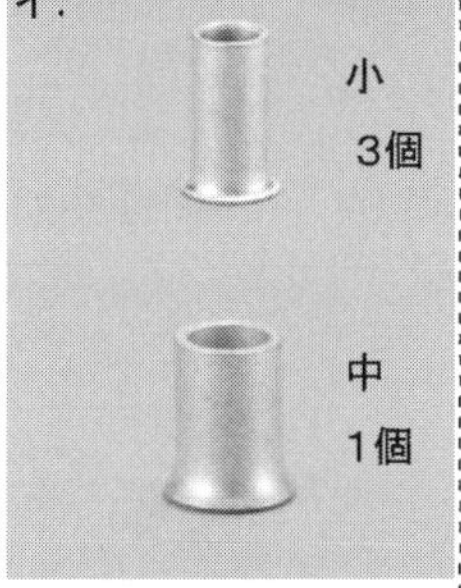 小 3個 中 1個	ロ. 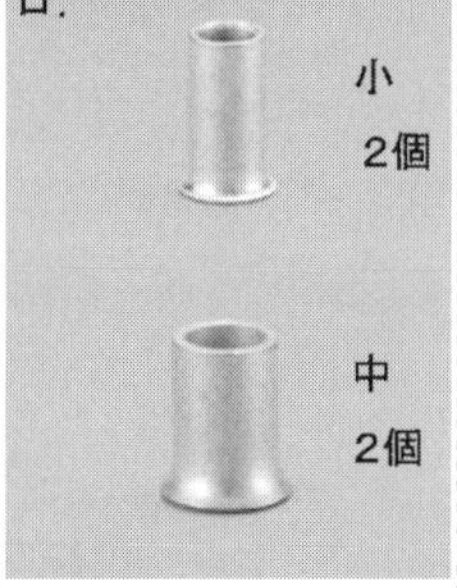 小 2個 中 2個	ハ. 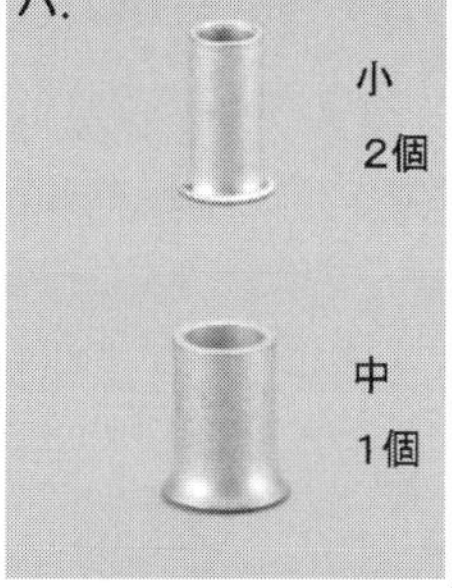 小 2個 中 1個	ニ. 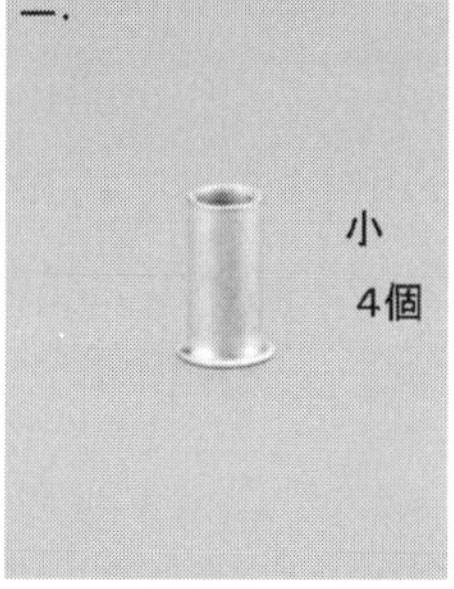 小 4個
48	この配線図の図記号から，この工事で**使用されていないスイッチは。**ただし，写真下の図は，接点の構成を示す。	イ. 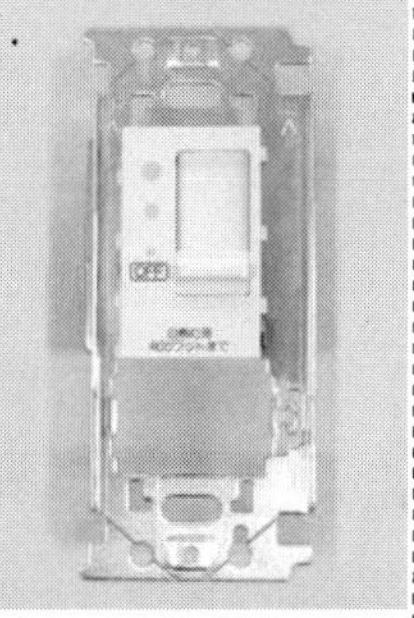	ロ. 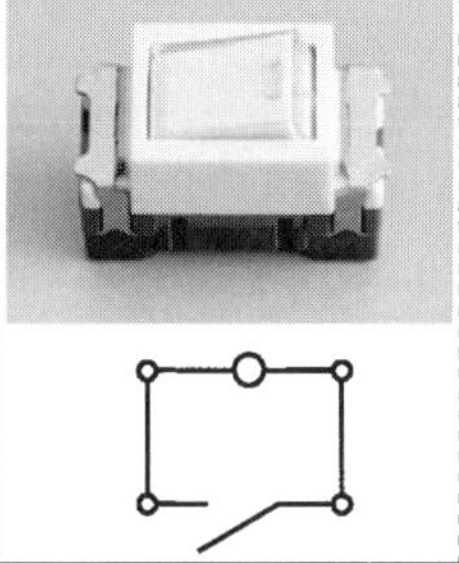	ハ. 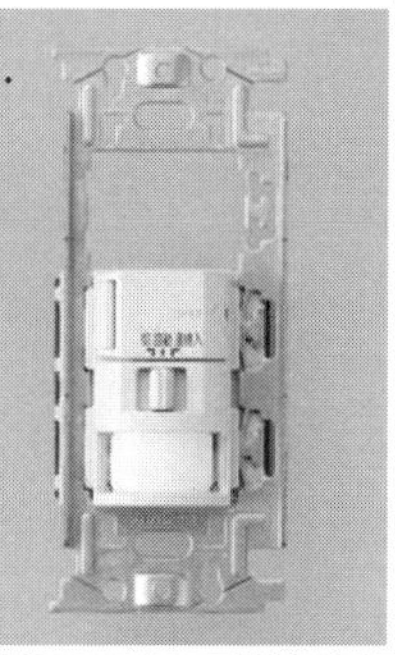	ニ. 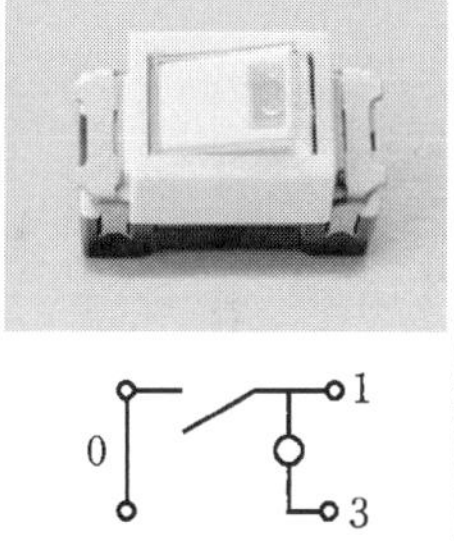 1 0 3
49	この配線図の施工で，**使用されていないものは。**	イ. 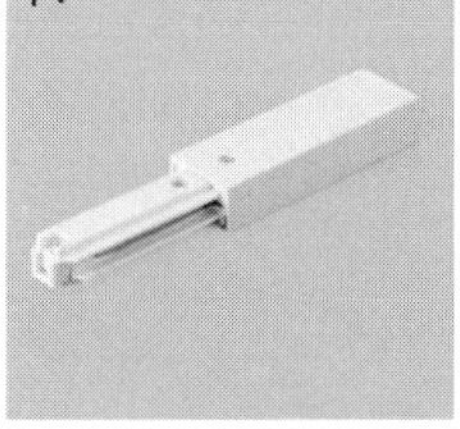	ロ. 	ハ. 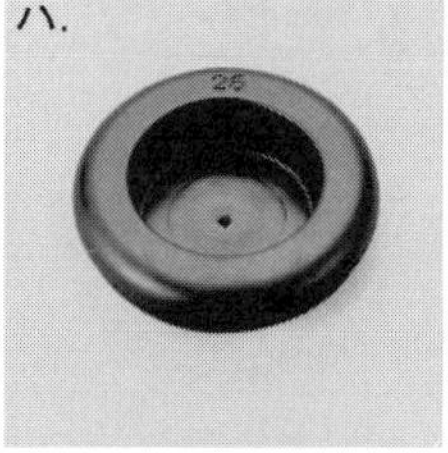 25	ニ. 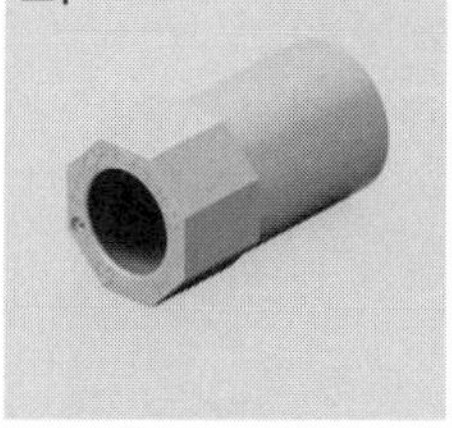
50	この配線図の施工に関して，一般的に**使用されることのないものは。**	イ. 	ロ. 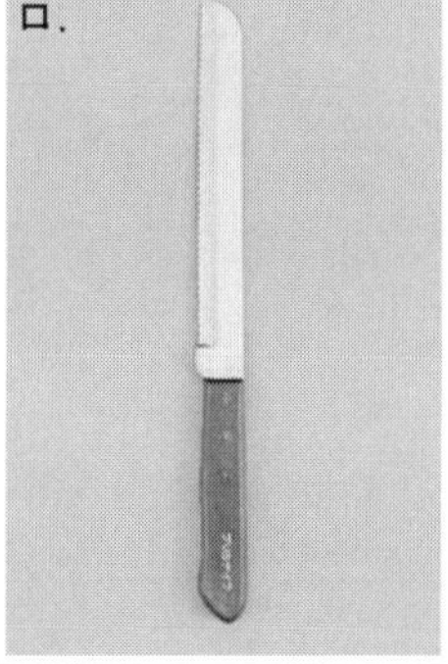	ハ. 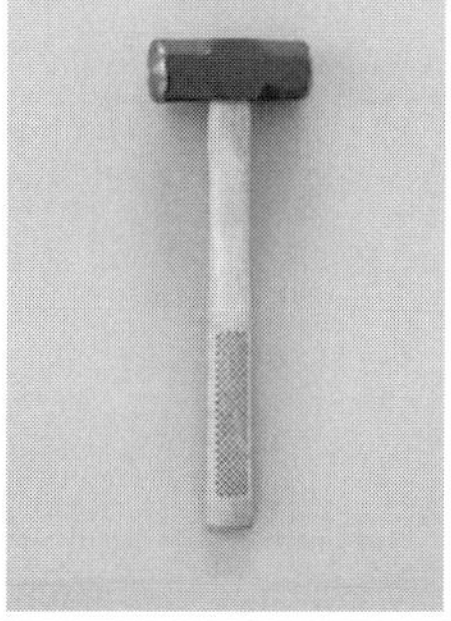	ニ. 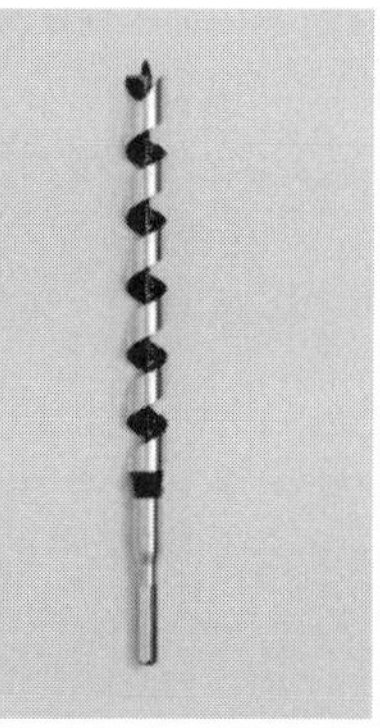

図面を引き抜いてご覧ください

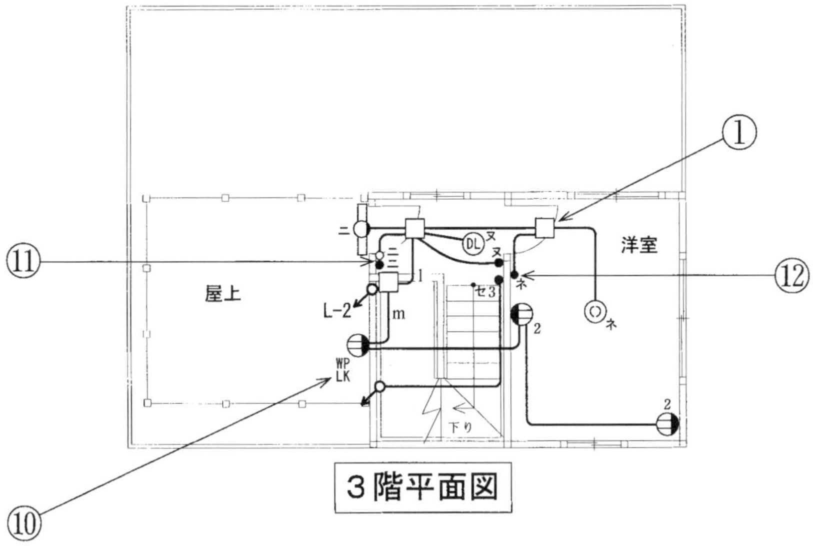

3階平面図

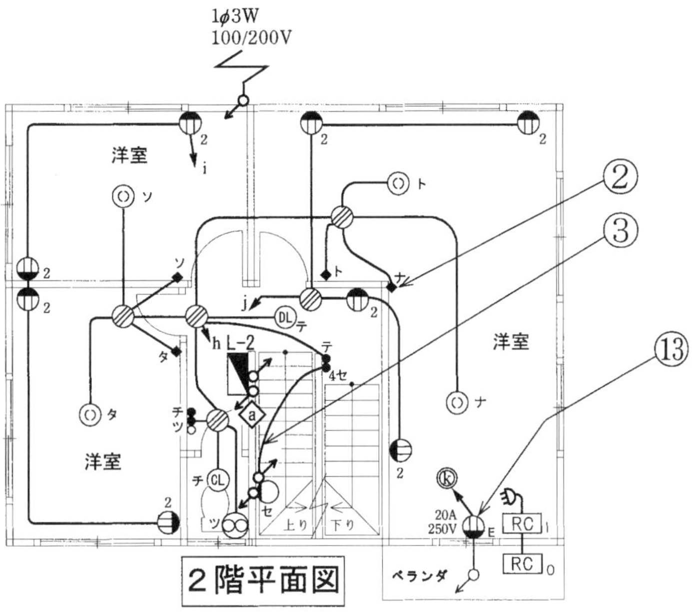

2階平面図

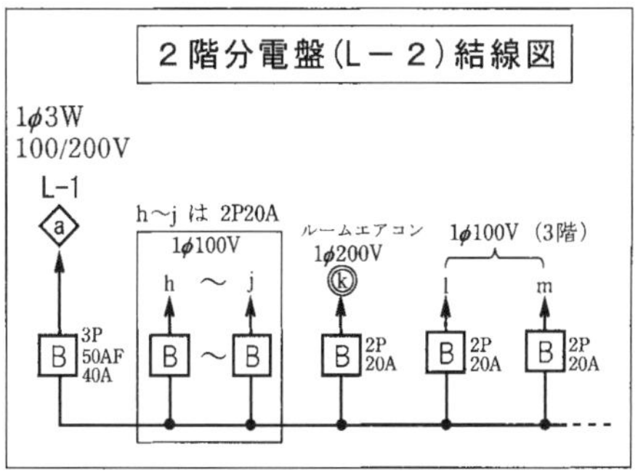

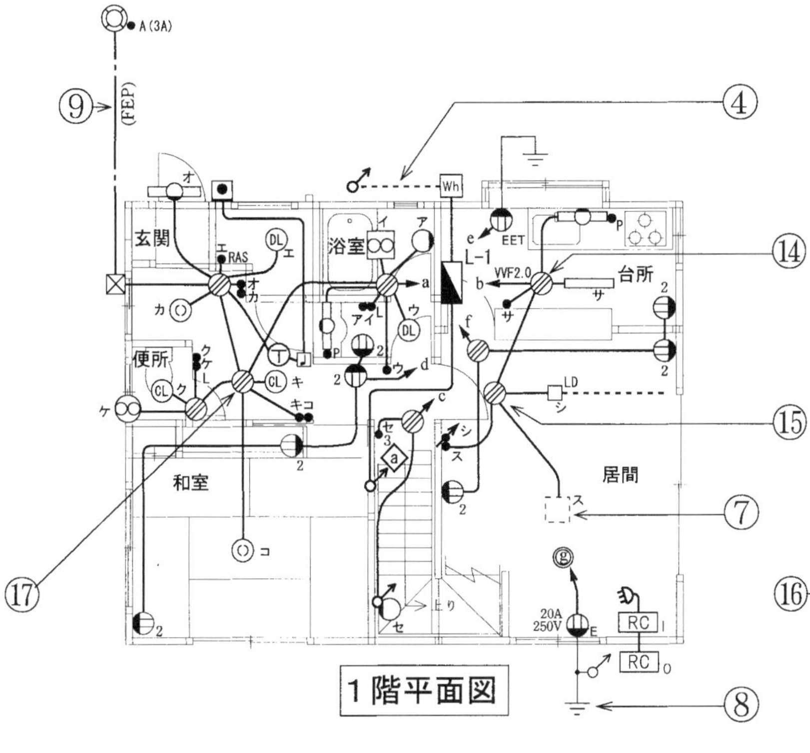

1階平面図

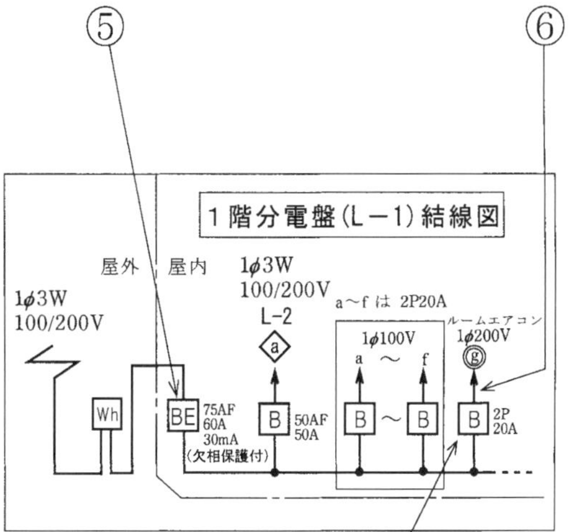

令和三年度下期（am）筆記試験 解答

1　ロ

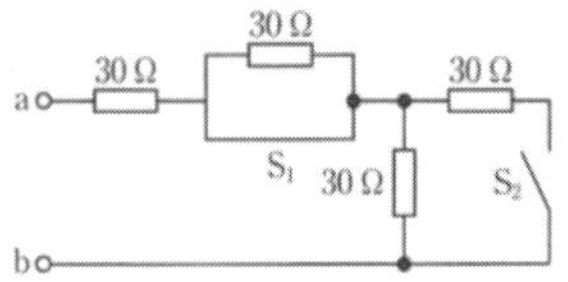

スイッチ S_1 を閉じると電線の抵抗 0〔Ω〕と抵抗 30〔Ω〕の合成抵抗は，$R=\dfrac{0\times30}{0+30}=0$〔Ω〕

端子 a－b 間の合成抵抗 R_{ab}〔Ω〕は，

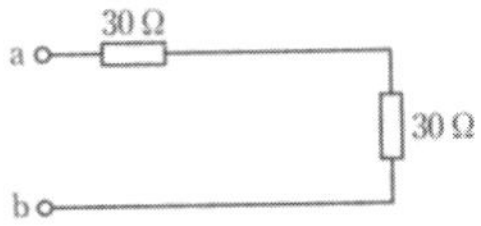

$R_{ab}=30+30=60$〔Ω〕

2　ハ　導線の断面積 A〔m^2〕は，

$$A=\frac{\pi\times(D\times10^{-3})^2}{4}=\frac{\pi D^2\times10^{-6}}{4}〔m^2〕$$

導線の電気抵抗 R〔Ω〕は，

$$R=\rho\frac{L}{A}=\rho\times\frac{L}{\dfrac{\pi D^2\times10^{-6}}{4}}=\frac{4\rho L\times10^6}{\pi D^2}〔Ω〕$$

導線の抵抗率　$\rho=R\times\dfrac{\pi D^2}{4L\times10^6}=\dfrac{\pi D^2R}{4L\times10^6}$〔Ω・m〕

3　ハ　$Q=3600\,Pt=3600\times0.3\times2=2160$〔kJ〕

4　ロ　$Z=\sqrt{R^2+X_L{}^2}=\sqrt{8^2+6^2}=\sqrt{100}=10$〔Ω〕

8〔Ω〕の電流 I〔A〕は，$I=\dfrac{V}{Z}=\dfrac{100}{10}=10$〔A〕

消費電力は P〔W〕は，$P=I^2R=10^2\times8=800$〔W〕

5　ハ　相電圧は，20×6＝120〔V〕なので，

線間電圧　$E=\sqrt{3}\times120=1.73\times120\fallingdotseq208$〔V〕

6　ニ　a－a′ 間から d－d′ 間の電圧降下 v〔V〕は，

$v=2\times20\times0.05+2\times10\times0.1+2\times5\times0.1=5$〔V〕

a－a′間の電圧 $V_{aa'}$〔V〕は，$V_{aa'}=100+5=105$〔V〕

7　ニ　電圧降下 v〔V〕は，$v=Ir=20\times0.05=1$〔V〕

$V_{ab}=104-1=103$〔V〕

8　ハ　**電技解釈第 146 条**（低圧配線に使用する電線）

35×0.63＝22.05→22〔A〕

9　ニ　**電技解釈第 149 条**（低圧分岐回路等の施設）

$I_W=40\times0.55=22$〔A〕

10　イ　**電技解釈第 149 条**（低圧分岐回路等の施設）

11　イ　略

12　ロ　**内線規程 1340 - 2**（コードなどの許容電流）

13　イ　略

14　ニ　略

15　ロ　**電技解釈第 33 条**（低圧電路に施設する過電流遮断器の性能等）

16　イ　略

17　ロ　略

18　ハ　略

19　ロ　**JIS C 2806**（銅線用裸圧着スリーブ）

20　ハ　**電技解釈第 29 条**（機械器具の金属製外箱等の接地）

第 159 条（金属管工事）

水気のある場合では，D種接地工事を省略できない。

21　イ　**電技解釈第 159 条**（金属管工事）・**第 160 条**（金属可とう電線管工事）・**第 164 条**（ケーブル工事）

乾燥した場所に限って施設できる。

22　イ　略

23　ロ　**内線規程 3110 - 5**（管の太さの選定）

3110 - 7（管及び附属品の連結及び支持）

3110 - 8（管の屈曲）

薄鋼電線管用のカップリングを用いる。

24　ニ　電動機の回転速度の測定は，回転計を使用する。

25　ロ　略

26　ニ　略

27　ハ　赤と黒の測定端子を短絡しながら，ゼロオーム調整ツマミで指針が 0〔Ω〕になるように調整する。

28　ロ　電気工事士免状を携帯していなければならない。

29　ハ　**電気用品安全法施行令第 1 条の 2**（特定電気用品）

30　ハ　**電気事業法第 38 条，施行規則第 48 条**（一般用電気工作物の範囲）

小出力発電設備（600 V 以下）

発電設備	出力
太陽電池発電設備	50 kW 未満

31　ニ　略

32　ニ　略

33　ハ　略

34　イ　**電技解釈第 110 条**（低圧屋側電線路の施設）**内線規程 1370 - 5**（低圧引込線の引込線取付点から引込口装置までの施設）

35　ロ　**内線規程 1360 - 12**（電線を保護する配線用遮断器の過電流素子及び開閉部の数）

36　イ　**電技第 58 条**

37　ニ　略

38　ニ　D 種接地工事 500〔Ω〕

電技解釈第 17 条（接地工事の種類及び施設方法）

第 29 条（機械器具の金属製外箱等の接地）

39　イ　略

40　ハ　略

41　ハ　略

42　イ　略

43　ロ　略

44　ニ　（右図参照）

45　ハ　（右図参照）

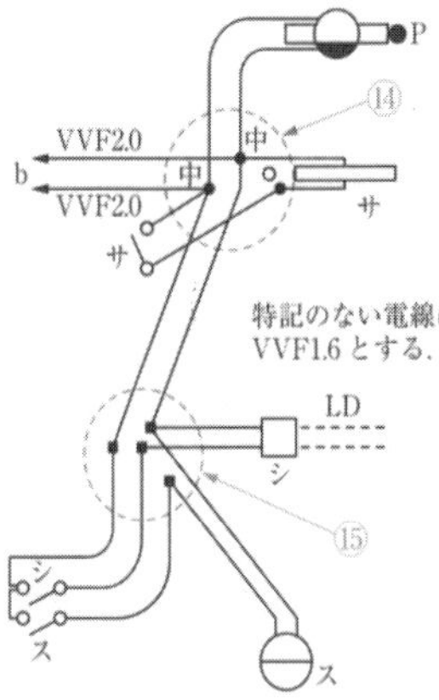

46　ハ　図記号 B $^{2P}_{20A}$ の機器は配線用遮断器で 1φ2W200V 回路に使用するので 2 極 2 素子（2 P2E）

47　イ　（右図参照）

48　ロ　略

49　ニ　略

50　ロ　略

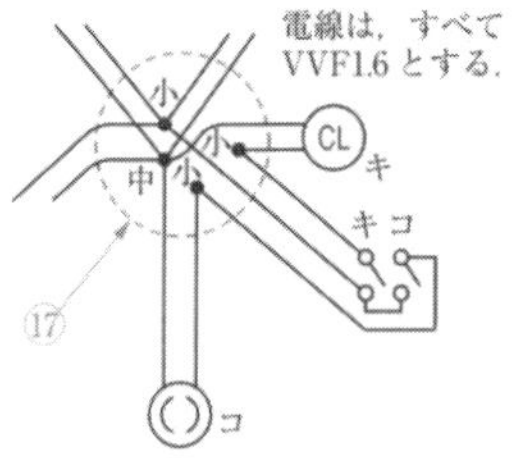

第二種電気工事士　筆記模擬試験の答案用紙

令和　3　年　上期〔pm〕

受験番号を数字で記入して下さい。➡

受験番号に該当する位置にマークして下さい。➡

受験番号							
百万の位	十万の位	万の位	千の位	百の位	十の位	一の位	記号
⓪	⓪	⓪	⓪	⓪	⓪	⓪	Ⓐ A
①	①	①	①	①	①	①	Ⓔ E
②	②	②	②	②	②	②	Ⓕ F
③	③	③	③	③	③	③	Ⓖ G
④	④	④	④	④	④	④	Ⓚ K
⑤	⑤	⑤	⑤	⑤	⑤	⑤	Ⓟ P
⑥	⑥	⑥	⑥	⑥	⑥	⑥	Ⓣ T
⑦	⑦	⑦	⑦	⑦	⑦	⑦	
⑧	⑧	⑧	⑧	⑧	⑧	⑧	
⑨	⑨	⑨	⑨	⑨	⑨	⑨	

よい例	わるい例

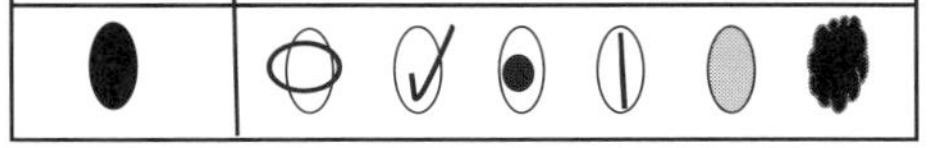

1. マークは上の例のようにマークすること。
2. 氏名・生年月日・試験地・受験番号を必ず記入すること。
3. 受験番号は欄外にはみださないように正確に記入し、必ず該当する番号にマークすること。
4. マークの記入にあたっては濃度HBの黒鉛筆を使用すること。
5. 誤ってマークしたときは、跡の残らないようにプラスチック消しゴムできれいに消すこと。
6. 答の欄は各問につき一つだけマークすること。
7. 用紙は絶対に折り曲げたり汚したりしないこと。

氏　名

生年月日
昭和 平成　　年　月　日

試験地

（2点×30問）

問題 1. 一般問題

問	答	問	答	問	答
1	㋑ ㋺ ㋩ ㋥	11	㋑ ㋺ ㋩ ㋥	21	㋑ ㋺ ㋩ ㋥
2	㋑ ㋺ ㋩ ㋥	12	㋑ ㋺ ㋩ ㋥	22	㋑ ㋺ ㋩ ㋥
3	㋑ ㋺ ㋩ ㋥	13	㋑ ㋺ ㋩ ㋥	23	㋑ ㋺ ㋩ ㋥
4	㋑ ㋺ ㋩ ㋥	14	㋑ ㋺ ㋩ ㋥	24	㋑ ㋺ ㋩ ㋥
5	㋑ ㋺ ㋩ ㋥	15	㋑ ㋺ ㋩ ㋥	25	㋑ ㋺ ㋩ ㋥
6	㋑ ㋺ ㋩ ㋥	16	㋑ ㋺ ㋩ ㋥	26	㋑ ㋺ ㋩ ㋥
7	㋑ ㋺ ㋩ ㋥	17	㋑ ㋺ ㋩ ㋥	27	㋑ ㋺ ㋩ ㋥
8	㋑ ㋺ ㋩ ㋥	18	㋑ ㋺ ㋩ ㋥	28	㋑ ㋺ ㋩ ㋥
9	㋑ ㋺ ㋩ ㋥	19	㋑ ㋺ ㋩ ㋥	29	㋑ ㋺ ㋩ ㋥
10	㋑ ㋺ ㋩ ㋥	20	㋑ ㋺ ㋩ ㋥	30	㋑ ㋺ ㋩ ㋥

（2点×20問）

問題 2. 配線図

問	答	問	答
31	㋑ ㋺ ㋩ ㋥	41	㋑ ㋺ ㋩ ㋥
32	㋑ ㋺ ㋩ ㋥	42	㋑ ㋺ ㋩ ㋥
33	㋑ ㋺ ㋩ ㋥	43	㋑ ㋺ ㋩ ㋥
34	㋑ ㋺ ㋩ ㋥	44	㋑ ㋺ ㋩ ㋥
35	㋑ ㋺ ㋩ ㋥	45	㋑ ㋺ ㋩ ㋥
36	㋑ ㋺ ㋩ ㋥	46	㋑ ㋺ ㋩ ㋥
37	㋑ ㋺ ㋩ ㋥	47	㋑ ㋺ ㋩ ㋥
38	㋑ ㋺ ㋩ ㋥	48	㋑ ㋺ ㋩ ㋥
39	㋑ ㋺ ㋩ ㋥	49	㋑ ㋺ ㋩ ㋥
40	㋑ ㋺ ㋩ ㋥	50	㋑ ㋺ ㋩ ㋥

筆 記 試 験　令和３年　上期〔pm〕

問題１．一般問題（問題数 30，配点は１問当たり２点）

【注】本問題の計算で $\sqrt{2}$，$\sqrt{3}$ 及び円周率 π を使用する場合の数値は次によること。$\sqrt{2}=1.41$ ，$\sqrt{3}=1.73$ ，$\pi=3.14$

次の各問いには４通りの答え（イ，ロ，ハ，ニ）が書いてある。それぞれの問いに対して答えを１つ選びなさい。

なお，選択肢が数値の場合は最も近い値を選びなさい。

<table>
<tr><th></th><th>問　い</th><th>答　え</th></tr>
<tr><td>1</td><td>図のような回路で，8 Ωの抵抗での消費電力［W］は。
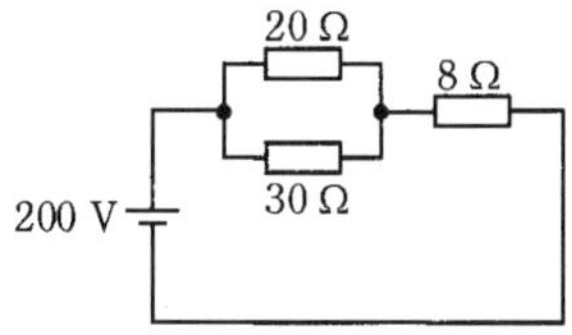
20 Ω
8 Ω
200 V
30 Ω</td><td>イ．200　　ロ．800　　ハ．1 200　　ニ．2 000</td></tr>
<tr><td>2</td><td>直径 2.6 mm，長さ 20 m の銅導線と抵抗値が最も近い同材質の銅導線は。</td><td>イ．断面積 8 mm^2，　長さ 40 m
ロ．断面積 8 mm^2，　長さ 20 m
ハ．断面積 5.5 mm^2，長さ 40 m
ニ．断面積 5.5 mm^2，長さ 20 m</td></tr>
<tr><td>3</td><td>消費電力が400 Wの電熱器を1時間20分使用した時の発熱量［kJ］は。</td><td>イ．960　　ロ．1 920　　ハ．2 400　　ニ．2 700</td></tr>
<tr><td>4</td><td>図のような回路で，電源電圧が 24 V，抵抗 $R=4\ \Omega$ に流れる電流が 6 A，リアクタンス $X_L=3\ \Omega$ に流れる電流が 8 A であるとき，回路の力率［%］は。
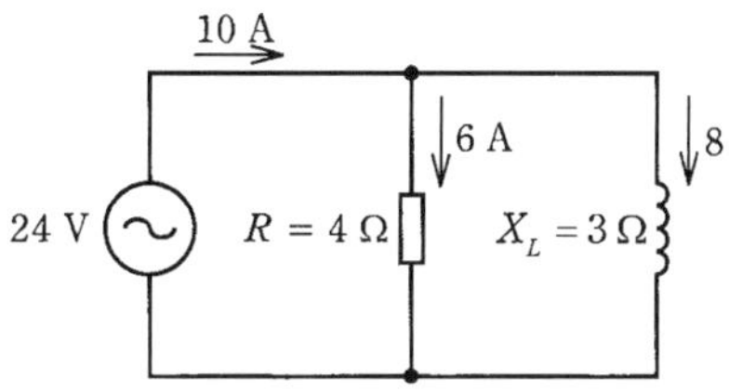
10 A
6 A
8 A
24 V
R = 4 Ω
X_L = 3 Ω</td><td>イ．43　　ロ．60　　ハ．75　　ニ．80</td></tr>
<tr><td>5</td><td>図のような三相 3 線式回路に流れる電流 I［A］は。
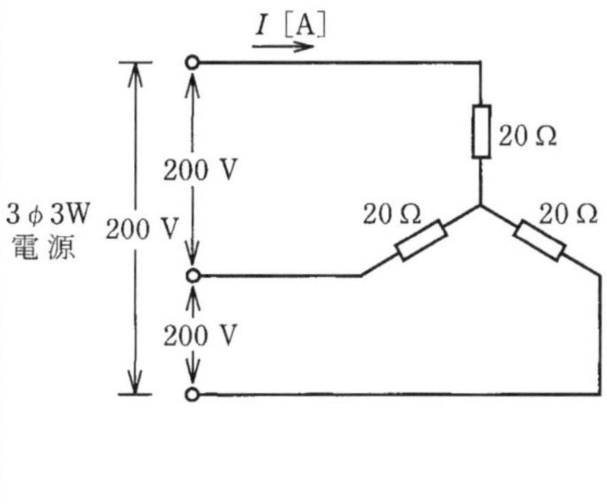
I [A]
20 Ω
200 V
3φ3W
電 源
200 V
20 Ω
20 Ω
200 V</td><td>イ．2.9　　ロ．5.0　　ハ．5.8　　ニ．10.0</td></tr>
</table>

問い	答え

6 図のような単相2線式回路で，c−c′間の電圧が100 Vのとき，a−a′間の電圧［V］は。
ただし，r_1及びr_2は電線の電気抵抗［Ω］とする。

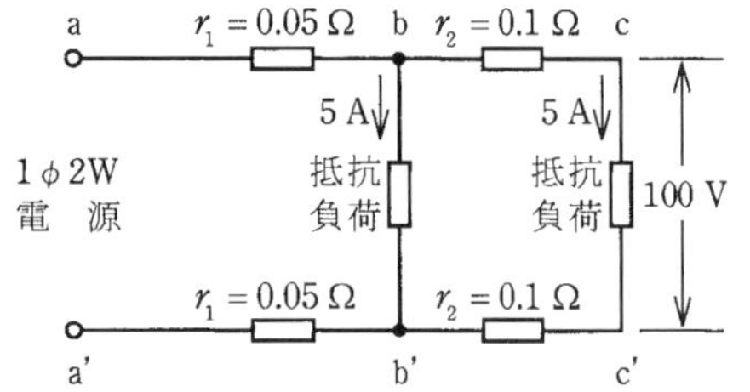

イ．101　　ロ．102　　ハ．103　　ニ．104

7 図のような単相3線式回路において，消費電力100 W，200 Wの2つの負荷はともに抵抗負荷である。図中の×印点で断線した場合，a−b間の電圧［V］は。
ただし，断線によって負荷の抵抗値は変化しないものとする。

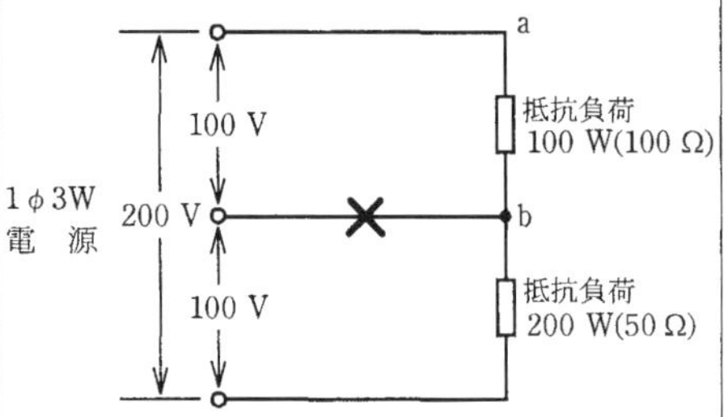

イ．67　　ロ．100　　ハ．133　　ニ．150

8 金属管による低圧屋内配線工事で，管内に直径1.6 mmの600 Vビニル絶縁電線（軟銅線）6本を収めて施設した場合，電線1本当たりの許容電流［A］は。
ただし，周囲温度は30℃以下，電流減少係数は0.56とする。

イ．15　　ロ．19　　ハ．20　　ニ．27

9 図のように，定格電流100 Aの配線用遮断器で保護された低圧屋内幹線からVVRケーブルで低圧屋内電路を分岐する場合，a−b間の長さLと電線の太さAの組合せとして，**不適切なものは。**
ただし，VVRケーブルの太さと許容電流の関係は表のとおりとする。

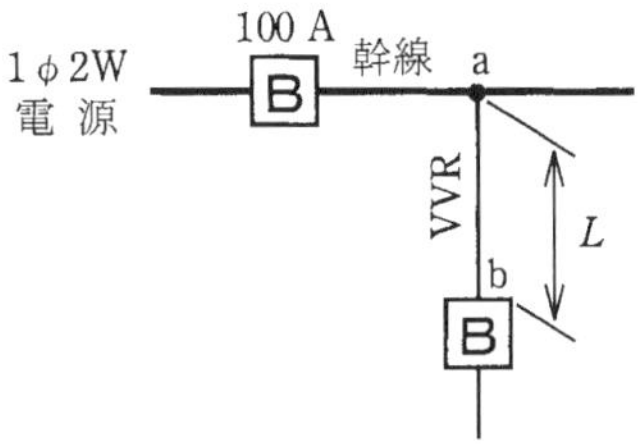

電線の太さA	許容電流
直径 2.0 mm	24 A
断面積 5.5 mm^2	34 A
断面積　8 mm^2	42 A
断面積 14 mm^2	61 A

イ．L : 1 m　A : 2.0 mm
ロ．L : 2 m　A : 5.5 mm^2
ハ．L : 10 m　A : 8 mm^2
ニ．L : 15 m　A : 14 mm^2

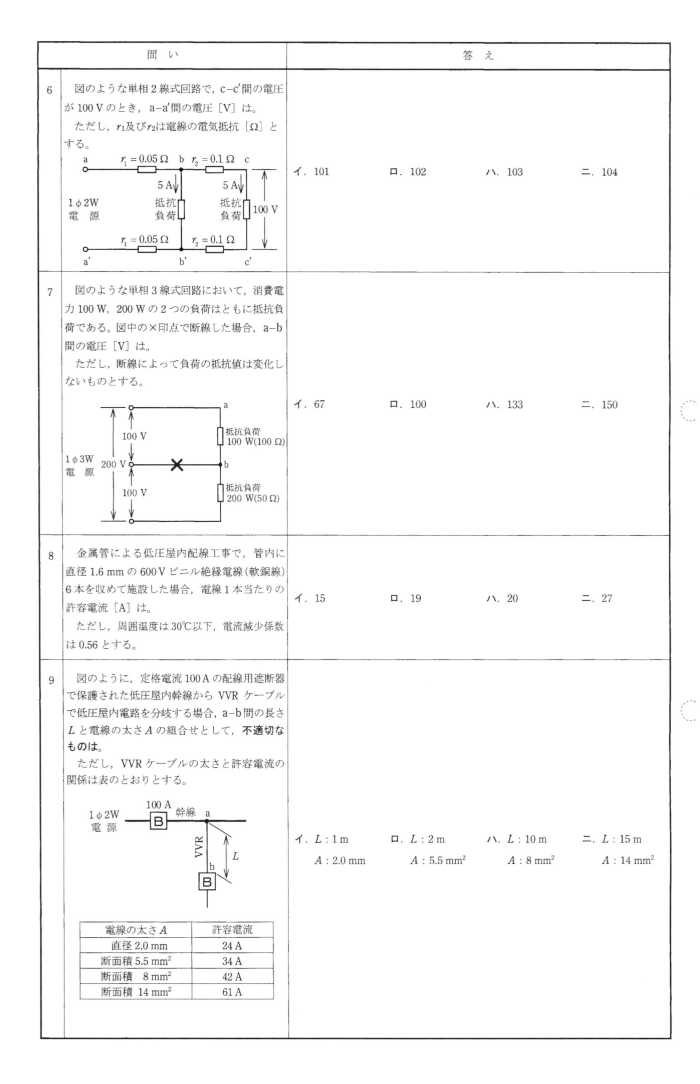

問　い	答　え

10　低圧屋内配線の分岐回路の設計で，配線用遮断器，分岐回路の電線の太さ及びコンセントの組合せとして，**不適切なものは**。

ただし，分岐点から配線用遮断器までは3 m，配線用遮断器からコンセントまでは8 mとし，電線の数値は分岐回路の電線(軟銅線)の太さを示す。

また，コンセントは兼用コンセントではないものとする。

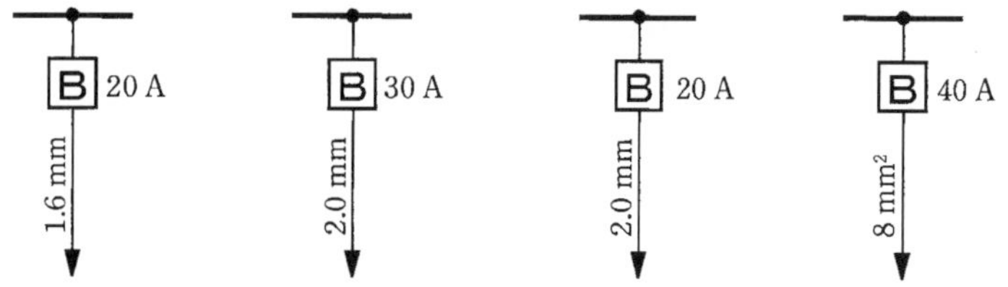
イ.
B 20 A
1.6 mm
ロ.
B 30 A
2.0 mm
ハ.
B 20 A
2.0 mm
ニ.
B 40 A
8 mm^2

イ．定格電流 15 Aのコンセント 2個

ロ．定格電流 30 Aのコンセント 2個

ハ．定格電流 20 Aのコンセント 3個

ニ．定格電流 30 Aのコンセント 1個

11　金属管工事に使用される「ねじなしボックスコネクタ」に関する記述として，**誤っているものは**。

イ．ボンド線を接続するための接地用の端子がある。

ロ．ねじなし電線管と金属製アウトレットボックスを接続するのに用いる。

ハ．ねじなし電線管との接続は止めネジを回して，ネジの頭部をねじ切らないように締め付ける。

ニ．絶縁ブッシングを取り付けて使用する。

12　低圧屋内配線として使用する 600V ビニル絶縁電線(IV)の絶縁物の最高許容温度[℃]は。

イ．45　　ロ．60　　ハ．75　　ニ．90

13　コンクリート壁に金属管を取り付けるときに用いる材料及び工具の組合せとして，**適切なものは**。

イ．カールプラグ
ステープル
ホルソ
ハンマ

ロ．サドル
振動ドリル
カールプラグ
木ねじ

ハ．たがね
コンクリート釘
ハンマ
ステープル

ニ．ボルト
ホルソ
振動ドリル
サドル

14　三相誘導電動機が周波数60 Hzの電源で無負荷運転されている。この電動機を周波数50 Hzの電源で無負荷運転した場合の回転の状態は。

イ．回転速度は変化しない。

ロ．回転しない。

ハ．回転速度が減少する。

ニ．回転速度が増加する。

15　低圧三相誘導電動機に対して低圧進相コンデンサを並列に接続する目的は。

イ．回路の力率を改善する。

ロ．電動機の振動を防ぐ。

ハ．電源の周波数の変動を防ぐ。

ニ．回転速度の変動を防ぐ。

	問い	答え
16	写真の矢印で示す材料の名称は。 	イ．金属ダクト ロ．ケーブルラック ハ．ライティングダクト ニ．２種金属製線ぴ
17	写真に示す器具の用途は。 	イ．器具等を取り付けるための基準線を投影するために用いる。 ロ．照度を測定するために用いる。 ハ．振動の度合いを確かめるために用いる。 ニ．作業場所の照明として用いる。
18	写真に示す工具の電気工事における用途は。  	イ．硬質塩化ビニル電線管の曲げ加工に用いる。 ロ．金属管（鋼製電線管）の曲げ加工に用いる。 ハ．合成樹脂製可とう電線管の曲げ加工に用いる。 ニ．ライティングダクトの曲げ加工に用いる。
19	単相 100 V の屋内配線工事における絶縁電線相互の接続で，次のような箇所があった。 a～d のうちから**適切なものを全て選んだ組合せとして，正しいものは。** a：電線の絶縁物と同等以上の絶縁効力のあるもので十分に被覆した。 b：電線の引張強さが 10％減少した。 c：電線の電気抵抗が 5％増加した。 d：電線の電気抵抗を増加させなかった。	イ．a のみ　ロ．b 及び c　ハ．b 及び d　ニ．a，b 及び d
20	使用電圧 300 V 以下の低圧屋内配線の工事方法として，**不適切なものは。**	イ．金属可とう電線管工事で，より線（600V ビニル絶縁電線）を用いて，管内に接続部分を設けないで収めた。 ロ．ライティングダクト工事で，ダクトの開口部を下に向けて施設した。 ハ．合成樹脂管工事で，施設する低圧配線と水管が接触していた。 ニ．金属ダクト工事で，電線を分岐する場合，接続部分に十分な絶縁被覆を施し，かつ，接続部分を容易に点検できるようにしてダクトに収めた。

	問い	答え
21	図に示す一般的な低圧屋内配線の工事で，スイッチボックス部分の回路は。ただし，ⓐは電源からの非接地側電線(黒色)，ⓑは電源からの接地側電線(白色)を示し，負荷には電源からの接地側電線が直接に結線されているものとする。 なお，パイロットランプは 100 V 用を使用する。 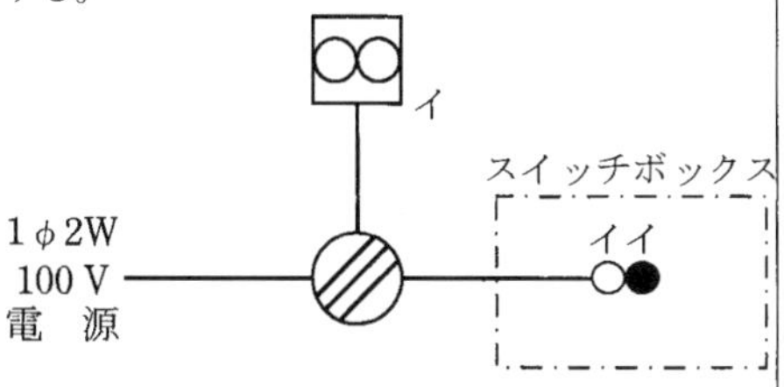 ○ は確認表示灯(パイロットランプ)を示す。	イ． 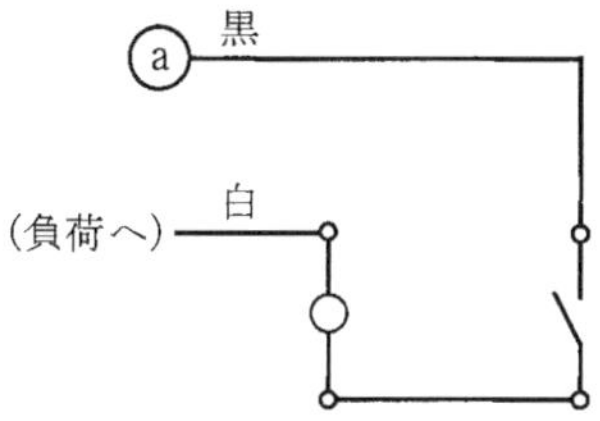 ロ． 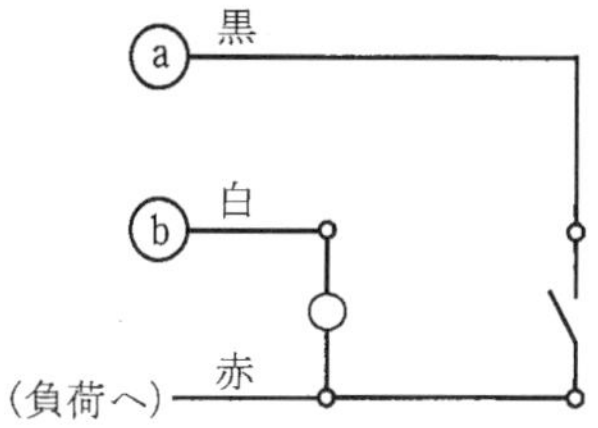 ハ． 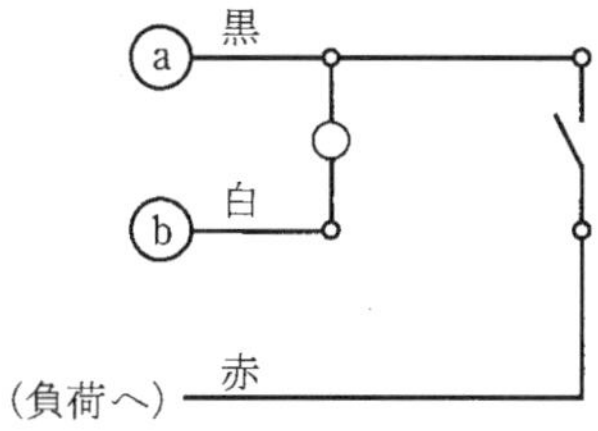 ニ． 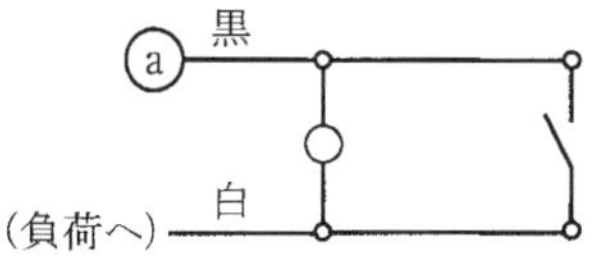
22	D 種接地工事を**省略できないものは**。 ただし，電路には定格感度電流 30 mA，動作時間 0.1 秒の漏電遮断器が取り付けられているものとする。	イ．乾燥した場所に施設する三相 200 V(対地電圧 200 V)動力配線を収めた長さ 4 m の金属管。 ロ．乾燥した木製の床の上で取り扱うように施設する三相 200 V(対地電圧 200 V)誘導電動機の鉄台。 ハ．乾燥したコンクリートの床に施設する三相 200 V(対地電圧 200 V)ルームエアコンの金属製外箱部分。 ニ．乾燥した場所に施設する単相 3 線式 100/200 V(対地電圧 100 V)配線の電線を収めた長さ 8 m の金属管。
23	低圧屋内配線工事で，600V ビニル絶縁電線を合成樹脂管に収めて使用する場合，その電線の許容電流を求めるための電流減少係数に関して，同一管内の電線数と電線の電流減少係数との組合せで，**誤っているものは**。 ただし，周囲温度は30℃以下とする。	イ．2 本　0.80 ロ．4 本　0.63 ハ．5 本　0.56 ニ．7 本　0.49
24	低圧回路を試験する場合の測定器とその用途の組合せとして，**誤っているものは**。	イ．回路計(テスタ)　と　導通試験 ロ．検相器　と　三相回路の相順(相回転)の確認 ハ．電力計　と　消費電力量の測定 ニ．クランプ式電流計　と　負荷電流の測定
25	アナログ形絶縁抵抗計(電池内蔵)を用いた絶縁抵抗測定に関する記述として，**誤っているものは**。	イ．絶縁抵抗測定の前には，絶縁抵抗計の電池容量が正常であることを確認する。 ロ．絶縁抵抗測定の前には，絶縁抵抗測定のレンジに切り替え，測定モードにし，接地端子(E:アース)と線路端子(L:ライン)を短絡し零点を指示することを確認する。 ハ．電子機器が接続された回路の絶縁測定を行う場合は，機器等を損傷させない適正な定格測定電圧を選定する。 ニ．被測定回路に電源電圧が加わっている状態で測定する。

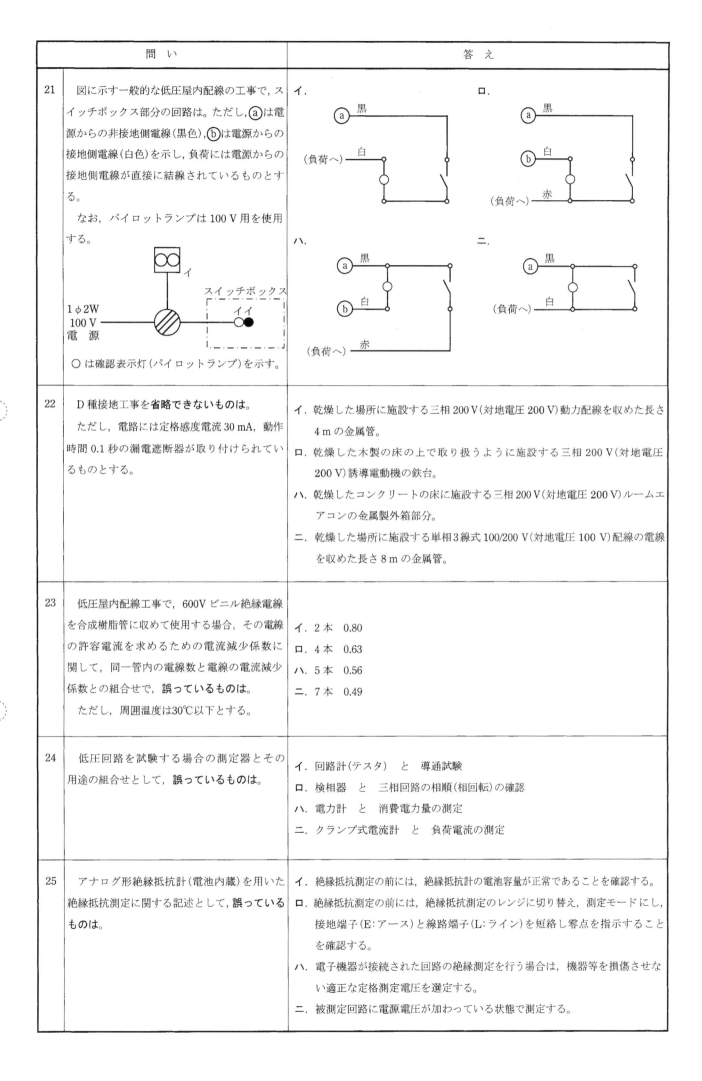

	問　い	答　え
26	使用電圧 100 V の低圧電路に，地絡が生じた場合 0.1 秒で自動的に電路を遮断する装置が施してある。この電路の屋外に D 種接地工事が必要な自動販売機がある。その接地抵抗値 a[Ω]と電路の絶縁抵抗値 b[MΩ]の組合せとして，「電気設備に関する技術基準を定める省令」及び「電気設備の技術基準の解釈」に**適合していないものは**。	イ．a　600　b　2.0 ロ．a　450　b　1.0 ハ．a　200　b　0.2 ニ．a　50　b　0.1
27	アナログ計器とディジタル計器の特徴に関する記述として，**誤っているものは**。	イ．アナログ計器は永久磁石可動コイル形計器のように，電磁力等で指針を動かし，触れ角でスケールから値を読み取る。 ロ．ディジタル計器は測定入力端子に加えられた交流電圧などのアナログ波形を入力変換回路で直流電圧に変換し，次に A-D 変換回路に送り，直流電圧の大きさに応じたディジタル量に変換し，測定値が表示される。 ハ．アナログ計器は変化の度合いを読み取りやすく，測定量を直感的に判断できる利点を持つが，読み取り誤差を生じやすい。 ニ．電圧測定では，アナログ計器は入力抵抗が高いので被測定回路に影響を与えにくいが，ディジタル計器は入力抵抗が低いので被測定回路に影響を与えやすい。
28	「電気工事士法」において，一般用電気工作物に係る工事の作業で，a, b ともに電気工事士でなければ**従事できないものは**。	イ．a：配電盤を造営材に取り付ける。 b：電線管を曲げる。 ロ．a：地中電線用の管を設置する。 b：定格電圧 100 V の電力量計を取り付ける。 ハ．a：電線を支持する柱を設置する。 b：電線管に電線を収める。 ニ．a：接地極を地面に埋設する。 b：定格電圧 125 V の差込み接続器にコードを接続する。
29	「電気用品安全法」について述べた記述で，**正しいものは**。	イ．電気工事士は，適法な表示が付されているものでなければ，電気用品を電気工作物の設置等の工事に使用してはならない(経済産業大臣の承認を受けた特定の用途に使用される電気用品を除く)。 ロ．特定電気用品には，(PS E)または(PS)E の表示が付されている。 ハ．定格使用電圧 100 V の漏電遮断器は特定電気用品以外の電気用品である。 ニ．電気工作物の部分となり，又はこれに接続して用いられる機械，器具又は材料はすべて電気用品である。
30	「電気設備に関する技術基準を定める省令」で定められている交流の電圧区分で，**正しいものは**。	イ．低圧は 600 V 以下，高圧は 600 V を超え 10 000 V 以下 ロ．低圧は 600 V 以下，高圧は 600 V を超え 7 000 V 以下 ハ．低圧は 750 V 以下，高圧は 750 V を超え 10 000 V 以下 ニ．低圧は 750 V 以下，高圧は 750 V を超え 7 000 V 以下

問題２．配線図（問題数 20，配点は１問当たり ２ 点）

※図は１３頁参照

図は，鉄筋コンクリート造の集合住宅共用部の部分的な配線図である。この図に関する次の各問いには４通りの答え（**イ**，**ロ**，**ハ**，**ニ**）が書いてある。それぞれの問いに対して，答えを１つ選びなさい。

【注意】 1．屋内配線の工事は，動力回路及び特記のある場合を除き 600V ビニル絶縁ビニルシースケーブル平形（VVF）を用いたケーブル工事である。
2．屋内配線等の電線の本数，電線の太さ，その他，問いに直接関係のない部分等は省略又は簡略化してある。
3．漏電遮断器は，定格感度電流 30 mA，動作時間 0.1 秒以内のものを使用している。
4．選択肢（答え）の写真にあるコンセント及び点滅器は，「JIS C 0303：2000 構内電気設備の配線用図記号」で示す「一般形」である。
5．配電盤，分電盤及び制御盤の外箱は金属製である。
6．ジョイントボックスを経由する電線は，すべて接続箇所を設けている。
7．3 路スイッチの記号「0」の端子には，電源側又は負荷側の電線を結線する。

	問い	答え
31	①で示す引込線取付点の地表上の高さの最低値［m］は。 ただし，引込線は道路を横断せず，技術上やむを得ない場合で，交通に支障がないものとする。	**イ**．2　**ロ**．2.5　**ハ**．3　**ニ**．4
32	②で示す配線工事に**使用できない**電線の記号（種類）は。	**イ**．VVF　**ロ**．VVR　**ハ**．IV　**ニ**．CV
33	③で示す図記号の器具の種類は。	**イ**．熱線式自動スイッチ **ロ**．遅延スイッチ **ハ**．確認表示灯を内蔵する点滅器 **ニ**．位置表示灯を内蔵する点滅器
34	④で示す図記号の機器は。	**イ**．電流計付箱開閉器 **ロ**．電動機の力率を改善する低圧進相用コンデンサ **ハ**．制御配線の信号により動作する開閉器（電磁開閉器） **ニ**．電動機の始動装置
35	⑤で示す機器の定格電流の最大値［A］は。	**イ**．15　**ロ**．20　**ハ**．25　**ニ**．30
36	⑥で示す図記号の器具の名称は。	**イ**．リモコンリレー　**ロ**．リモコンセレクタスイッチ **ハ**．火災表示灯　**ニ**．漏電警報器
37	⑦で示す部分の接地工事における接地抵抗の許容される最大値［Ω］は。 なお，引込線の電源側には地絡遮断装置は設置されていない。	**イ**．10　**ロ**．100　**ハ**．300　**ニ**．500
38	⑧で示す図記号の器具の名称は。	**イ**．電磁開閉器用押しボタン　**ロ**．フロートスイッチ **ハ**．圧力スイッチ　**ニ**．フロートレススイッチ電極
39	⑨で示す部分の最少電線本数（心線数）は。	**イ**．2　**ロ**．3　**ハ**．4　**ニ**．5
40	⑩で示す部分は引掛形のコンセントである。その図記号の傍記表示は。	**イ**．T　**ロ**．LK　**ハ**．EL　**ニ**．H

（次頁へ続く）

	問　い	答　え			
41	⑪で示す図記号の機器は。	イ．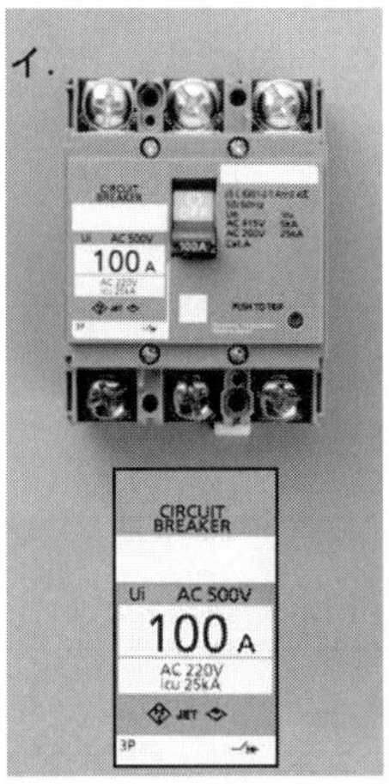	ロ．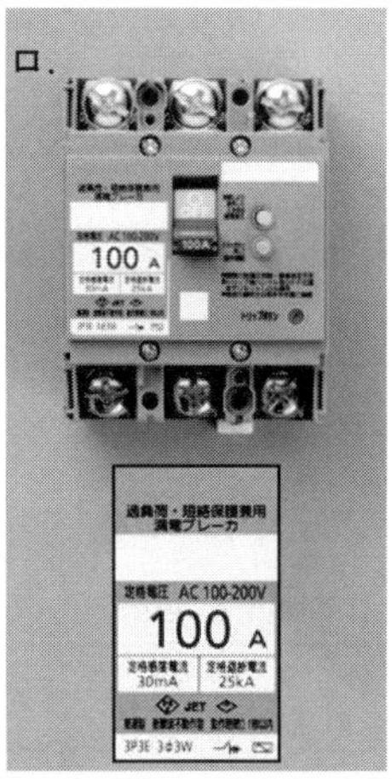	ハ．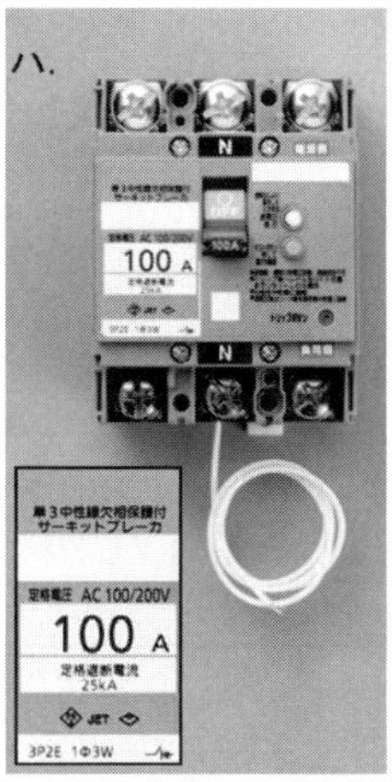	ニ．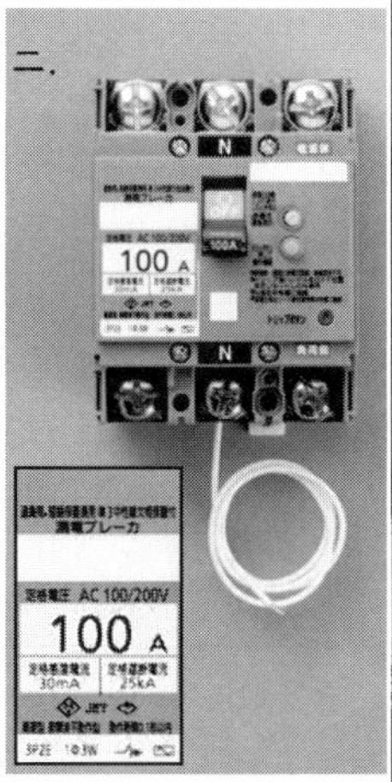
42	⑫で示すボックス内の接続をすべて圧着接続とする場合，使用するリングスリーブの種類と最少個数の組合せで，**正しいものは。** ただし，使用する電線はすべて VVF1.6 とし，地下 1 階へ至る配線の電線本数(心線数)は最少とする。	イ．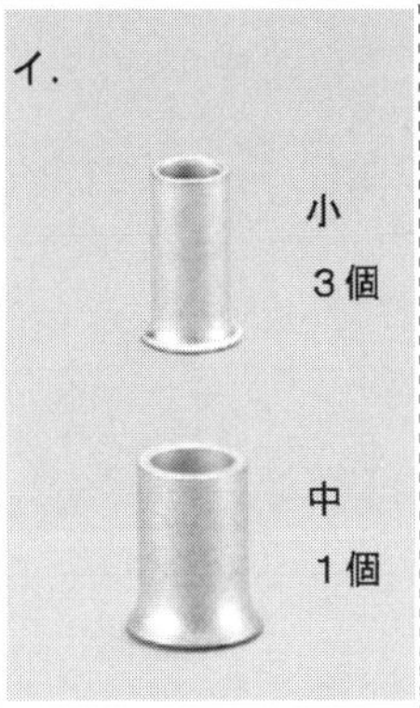 小 3個 中 1個	ロ．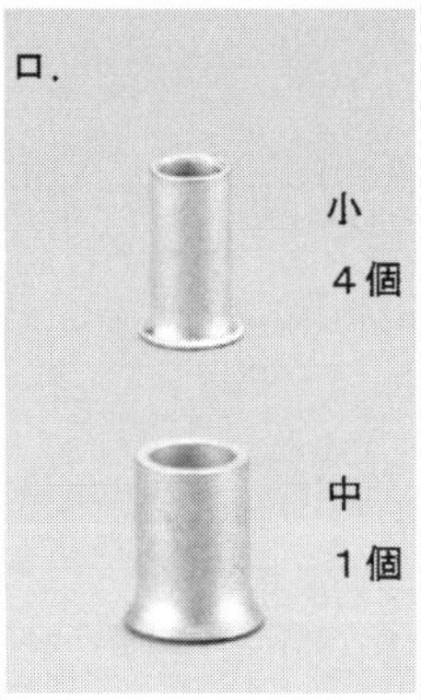 小 4個 中 1個	ハ． 小 4個	ニ． 小 5個
43	⑬で示す地下 1 階のポンプ室内で**使用されていないものは。**	イ．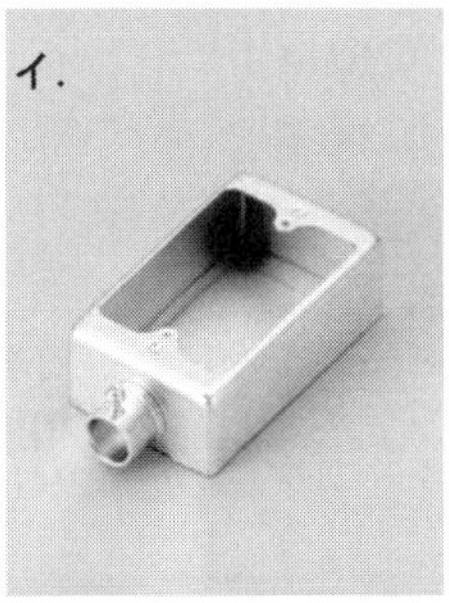	ロ．	ハ．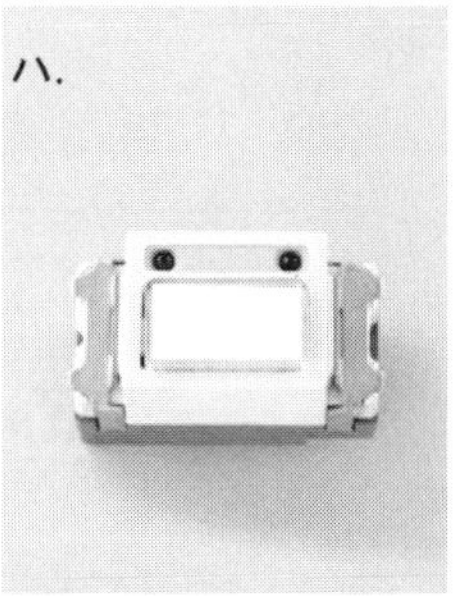	ニ．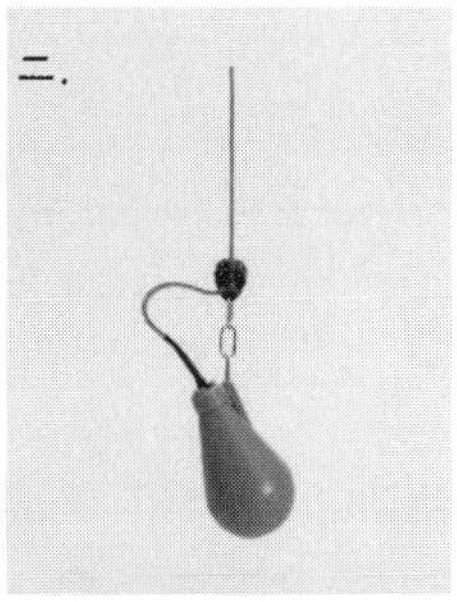
44	⑭で示す部分の配線工事に必要なケーブルは。 ただし，心線数は最少とする。	イ．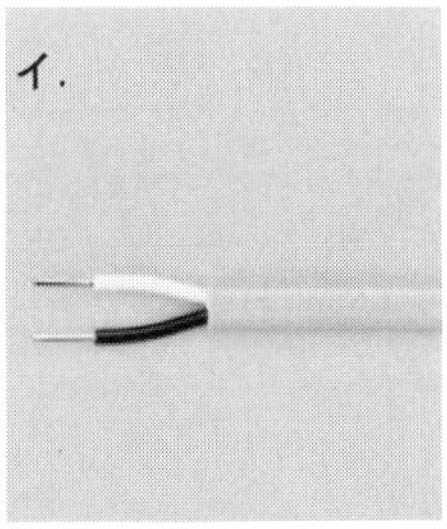	ロ．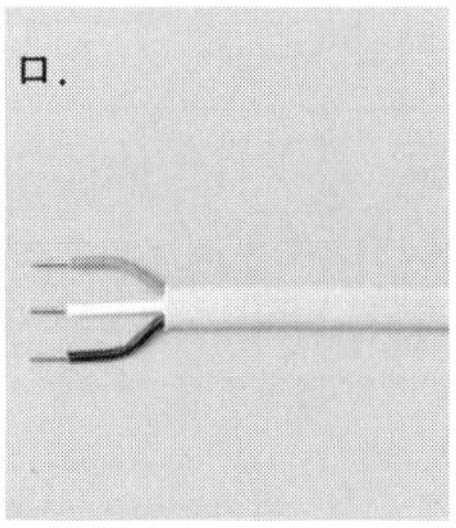	ハ．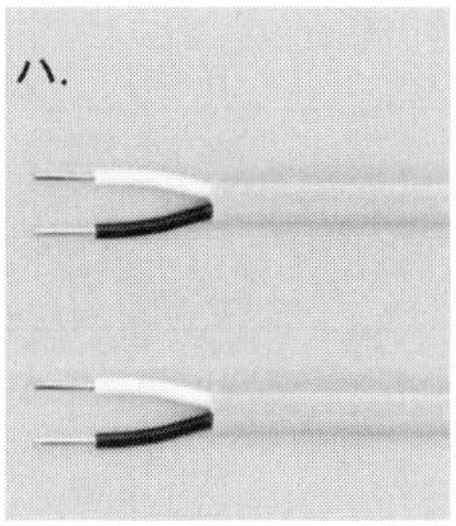	ニ．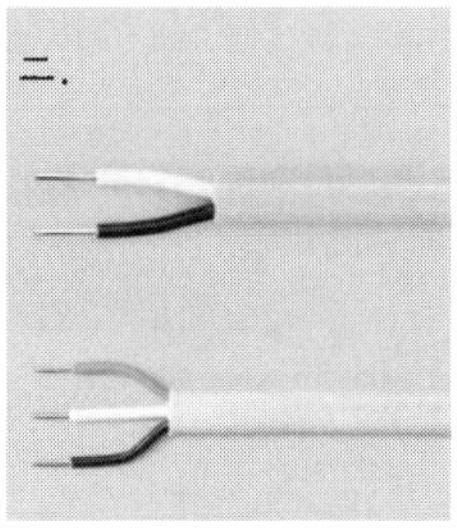
45	⑮で示す部分の工事で，一般的に**使用されることのないものは。**	イ．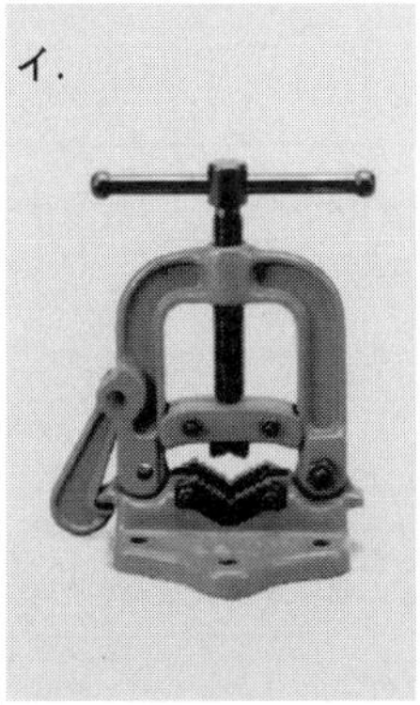	ロ．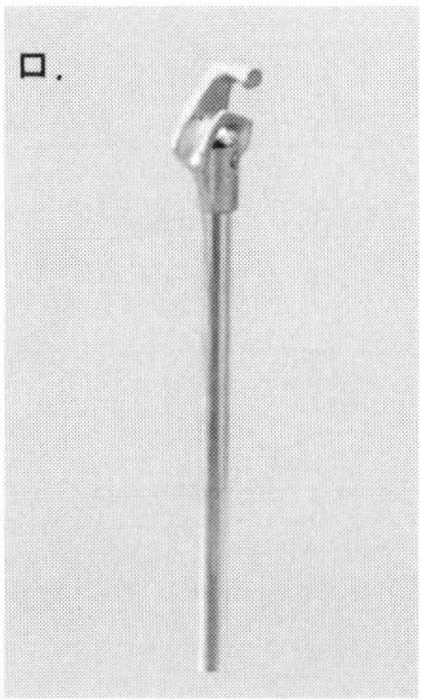	ハ．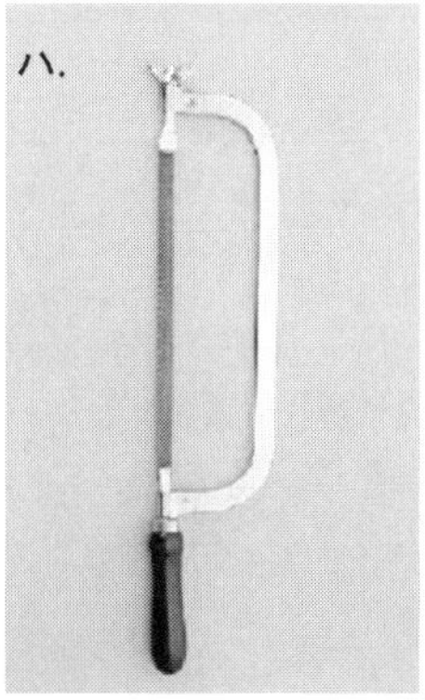	ニ．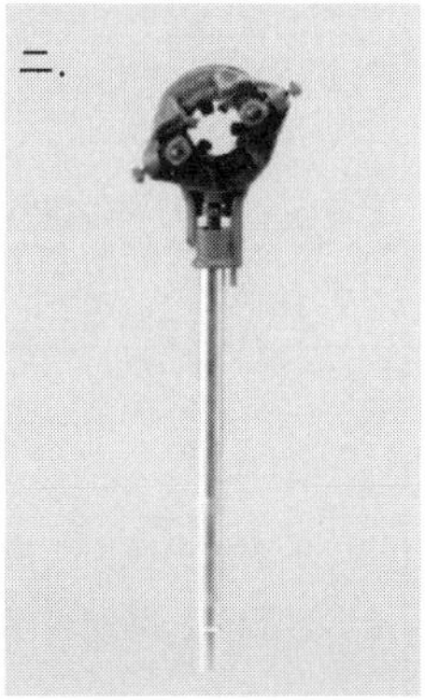

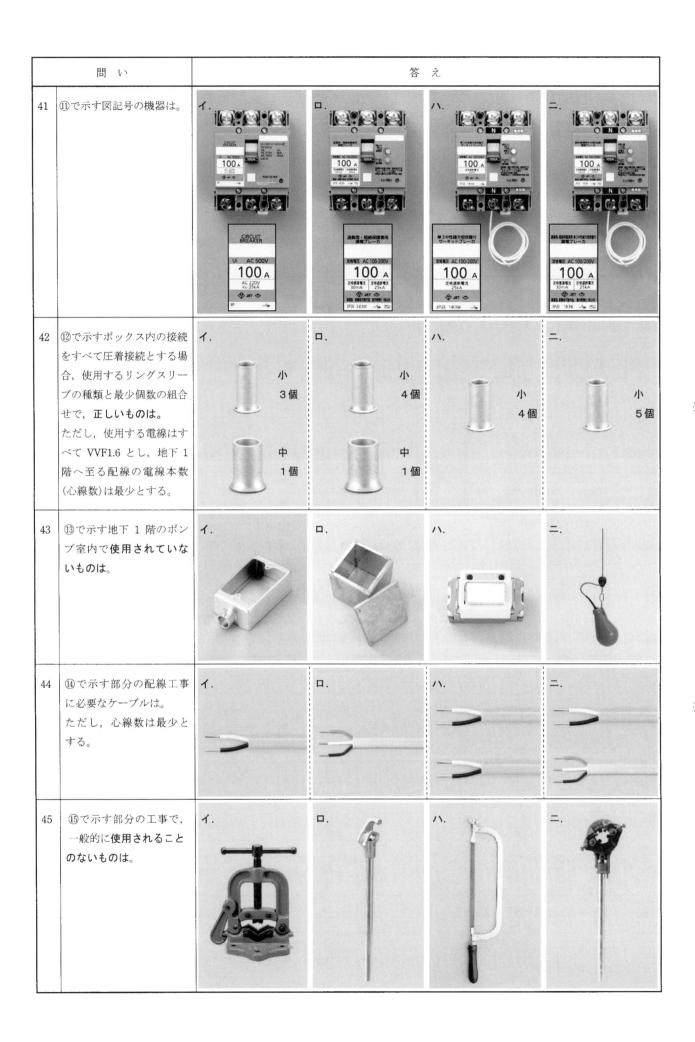

問い		答え			
46	⑯で示す部分の工事で，一般的に使用されることのないものは。	イ. 	ロ. 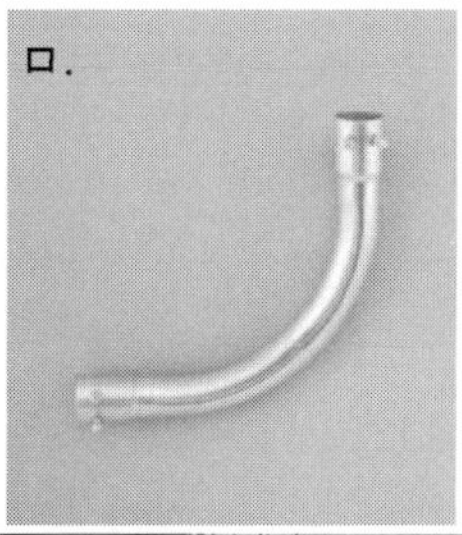	ハ. 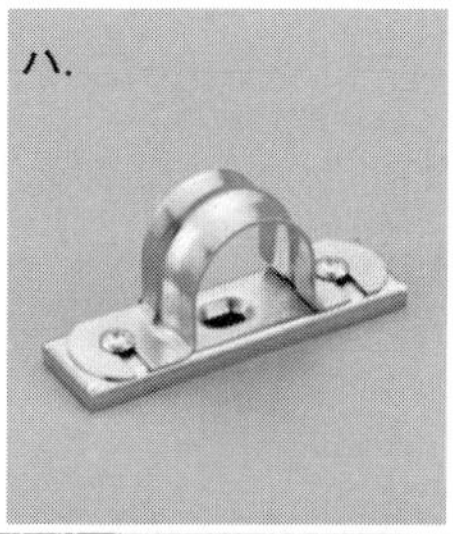	ニ. 
47	⑰で示すボックス内の接続をすべて差込形コネクタとする場合,使用する差込形コネクタの種類と最少個数の組合せで,**正しいものは**。 ただし，使用する電線はすべてVVF1.6とし，地下1階へ至る配線の電線本数(心線数)は最少とする。	イ. 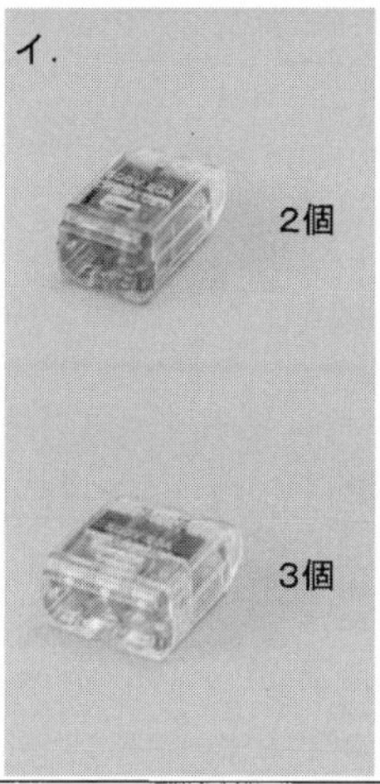	ロ. 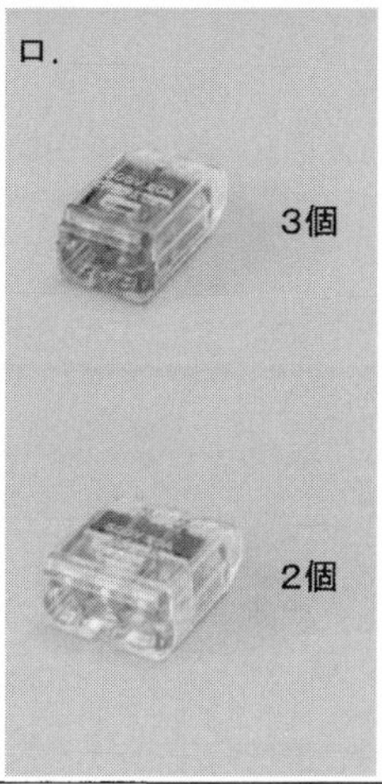	ハ. 	ニ. 
48	⑱で示すボックス内の接続をリングスリーブで圧着接続した場合のリングスリーブの種類，個数及び圧着接続後の刻印との組合せで，**正しいものは**。 ただし，使用する電線はすべてVVF1.6とする。 また，写真に示す**リングスリーブ**中央の○，小，中は刻印を表す。	イ. 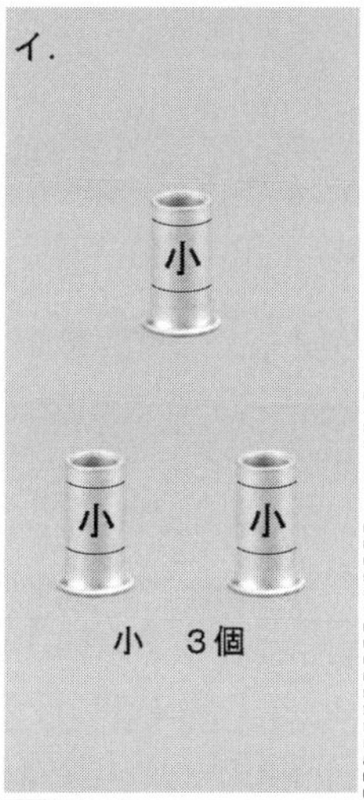	ロ. 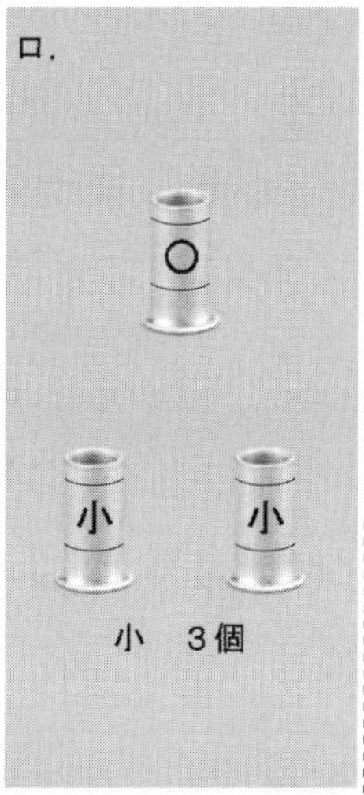	ハ. 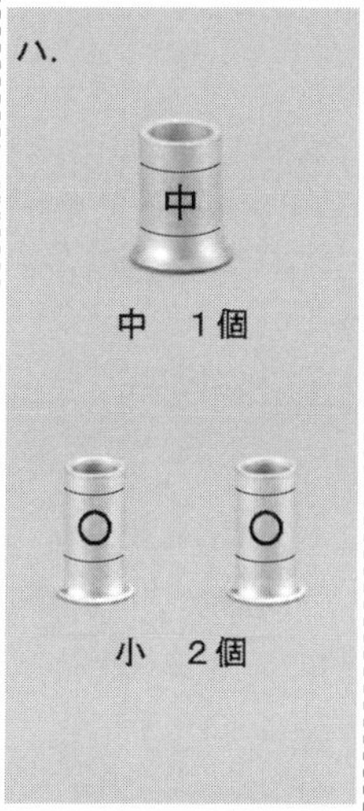	ニ. 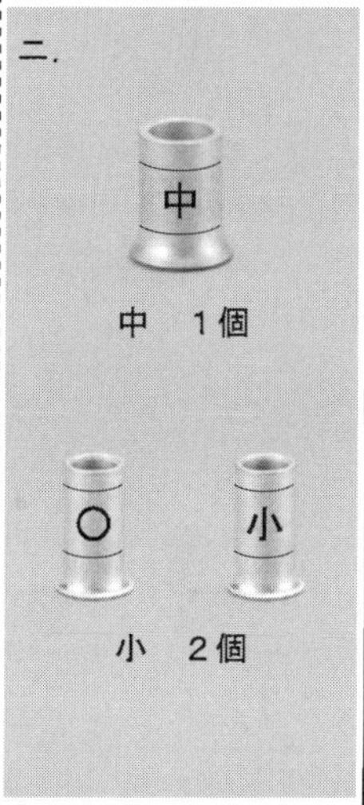
49	この配線図の図記号から，この工事で**使用されている**コンセントは。	イ. 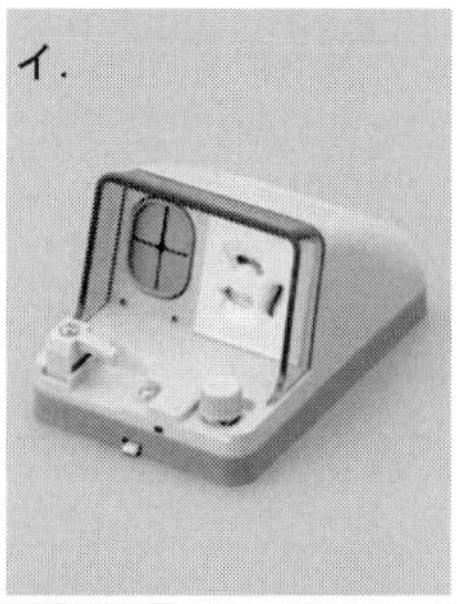	ロ. 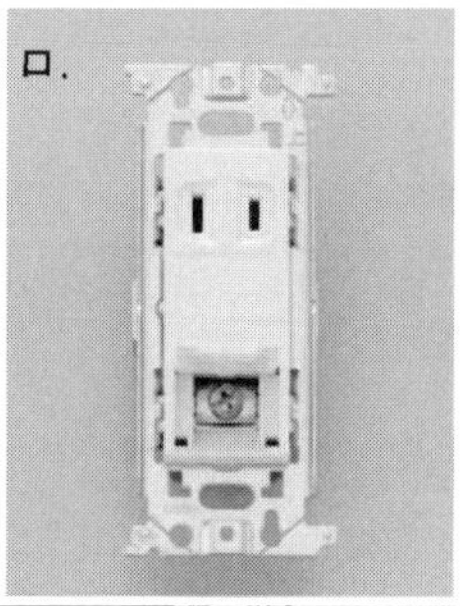	ハ. 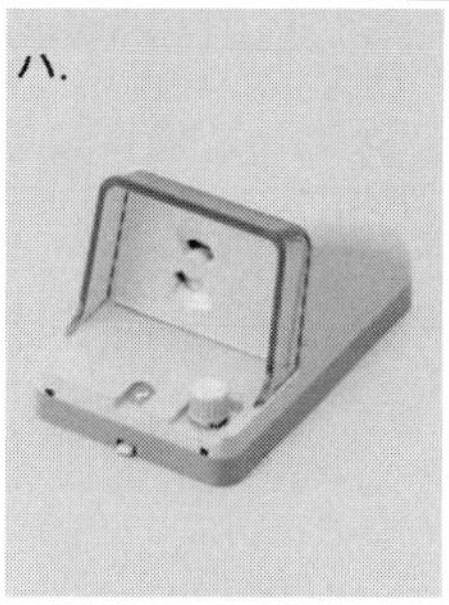	ニ. 
50	この配線図の図記号から，この工事で**使用されていない**スイッチは。 ただし，写真下の図は，接点の構成を示す。	イ. 	ロ. 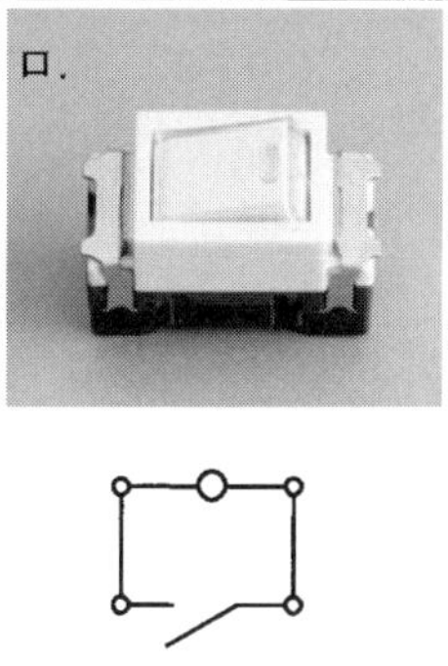	ハ. 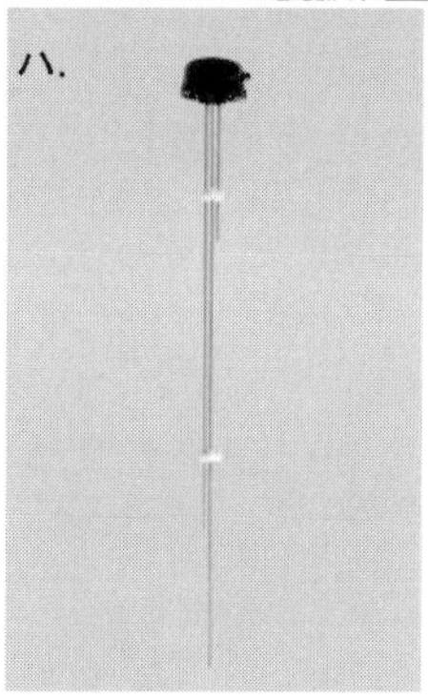	ニ. 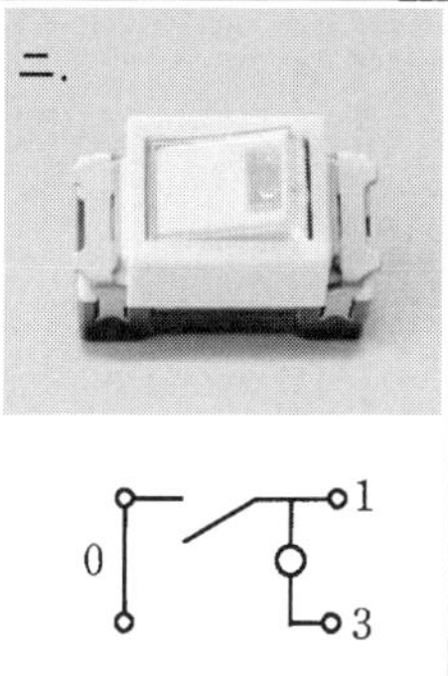

図面を引き抜いてご覧ください

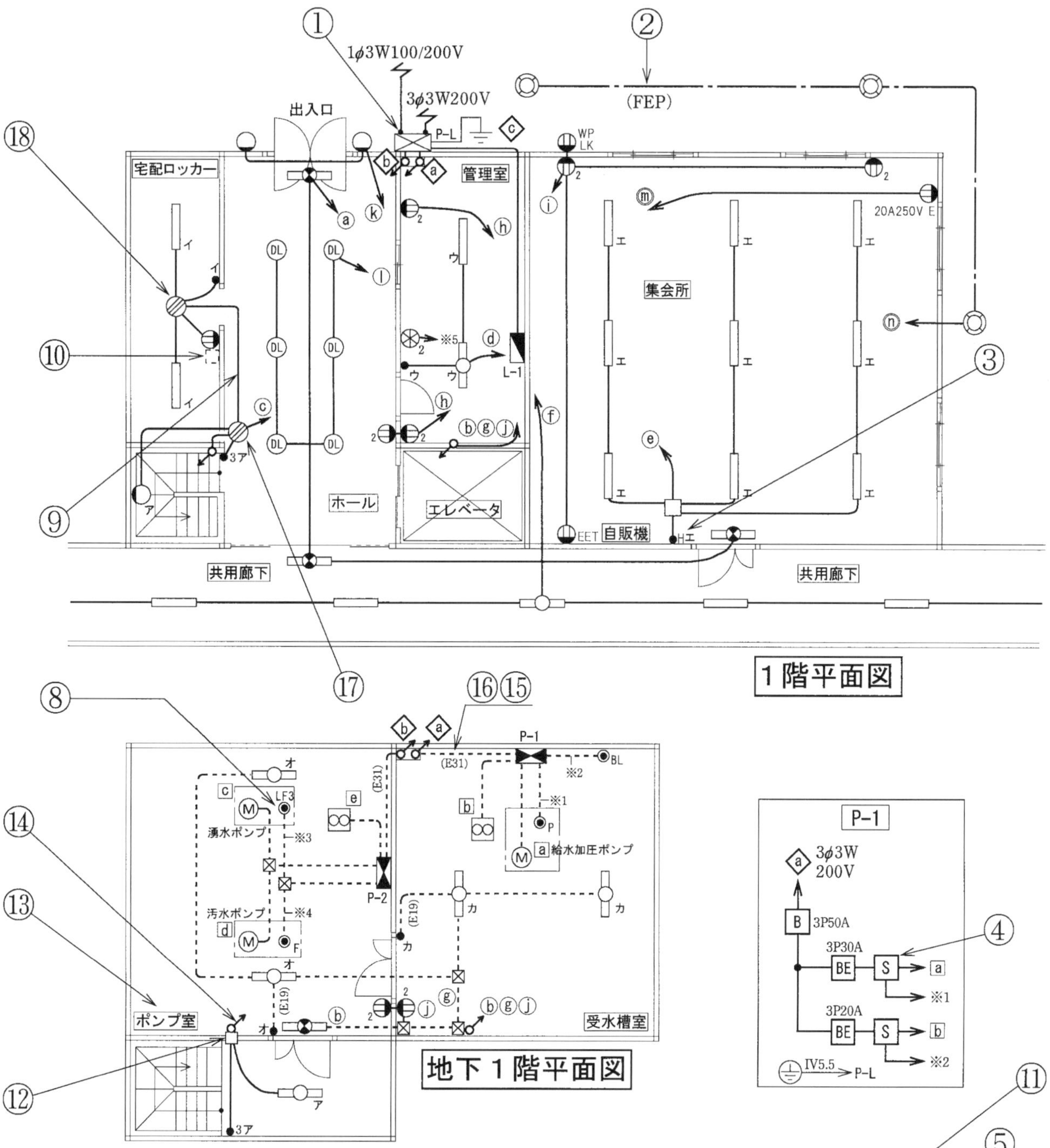

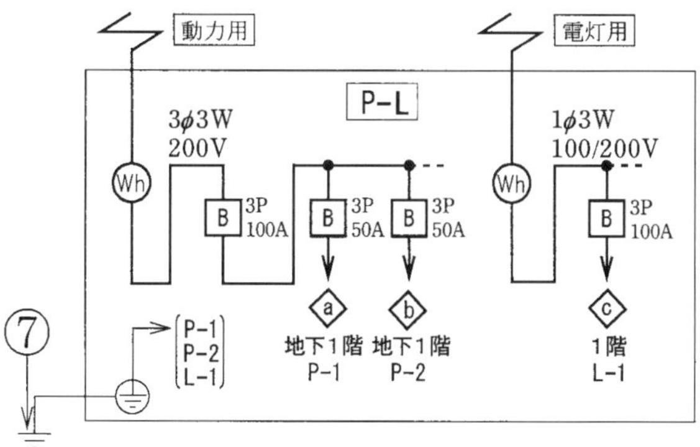

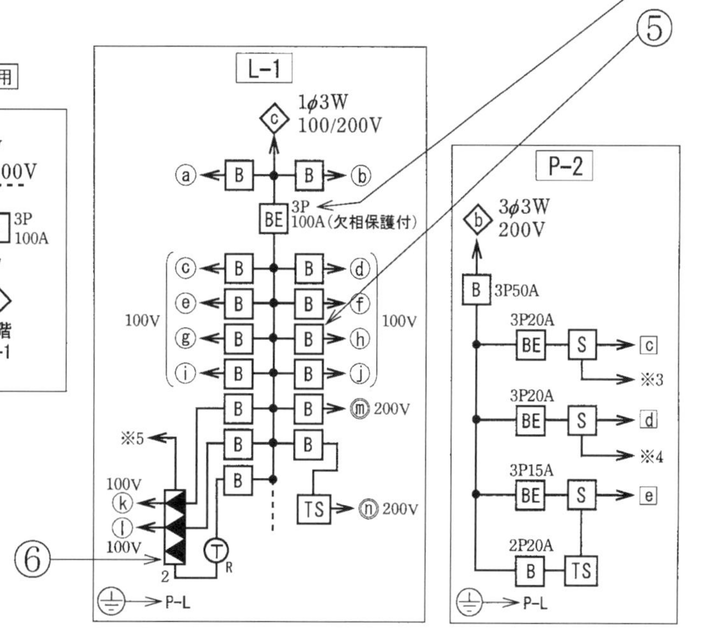

凡例 図中に示す配線回路番号は、次のとおり。

◇a～◇c：幹線（三相3線200V又は単相3線100/200V）

a～e：三相200V　ⓜ～ⓝ：単相200V

ⓐ～ⓛ：単相100V　※1～※5：制御配線

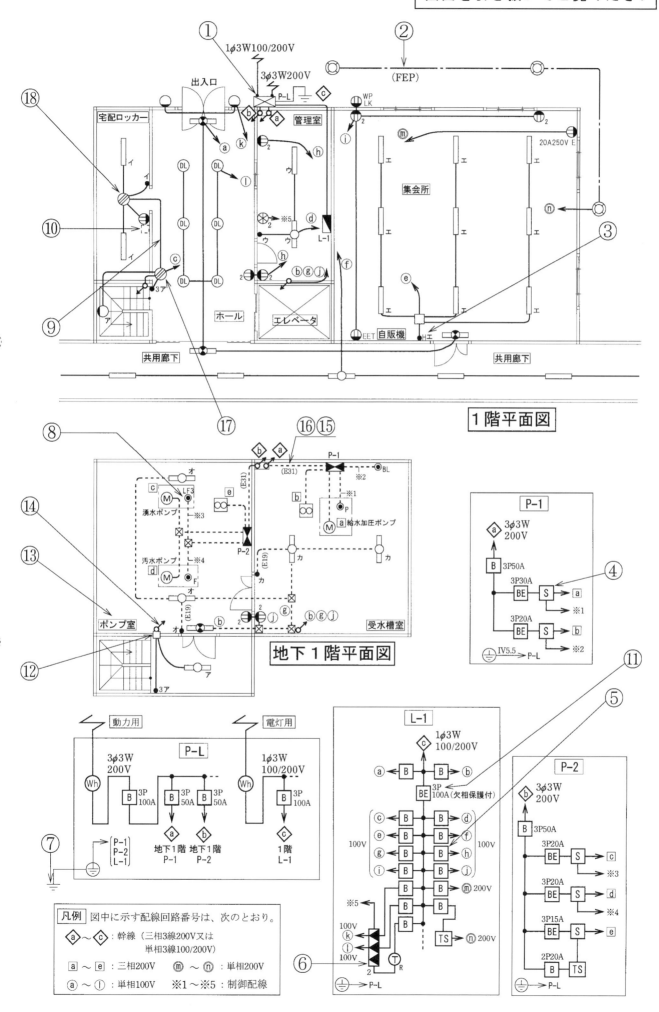

令和三年度上期（pm）　筆記試験 解答

1　ロ　$R=\dfrac{30\times20}{30+20}+8=20$〔Ω〕

$I=\dfrac{V}{R}=\dfrac{200}{20}=10$〔A〕

抵抗 8〔Ω〕に流れる電流 I〔Ω〕は,

$P=I^2R=10^2\times8=800$〔W〕

2　ニ　$A=\dfrac{\pi D^2}{4}=\dfrac{3.14\times2.6^2}{4}\fallingdotseq5.3$〔mm^2〕

3　ロ　消費電力量 1〔kW・h〕が 3600〔kJ〕に相当するので,

発熱量 Q〔kJ〕は,

$Q=3600Pt=3600\times0.4$〔kW〕$\times\dfrac{4}{3}$〔h〕$=1920$〔kJ〕

4　ロ　$\cos\theta=\dfrac{I_R}{I}\times100=\dfrac{6}{10}\times100=60$〔%〕

5　ハ　相電圧$=\dfrac{200}{\sqrt{3}}$〔V〕　$I=\dfrac{\frac{200}{\sqrt{3}}}{20}\fallingdotseq5.8$〔A〕

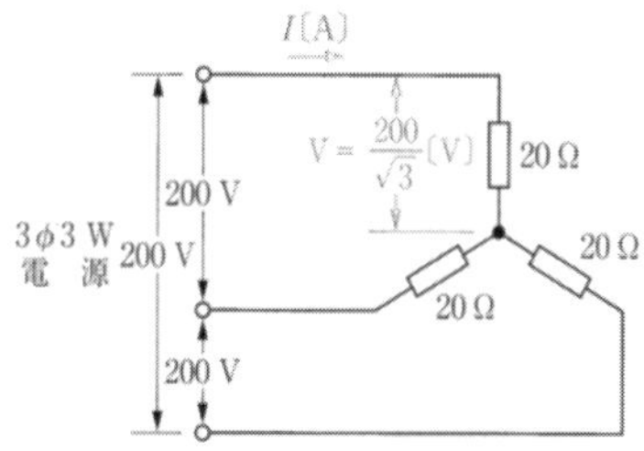

6　ロ　$v_1=2I_1r_1=1$〔V〕

$v_2=2I_2r_2=1$〔V〕

全体の電圧降下 v〔V〕は,

$v=v_1+v_2=1+1=2$〔V〕

$V_{aa'}=100+v=102$〔V〕

7　ハ　$I=\dfrac{200}{100+50}=\dfrac{4}{3}$〔A〕

$V_{ab}=IR=\dfrac{4}{3}\times100\fallingdotseq133$〔V〕

8　イ　**電技解釈第146条**（低圧配線に使用する電線）

直径1.6 mm の600Vビニル絶縁電線（軟銅線）の許容電流は27〔A〕

$27\times0.56=15.12\rightarrow15$〔A〕

9　ハ　**電技解釈第149条**（低圧分岐回路等の施設）

$I_w\geqq0.55\,I_B=0.55\times100=55$〔A〕

10　ロ　**電技解釈第 149 条**（低圧分岐回路等の施設）

11　ハ　頭部をねじ切らないように締め付ける

12　ロ　**内線規程 1340 - 1**（絶縁電線などの許容電流）の 1340- 3 表

13　ロ　略

14　ハ　三相誘導電動機の同期速度は，電源の周波数に比例する。電源の周波数が 60Hz から 50Hz に変わると，回転速度が減少する。

15　イ　略

16　ロ　略

17　イ　略

18　イ　略

19　ニ　**電技解釈第 12 条**（電線の接続法）

20　ハ　**電技解釈第 167 条**（低圧配線と弱電流電線等又は管との接近又は交差）

21　ロ　略

22　ハ　コンクリートの床は，絶縁性のものとみなされない

23　イ　**電技解釈第 146 条**（低圧配線に使用する電線）

電流減少係数 3 以下は, 0.70

24　ハ　電力計は消費電力を測定する計器

25　ニ　略

26　イ　**電技第 58 条**（低圧の電路の絶縁性能），**電技解釈第 17 条**（接地工事の種類及び施設方法）・**第 29 条**（機械器具の金属製外箱等の接地）

27　ニ　略

28　イ　**電気工事法第 2 条**（用語の定義）・**第 3 条**（電気工事士等），・**施行令第 1 条**（軽微な工事），・**施行規則第 2 条**（軽微な作業）による

29　イ　**電気用品安全法第 2 条**（定義），・**第 10 条**（表示）・**第 28 条**（使用の制限），**施行令第 1 条の 2**（特定電気用品），施行規則第 **17** 条（表示の方式）による

30　ロ　略

31　ロ　**電技解釈第 116 条**（低圧架空引込線等の施設）

32　ハ　**電技解釈第 120 条**（地中電線路の施設），

内線規程 3165 - 1（施設方法）

33　ニ　略

34　ハ　略

35　ロ　**電技解釈第 149 条**（低圧分岐回路等の施設）

36　イ　略

37　ロ　略

38　ニ　略

39　イ　⑨で示す部分の複線図は，右図参照

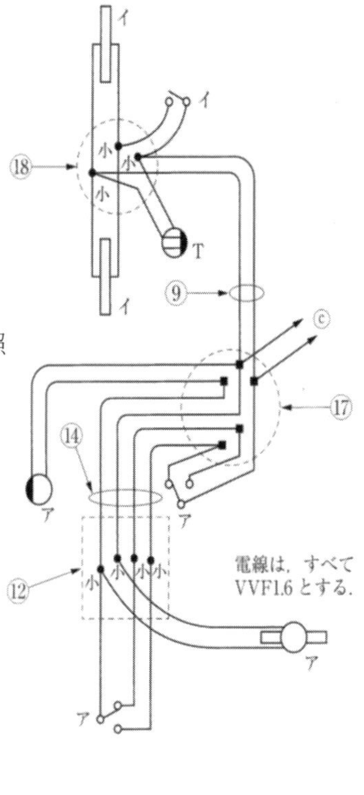

40　イ　略

41　ニ　略

42　ハ　⑫で示すボックス内の圧着接続は，右図参照

43　ハ　略

44　ハ　⑭で示す部分の電線本数は，4 本。右図参照

45　ニ　略

46　ニ　略

47　ニ　⑰で示すボックス内の接続は，右図参照

48　イ　⑱で示すボックス内の接続は，右図参照

49　ニ　略

50　ニ　$●_L$ 図記号は，この工事では使用されていない。

第二種電気工事士　筆記模擬試験の答案用紙

令和 3 年 上期〔am〕

受験番号を数字で記入して下さい。➡

受験番号に該当する位置にマークして下さい。➡

受験番号								
百万の位	十万の位	万の位	千の位	百の位	十の位	一の位	記号	
0	0	0	0	0	0	0	A	A
1	1	1	1	1	1	1	E	E
2	2	2	2	2	2	2	F	F
3	3	3	3	3	3	3	G	G
4	4	4	4	4	4	4	K	K
5	5	5	5	5	5	5	P	P
6	6	6	6	6	6	6	T	T
7	7	7	7	7	7	7		
8	8	8	8	8	8	8		
9	9	9	9	9	9	9		

よい例	わるい例

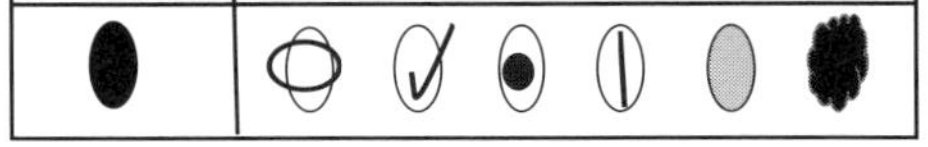

1. マークは上の例のようにマークすること。
2. 氏名・生年月日・試験地・受験番号を必ず記入すること。
3. 受験番号は欄外にはみださないように正確に記入し、必ず該当する番号にマークすること。
4. マークの記入にあたっては濃度HBの黒鉛筆を使用すること。
5. 誤ってマークしたときは、跡の残らないようにプラスチック消しゴムできれいに消すこと。
6. 答の欄は各問につき一つだけマークすること。
7. 用紙は絶対に折り曲げたり汚したりしないこと。

氏名

生年月日
昭和 平成 年 月 日

試験地

（2点×30問）

問題 1. 一般問題

問	答	問	答	問	答
1	イ ロ ハ ニ	11	イ ロ ハ ニ	21	イ ロ ハ ニ
2	イ ロ ハ ニ	12	イ ロ ハ ニ	22	イ ロ ハ ニ
3	イ ロ ハ ニ	13	イ ロ ハ ニ	23	イ ロ ハ ニ
4	イ ロ ハ ニ	14	イ ロ ハ ニ	24	イ ロ ハ ニ
5	イ ロ ハ ニ	15	イ ロ ハ ニ	25	イ ロ ハ ニ
6	イ ロ ハ ニ	16	イ ロ ハ ニ	26	イ ロ ハ ニ
7	イ ロ ハ ニ	17	イ ロ ハ ニ	27	イ ロ ハ ニ
8	イ ロ ハ ニ	18	イ ロ ハ ニ	28	イ ロ ハ ニ
9	イ ロ ハ ニ	19	イ ロ ハ ニ	29	イ ロ ハ ニ
10	イ ロ ハ ニ	20	イ ロ ハ ニ	30	イ ロ ハ ニ

（2点×20問）

問題 2. 配線図

問	答	問	答
31	イ ロ ハ ニ	41	イ ロ ハ ニ
32	イ ロ ハ ニ	42	イ ロ ハ ニ
33	イ ロ ハ ニ	43	イ ロ ハ ニ
34	イ ロ ハ ニ	44	イ ロ ハ ニ
35	イ ロ ハ ニ	45	イ ロ ハ ニ
36	イ ロ ハ ニ	46	イ ロ ハ ニ
37	イ ロ ハ ニ	47	イ ロ ハ ニ
38	イ ロ ハ ニ	48	イ ロ ハ ニ
39	イ ロ ハ ニ	49	イ ロ ハ ニ
40	イ ロ ハ ニ	50	イ ロ ハ ニ

筆記試験　令和３年　上期〔am〕

問題１．一般問題（問題数 30，配点は１問当たり２点）

【注】本問題の計算で $\sqrt{2}$，$\sqrt{3}$ 及び円周率 π を使用する場合の数値は次によること。$\sqrt{2}=1.41$，$\sqrt{3}=1.73$，$\pi=3.14$

次の各問いには４通りの答え（イ，ロ，ハ，ニ）が書いてある。それぞれの問いに対して答えを１つ選びなさい。

なお，選択肢が数値の場合は最も近い値を選びなさい。

	問い	答え			
1	図のような回路で，スイッチSを閉じたとき，a－b 端子間の電圧［V］は。 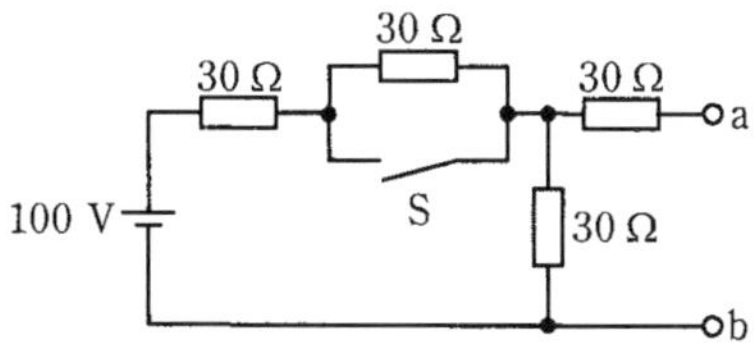 	イ．30	ロ．40	ハ．50	ニ．60
2	抵抗 R［Ω］に電圧 V［V］を加えると，電流 I［A］が流れ，P［W］の電力が消費される場合，抵抗 R［Ω］を示す式として，**誤っているものは**。	イ．$\frac{PI}{V}$	ロ．$\frac{P}{I^2}$	ハ．$\frac{V^2}{P}$	ニ．$\frac{V}{I}$
3	電線の接続不良により，接続点の接触抵抗が 0.5 Ωとなった。この電線に 20 A の電流が流れると，接続点から１時間に発生する熱量［kJ］は。 ただし，接触抵抗の値は変化しないものとする。	イ．72	ロ．144	ハ．720	ニ．1 440
4	図のような抵抗とリアクタンスとが並列に接続された回路の消費電力［W］は。 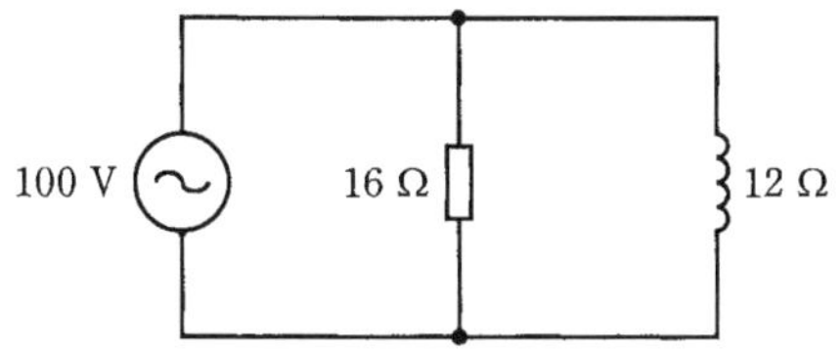 	イ．500	ロ．625	ハ．833	ニ．1 042
5	図のような三相３線式 200 Vの回路で，c－o 間の抵抗が断線した。断線前と断線後の a－o 間の電圧 V の値［V］の組合せとして，**正しいものは**。 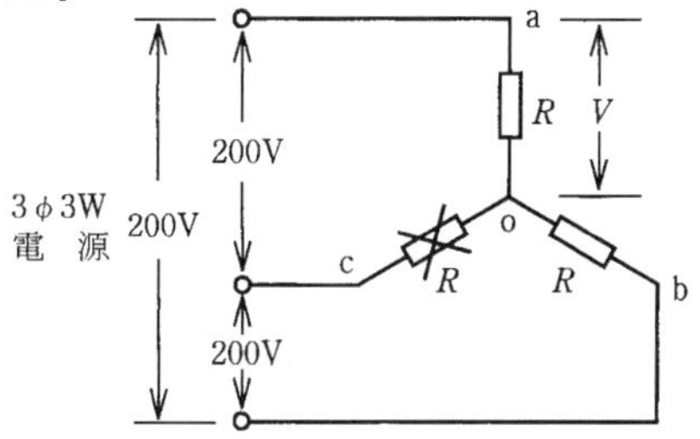 	イ．断線前 116 断線後 116	ロ．断線前 116 断線後 100	ハ．断線前 100 断線後 116	ニ．断線前 100 断線後 100

問い	答え

6　図のような単相3線式回路で，スイッチaだけを閉じたときの電流計Ⓐの指示値I_1［A］とスイッチa及びbを閉じたときの電流計Ⓐの指示値I_2［A］の組合せとして，**適切なものは。**

ただし，Ⓗは定格電圧100 Vの電熱器である。

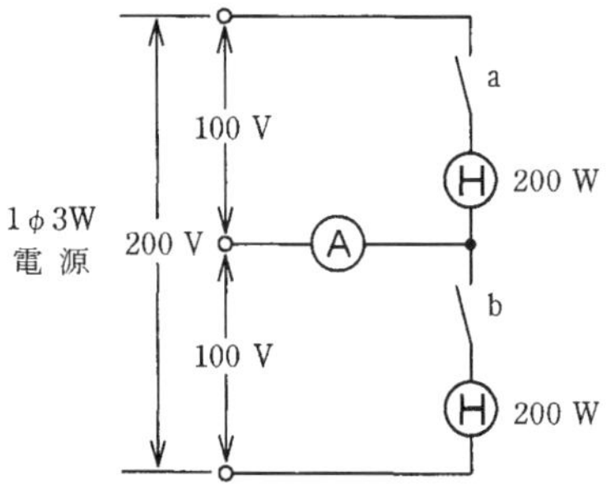
a
100 V
200 W
1φ3W
電 源
200 V
A
b
100 V
200 W

イ.	ロ.	ハ.	ニ.
I_1　2	I_1　2	I_1　2	I_1　4
I_2　2	I_2　0	I_2　4	I_2　0

7　図のような三相交流回路において，電線1線当たりの抵抗が0.2 Ω，線電流が15 Aのとき，この電線路の電力損失［W］は。

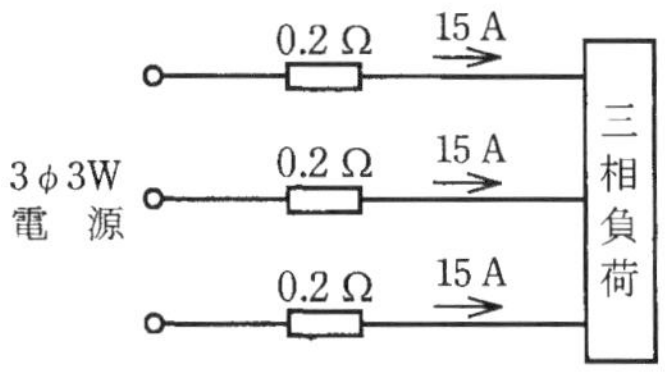
0.2 Ω
15 A
0.2 Ω
15 A
0.2 Ω
15 A
3φ3W
電 源
三相負荷

イ. 78　　ロ. 90　　ハ. 120　　ニ. 135

8　合成樹脂製可とう電線管(PF管)による低圧屋内配線工事で，管内に断面積5.5 mm^2の600Vビニル絶縁電線(軟銅線)7本を収めて施設した場合，電線1本当たりの許容電流［A］は。

ただし，周囲温度は30℃以下，電流減少係数は0.49とする。

イ. 13　　ロ. 17　　ハ. 24　　ニ. 29

9　図のような電熱器Ⓗ1台と電動機Ⓜ2台が接続された単相2線式の低圧屋内幹線がある。この幹線の太さを決定する根拠となる電流I_W［A］と幹線に施設しなければならない過電流遮断器の定格電流を決定する根拠となる電流I_B［A］の組合せとして，**適切なものは。**

ただし，需要率は100%とする。

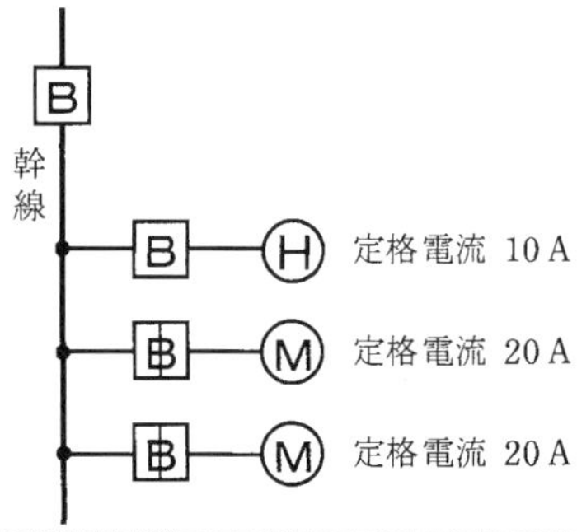
B
幹線
B
H
定格電流 10 A
B
M
定格電流 20 A
B
M
定格電流 20 A

イ.	ロ.	ハ.	ニ.
I_W　50	I_W　50	I_W　60	I_W　60
I_B　125	I_B　130	I_B　130	I_B　150

	問　い	答　え
10	低圧屋内配線の分岐回路の設計で，配線用遮断器，分岐回路の電線の太さ及びコンセントの組合せとして，**適切なものは**。 ただし，分岐点から配線用遮断器までは3 m，配線用遮断器からコンセントまでは8 mとし，電線の数値は分岐回路の電線（軟銅線）の太さを示す。 また，コンセントは兼用コンセントではないものとする。	イ．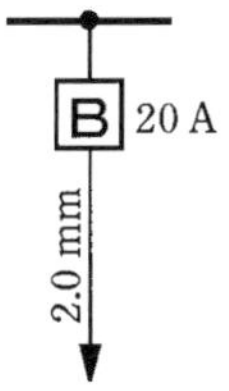B 20 A 2.0 mm 定格電流20 Aのコンセント1個 ロ．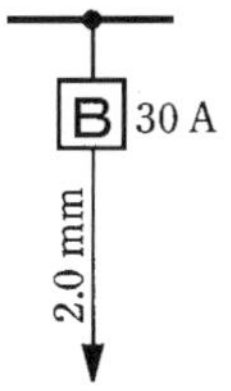B 30 A 2.0 mm 定格電流30 Aのコンセント1個 ハ．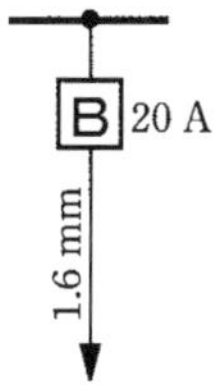B 20 A 1.6 mm 定格電流30 Aのコンセント1個 ニ．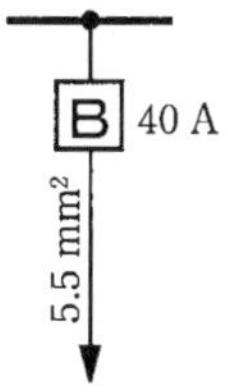B 40 A 5.5 mm² 定格電流30 Aのコンセント1個
11	エントランスキャップの使用目的は。	イ．主として垂直な金属管の上端部に取り付けて，雨水の浸入を防止するために使用する。 ロ．コンクリート打ち込み時に金属管内にコンクリートが浸入するのを防止するために使用する。 ハ．金属管工事で管が直角に屈曲する部分に使用する。 ニ．フロアダクトの終端部を閉そくするために使用する。
12	耐熱性が最も優れているものは。	イ．600V 二種ビニル絶縁電線 ロ．600V ビニル絶縁電線 ハ．MI ケーブル ニ．600V ビニル絶縁ビニルシースケーブル
13	電気工事の種類と，その工事に使用する工具との組合せで，**適切なものは**。	イ．合成樹脂管工事とリード型ねじ切り器 ロ．ライティングダクト工事と合成樹脂管用カッタ ハ．金属管工事とパイプベンダ ニ．金属線ぴ工事とボルトクリッパ
14	極数6の三相かご形誘導電動機を周波数60 Hzで使用するとき，最も近い回転速度 [min^{-1}] は。	イ．600　ロ．1 200　ハ．1 800　ニ．3 600
15	直管LEDランプに関する記述として，**誤っているものは**。	イ．すべての蛍光灯照明器具にそのまま使用できる。 ロ．同じ明るさの蛍光灯と比較して消費電力が小さい。 ハ．制御装置が内蔵されているものと内蔵されていないものとがある。 ニ．蛍光灯に比べて寿命が長い。

問い	答え

16　写真に示す材料の名称は。

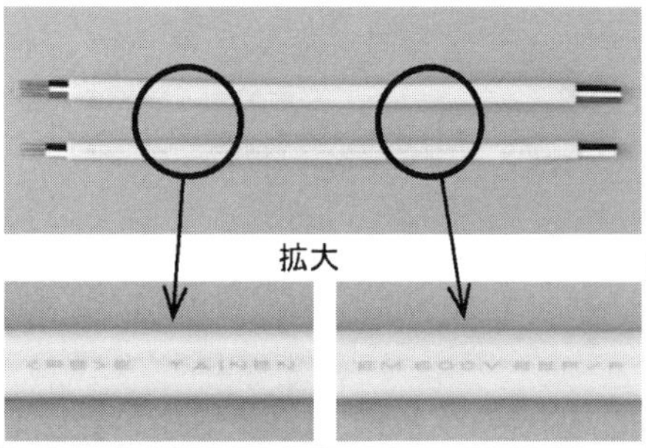

イ．無機絶縁ケーブル

ロ．600V ビニル絶縁ビニルシースケーブル平形

ハ．600V 架橋ポリエチレン絶縁ビニルシースケーブル

ニ．600V ポリエチレン絶縁耐燃性ポリエチレンシースケーブル平形

17　写真に示す器具の名称は。

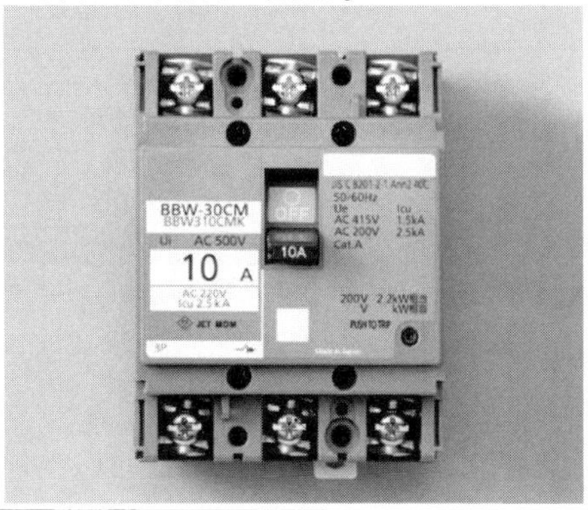

イ．漏電警報器

ロ．電磁開閉器

ハ．配線用遮断器(電動機保護兼用)

ニ．漏電遮断器

18　写真に示す工具の名称は。

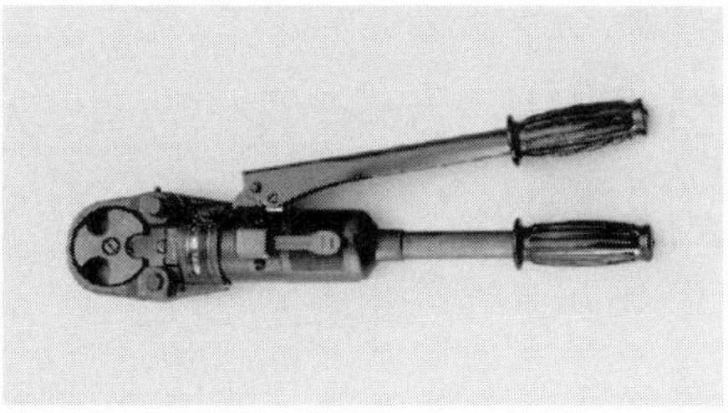

イ．手動油圧式圧着器

ロ．手動油圧式カッタ

ハ．ノックアウトパンチャ(油圧式)

ニ．手動油圧式圧縮器

19　次表は単相 100 V 屋内配線の施設場所と工事の種類との施工の可否を示す表である。表中の a～f のうち，**「施設できない」ものを全て選んだ組合せとして，正しいものは。**

施設場所の区分	工事の種類		
	合成樹脂管工事（CD管を除く）	ケーブル工事	ライティングダクト工事
展開した場所で湿気の多い場所	a	c	e
点検できる隠ぺい場所で乾燥した場所	b	d	f

イ．a，f

ロ．e のみ

ハ．b のみ

ニ．e，f

20　低圧屋内配線工事(臨時配線工事の場合を除く)で，600V ビニル絶縁ビニルシースケーブルを用いたケーブル工事の施工方法として，**適切なものは。**

イ．接触防護措置を施した場所で，造営材の側面に沿って垂直に取り付け，その支持点間の距離を 8 m とした。

ロ．金属製遮へい層のない電話用弱電流電線と共に同一の合成樹脂管に収めた。

ハ．建物のコンクリート壁の中に直接埋設した。

ニ．丸形ケーブルを，屈曲部の内側の半径をケーブル外径の8倍にして曲げた。

問い	答え

21　金属管工事で金属管とアウトレットボックスとを電気的に接続する方法として，**施工上，最も適切なものは。**

イ.
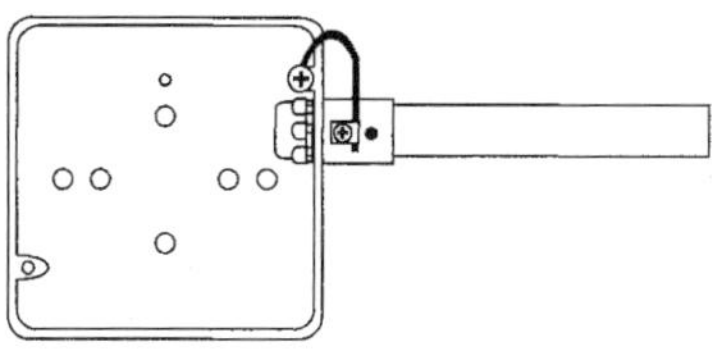

ロ.
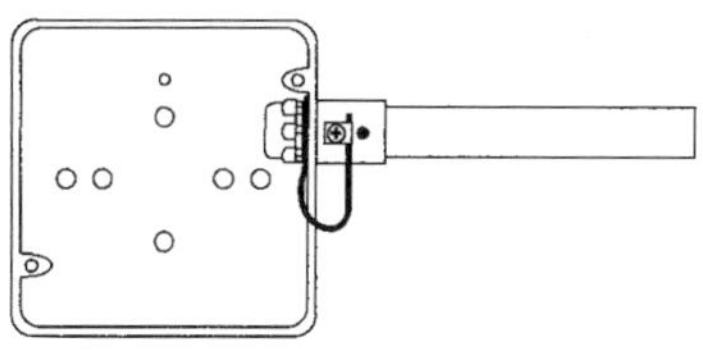

ハ.
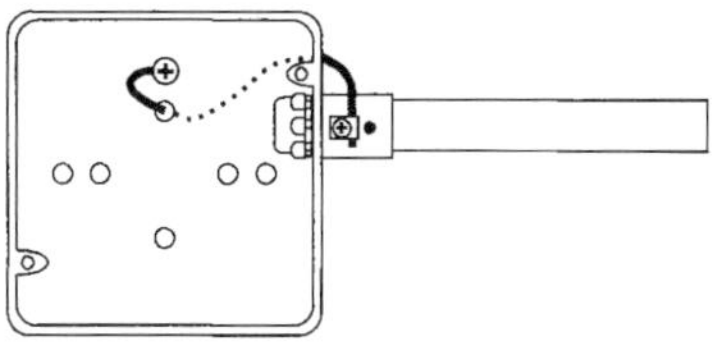

ニ.
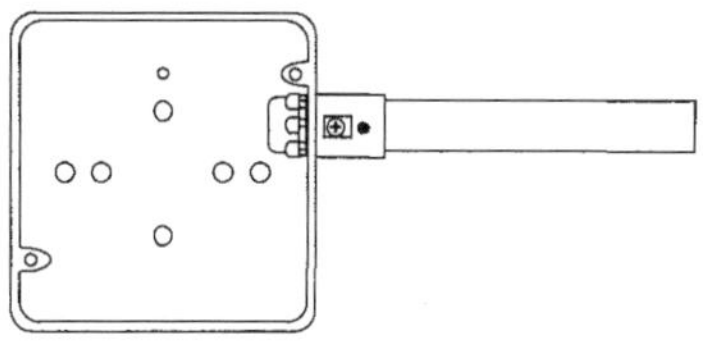

22　ケーブル工事による低圧屋内配線で，ケーブルと弱電流電線の接近又は交差する箇所がa～dの4箇所あった。a～dのうちから**適切なものを全て選んだ組合せとして，正しいものは。**

a：弱電流電線と交差する箇所で接触していた。
b：弱電流電線と重なり合って接触している長さが3 mあった。
c：弱電流電線と接触しないように離隔距離を10 cm離して施設していた。
d：弱電流電線と接触しないように堅ろうな隔壁を設けて施設していた。

イ．dのみ
ロ．c，d
ハ．b，c，d
ニ．a，b，c，d

23　低圧屋内配線の金属可とう電線管(使用する電線管は2種金属製可とう電線管とする)工事で，**不適切なものは。**

イ．管の内側の曲げ半径を管の内径の6倍以上とした。
ロ．管内に600Vビニル絶縁電線を収めた。
ハ．管とボックスとの接続にストレートボックスコネクタを使用した。
ニ．管と金属管(鋼製電線管)との接続にTSカップリングを使用した。

24　低圧電路で使用する測定器とその用途の組合せとして，**正しいものは。**

イ．検電器　と　電路の充電の有無の確認
ロ．回転計　と　三相回路の相順(相回転)の確認
ハ．回路計(テスタ)　と　絶縁抵抗の測定
ニ．電力計　と　消費電力量の測定

25　次表は，電気使用場所の開閉器又は過電流遮断器で区切られる低圧電路の使用電圧と電線相互間及び電路と大地との間の絶縁抵抗の最小値についての表である。
　次の空欄(A)，(B)及び(C)に当てはまる数値の組合せとして，**正しいものは。**

電路の使用電圧区分		絶縁抵抗値
300 V以下	対地電圧150 V以下の場合	(A)　[MΩ]
	その他の場合	(B)　[MΩ]
300 Vを超えるもの		(C)　[MΩ]

イ．(A)0.1　(B)0.2　(C)0.3
ロ．(A)0.1　(B)0.2　(C)0.4
ハ．(A)0.2　(B)0.3　(C)0.4
ニ．(A)0.2　(B)0.4　(C)0.6

<table>
<tr><th colspan="2">問　い</th><th>答　え</th></tr>
<tr><td>26</td><td>直読式接地抵抗計を用いて，接地抵抗を測定する場合，被測定接地極 E に対する，2つの補助接地極 P(電圧用)及び C(電流用)の配置として，適切なものは。</td><td>
イ．
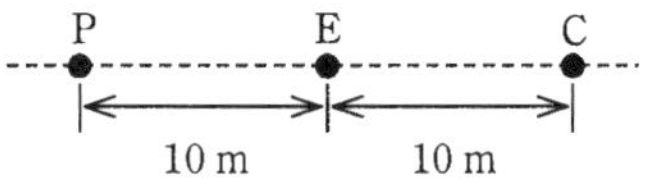

ロ．
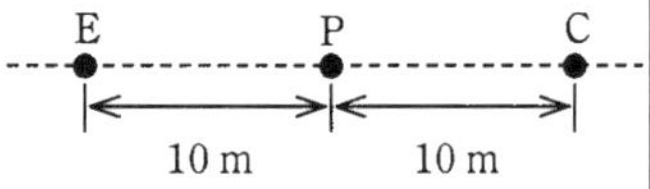

ハ．
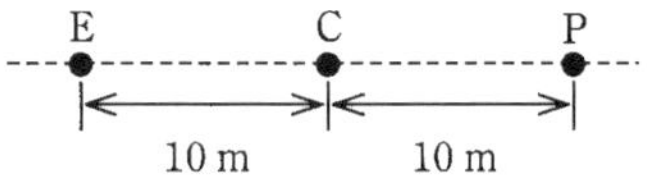

ニ．
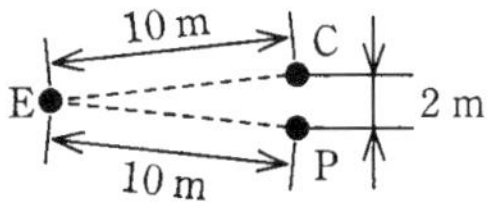

</td></tr>
<tr><td>27</td><td>単相交流電源から負荷に至る回路において，電圧計，電流計，電力計の結線方法として，正しいものは。</td><td>
イ．
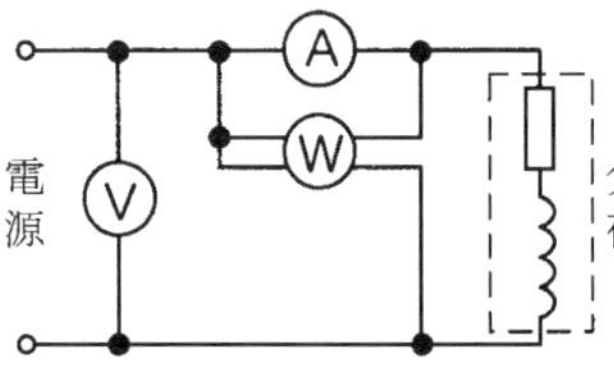

ロ．
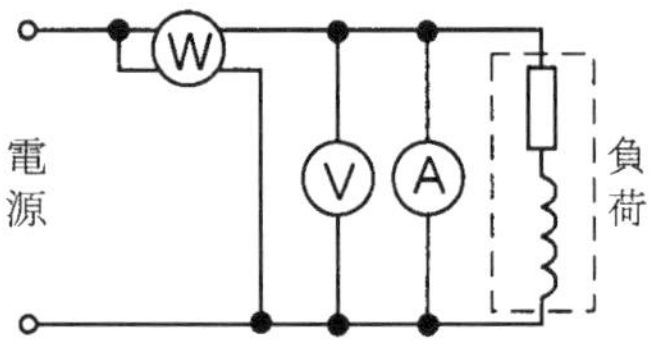

ハ．
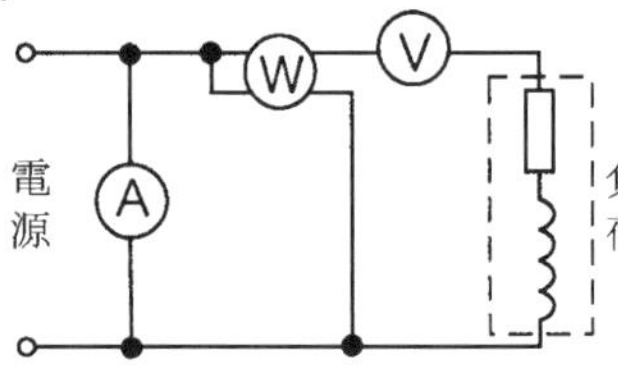

ニ．
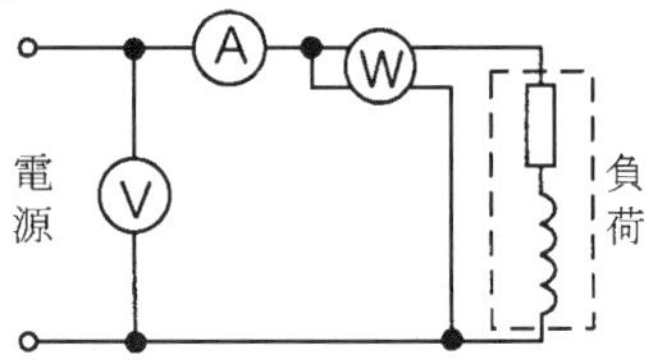

</td></tr>
<tr><td>28</td><td>「電気工事士法」において，一般用電気工作物の工事又は作業で電気工事士でなければ従事できないものは。</td><td>イ．差込み接続器にコードを接続する工事
ロ．配電盤を造営材に取り付ける作業
ハ．地中電線用の暗きょを設置する工事
ニ．火災感知器に使用する小型変圧器(二次電圧が 36 V 以下)二次側の配線工事</td></tr>
<tr><td>29</td><td>「電気用品安全法」の適用を受ける次の電気用品のうち，特定電気用品は。</td><td>イ．定格電流 20 A の配線用遮断器
ロ．消費電力 30 W の換気扇
ハ．外径 19 mm の金属製電線管
ニ．消費電力 1 kW の電気ストーブ</td></tr>
<tr><td>30</td><td>一般用電気工作物の適用を受けないものは。
ただし，発電設備は電圧 600 V 以下で，1 構内に設置するものとする。</td><td>イ．低圧受電で，受電電力の容量が 35 kW，出力 15 kW の非常用内燃力発電設備を備えた映画館
ロ．低圧受電で，受電電力の容量が 35 kW，出力 10 kW の太陽電池発電設備と電気的に接続した出力 5 kW の風力発電設備を備えた農園
ハ．低圧受電で，受電電力の容量が 45 kW，出力 5 kW の燃料電池発電設備を備えたコンビニエンスストア
ニ．低圧受電で，受電電力の容量が 35 kW，出力 15 kW の太陽電池発電設備を備えた幼稚園</td></tr>
</table>

問題２．配線図 (問題数 20，配点は１問当たり２点)

※図は１３頁参照

図は，鉄筋コンクリート造集合住宅の１戸部分の配線図である。この図に関する次の各問いには４通りの答え（イ，ロ，ハ，ニ）が書いてある。それぞれの問いに対して，答えを１つ選びなさい。

【注意】 １．屋内配線の工事は，特記のある場合を除き 600V ビニル絶縁ビニルシースケーブル平形（VVF)を用いたケーブル工事である。
２．屋内配線等の電線の本数，電線の太さ，その他，問いに直接関係のない部分等は省略又は簡略化してある。
３．漏電遮断器は，定格感度電流 30 mA，動作時間 0.1 秒以内のものを使用している。
４．選択肢 (答え) の写真にあるコンセント及び点滅器は，「JIS C 0303：2000 構内電気設備の配線用図記号」で示す「一般形」である。
５．ジョイントボックスを経由する電線は，すべて接続箇所を設けている。
６．3 路スイッチの記号「0」の端子には，電源側又は負荷側の電線を結線する。

問い		答え
31	①で示す図記号の機器の名称は。	イ．チャイム　ロ．タイムスイッチ ハ．ベル　ニ．ブザー
32	②で示す部分の小勢力回路で使用できる電圧の最大値[V]は。	イ．24　ロ．30　ハ．48　ニ．60
33	③で示す低圧ケーブルの種類は。	イ．600V ビニル絶縁ビニルシースケーブル丸形 ロ．600V 架橋ポリエチレン絶縁ビニルシースケーブル(単心３本のより線) ハ．600V ビニル絶縁ビニルシースケーブル平形 ニ．600V 架橋ポリエチレン絶縁ビニルシースケーブル
34	④で示す図記号の器具の種類は。	イ．位置表示灯を内蔵する点滅器　ロ．確認表示灯を内蔵する点滅器 ハ．熱線式自動スイッチ　ニ．遅延スイッチ
35	⑤で示すコンセントの極配置（刃受）は。	イ．　ロ．　ハ．　ニ．
36	⑥で示す部分はルームエアコンの屋外ユニットである。その図記号の傍記表示は。	イ．O　ロ．B　ハ．I　ニ．R
37	⑦で示す機器の定格電流の最大値[A]は。	イ．15　ロ．20　ハ．30　ニ．40
38	⑧で示す部分の電路と大地間の絶縁抵抗として，許容される最小値［MΩ］は。	イ．0.1　ロ．0.2　ハ．0.4　ニ．1.0
39	⑨で示す器具にコード吊りで白熱電球を取り付ける。使用できるコードと最小断面積の組合せとして，**正しいものは**。	イ．ビニルコード　1.25 mm^2 ロ．ビニルキャブタイヤコード　0.75 mm^2 ハ．丸打ちゴムコード　0.75 mm^2 ニ．袋打ちゴムコード　0.5 mm^2
40	⑩で示す部分の最少電線本数(心線数)は。	イ．2　ロ．3　ハ．4　ニ．5

（次頁へ続く）

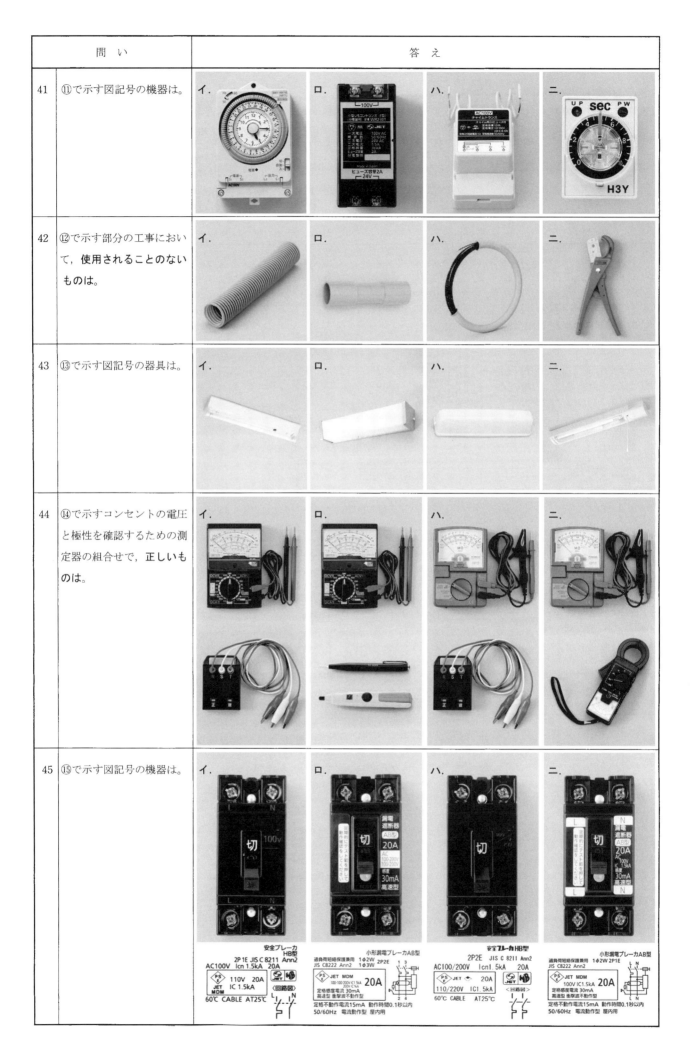

	問　い	答　え			
41	⑪で示す図記号の機器は。	イ. 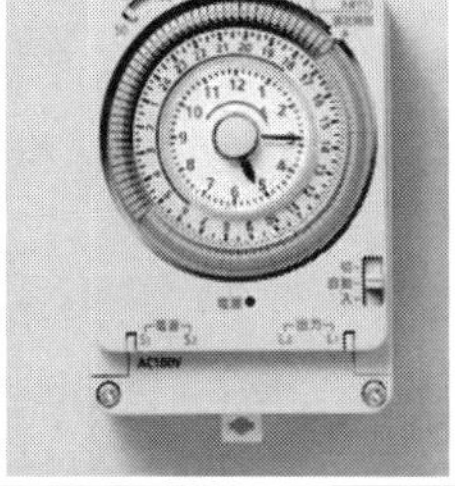	ロ. 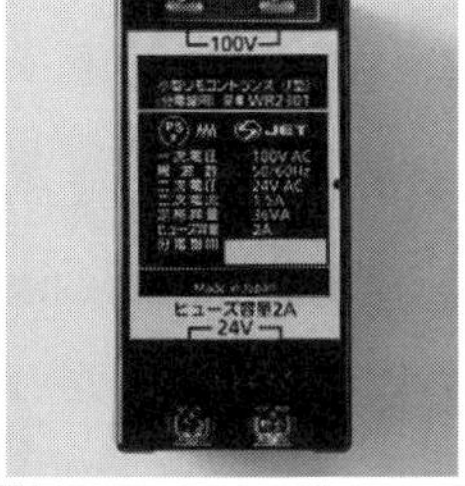	ハ. 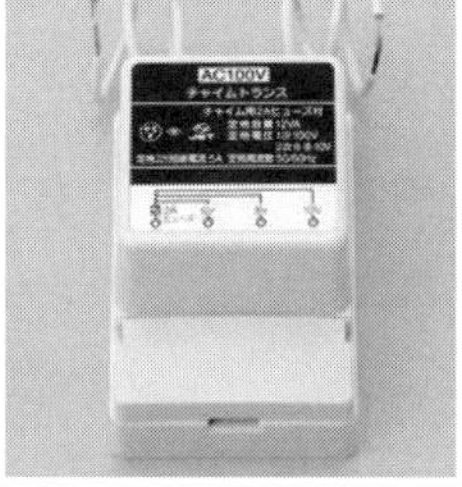	ニ. 
42	⑫で示す部分の工事において，**使用されることのないものは。**	イ. 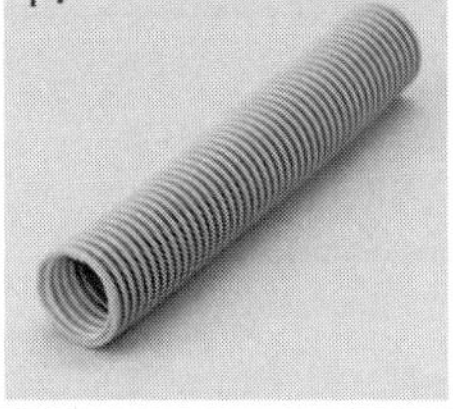	ロ. 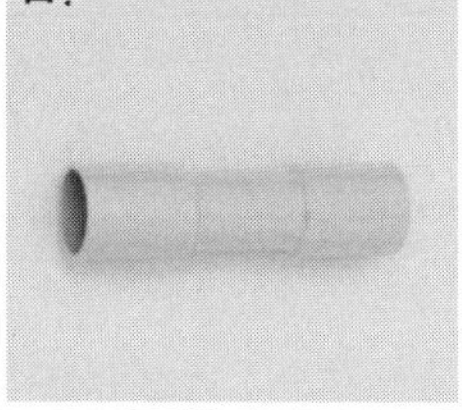	ハ. 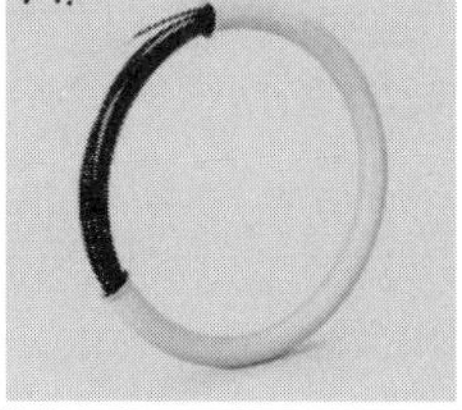	ニ. 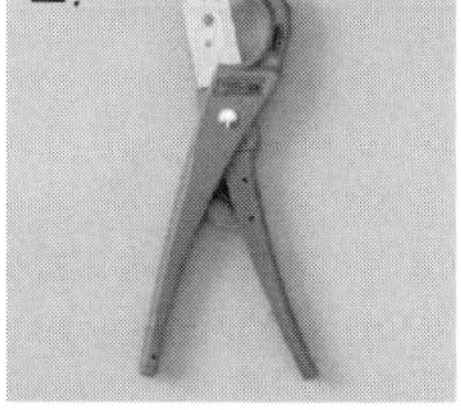
43	⑬で示す図記号の器具は。	イ. 	ロ. 	ハ. 	ニ. 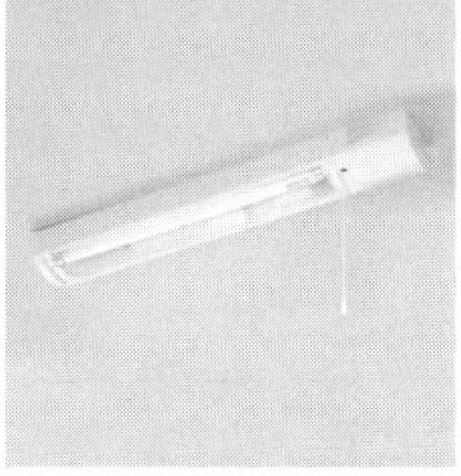
44	⑭で示すコンセントの電圧と極性を確認するための測定器の組合せで，**正しいものは。**	イ. 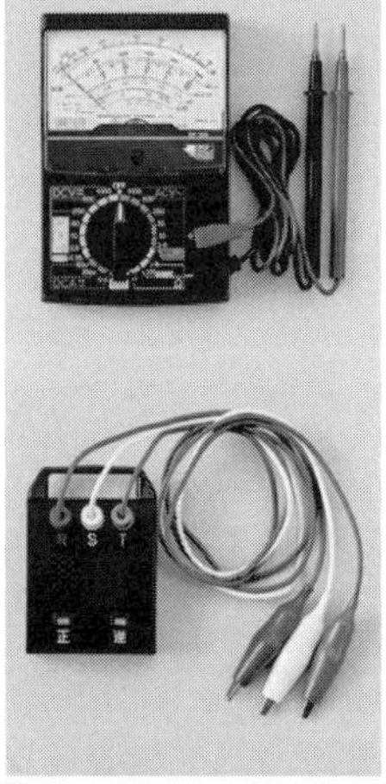	ロ. 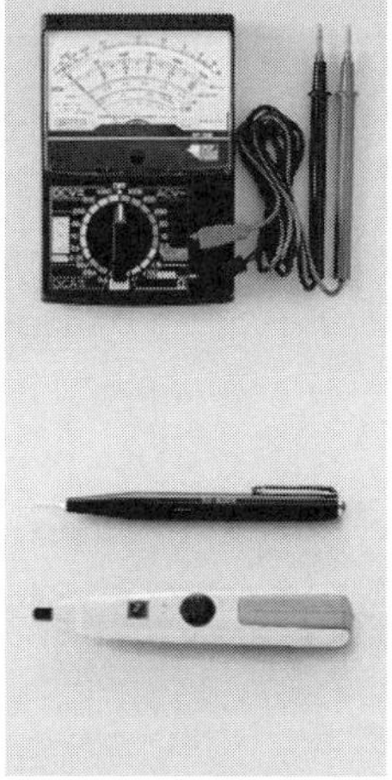	ハ. 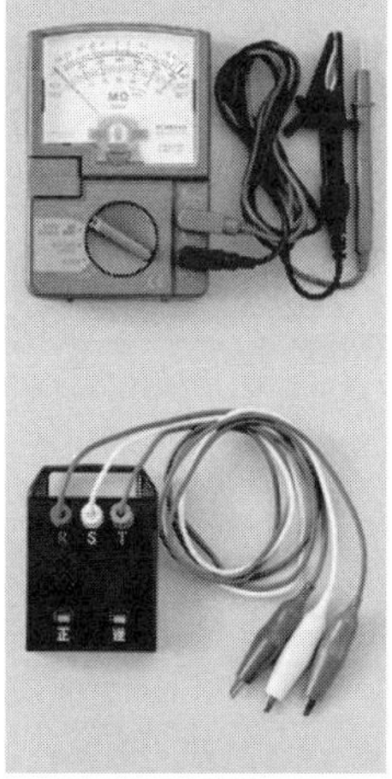	ニ. 
45	⑮で示す図記号の機器は。	イ. 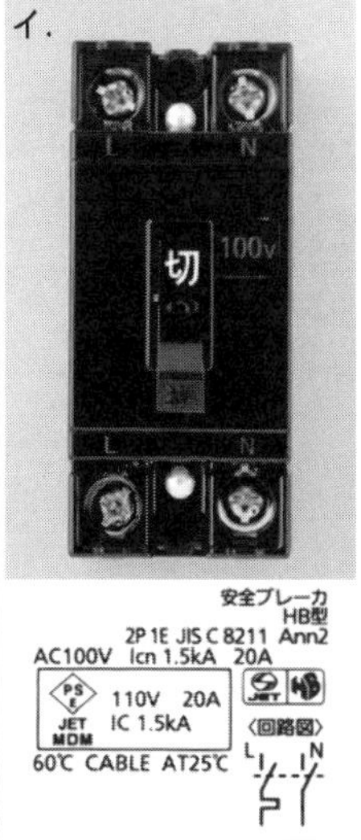	ロ. 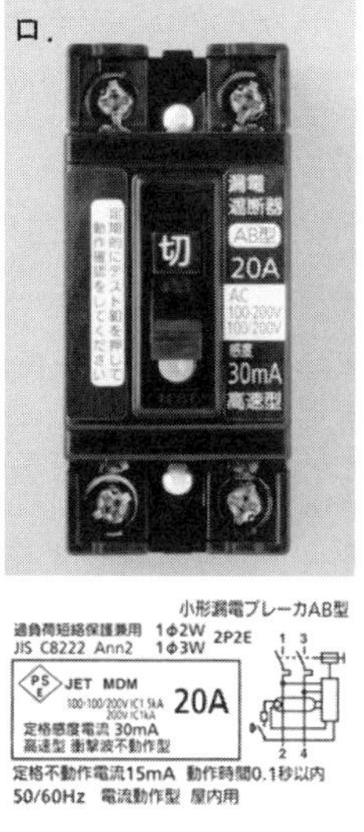	ハ. 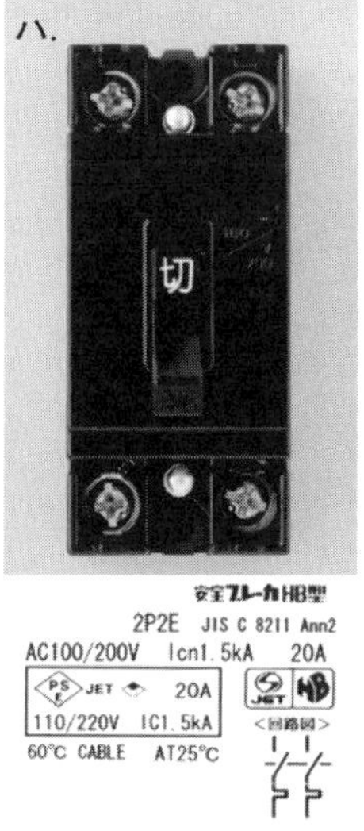	ニ. 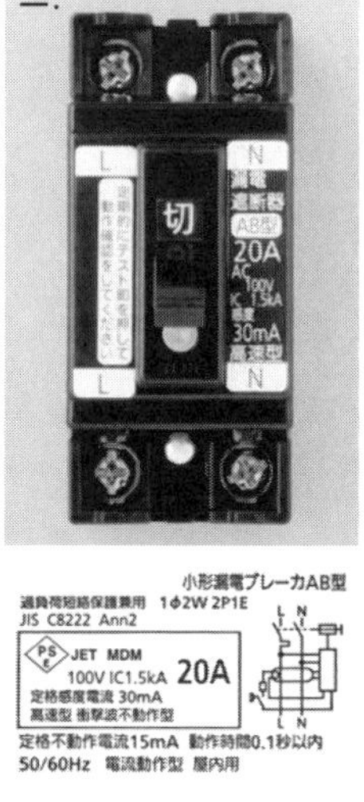

問い		答え			
46	⑯で示すボックス内の接続をすべて圧着接続した場合のリングスリーブの種類，個数及び圧着接続後の刻印との組合せで，**正しいものは**。 ただし，使用する電線はすべて VVF1.6 する。 また，写真に示す**リングスリーブ中央**の○，小，**中**は刻印を表す。	イ．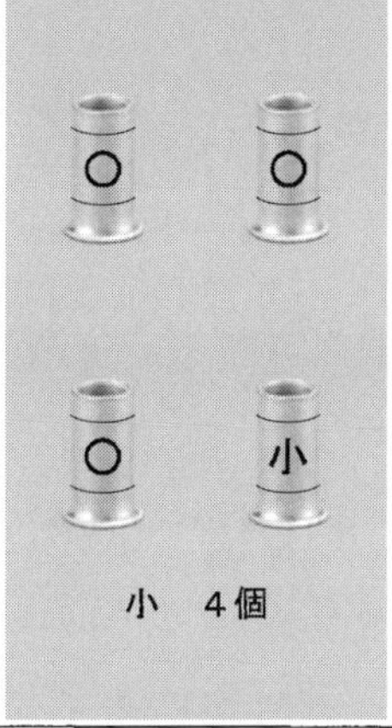○ ○ ○ 小 小　4個	ロ．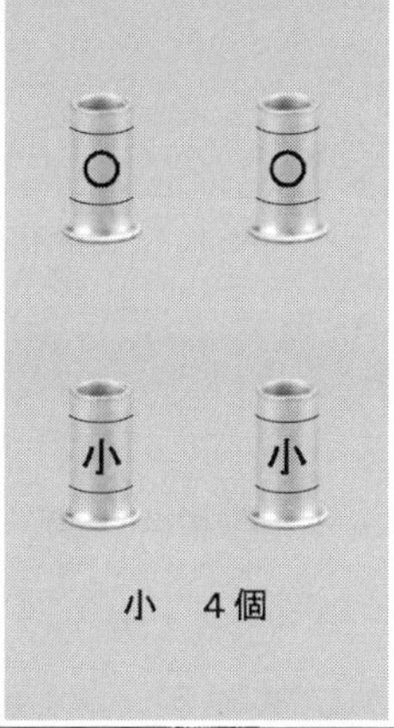○ ○ 小 小 小　4個	ハ．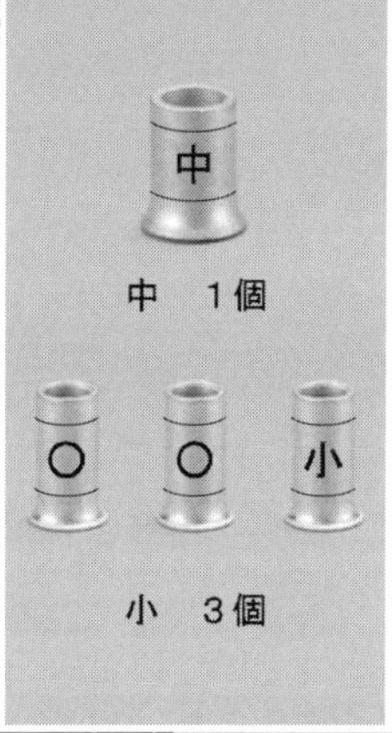中 中　1個 ○ ○ 小 小　3個	ニ．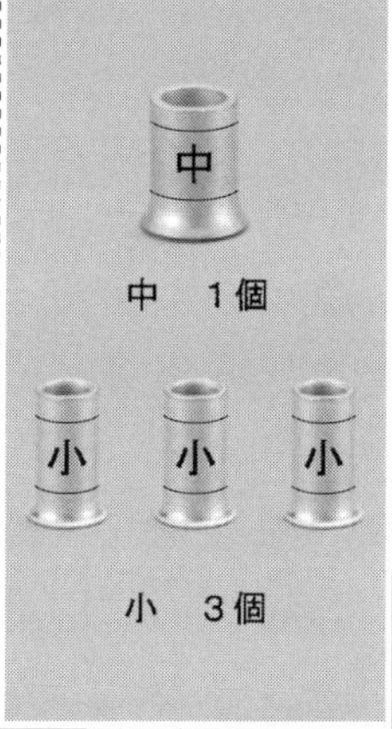中 中　1個 小 小 小 小　3個
47	⑰で示すボックス内の接続をすべて圧着接続とする場合，使用するリングスリーブの種類と最少個数の組合せで，**正しいものは**。 ただし，使用する電線はすべて VVF1.6 とする。	イ．小 3個	ロ．中 3個	ハ．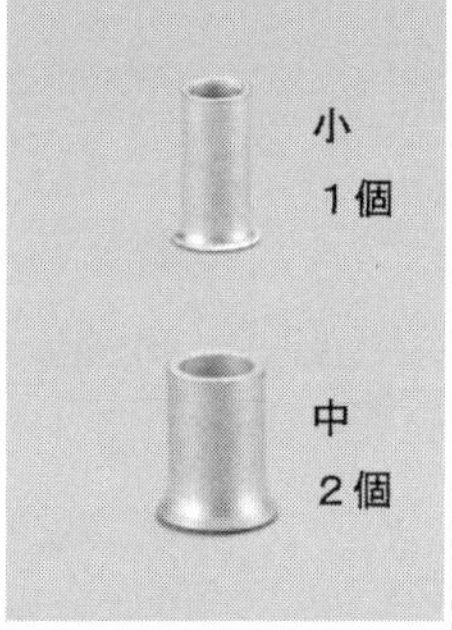小 1個 中 2個	ニ．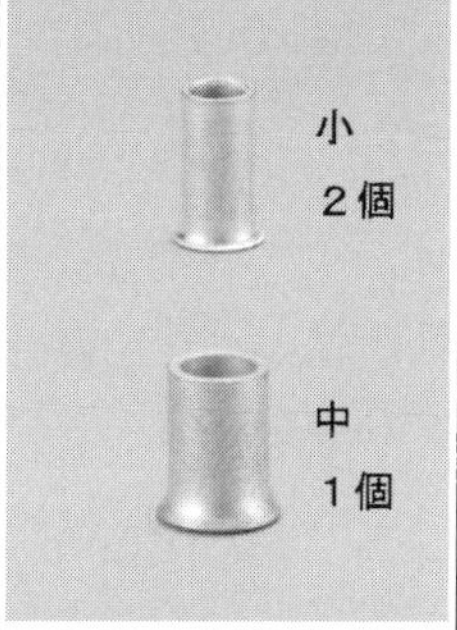小 2個 中 1個
48	⑱で示すボックス内の接続をすべて差込形コネクタとする場合,使用する差込形コネクタの種類と最少個数の組合せで,**正しいものは**。 ただし，使用する電線はすべて VVF1.6 とする。	イ．1個 2個	ロ．1個 2個	ハ．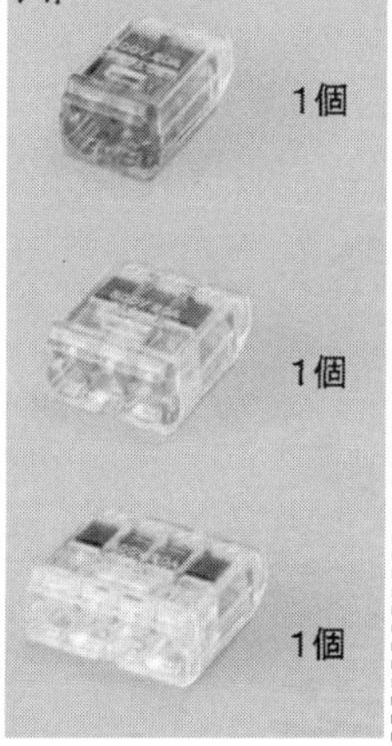1個 1個 1個	ニ．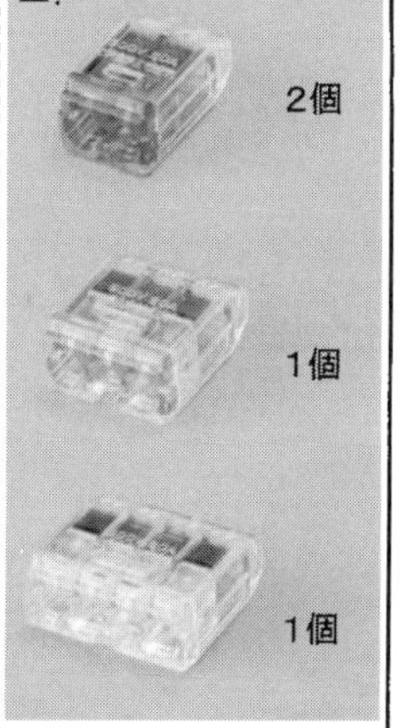2個 1個 1個
49	この配線図の図記号から，この工事で**使用されていないコンセントは**。	イ．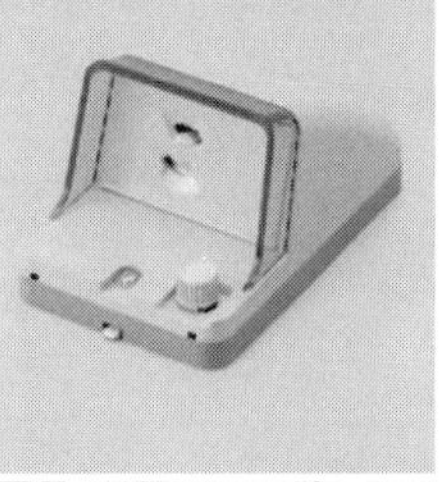	ロ．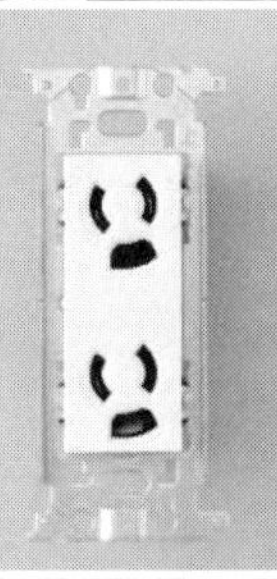	ハ．	ニ．
50	この配線図の図記号から，この工事で**使用されていないスイッチは**。 ただし，写真下の図は，接点の構成を示す。	イ．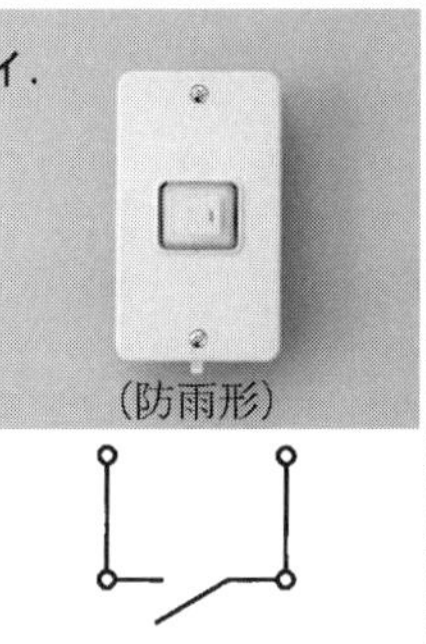(防雨形)	ロ．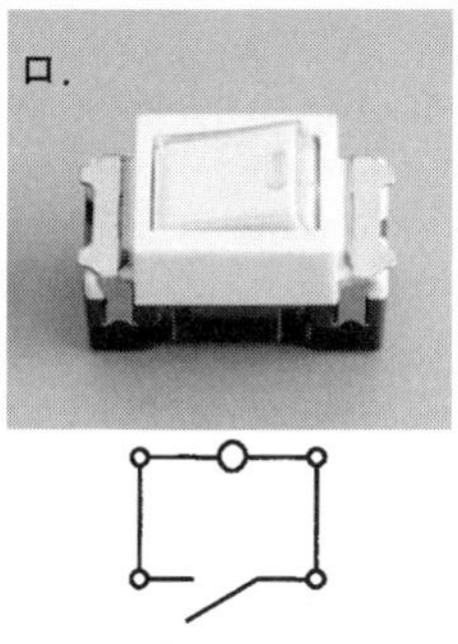	ハ．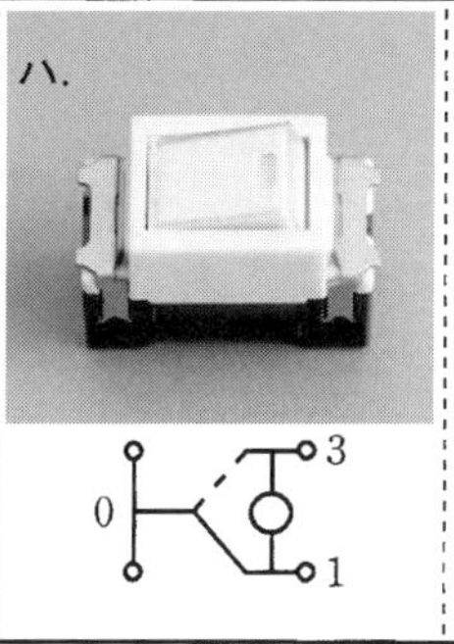3 0 1	ニ．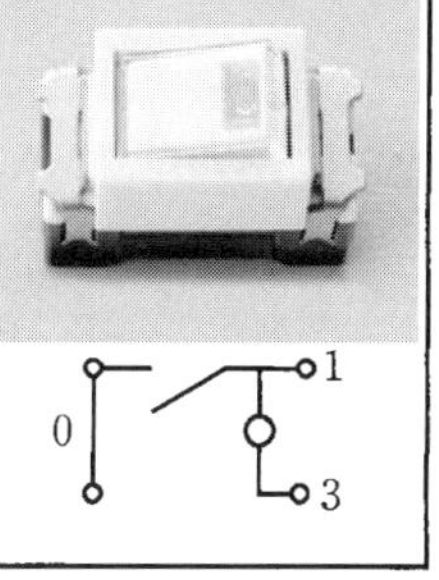1 0 3

図面を引き抜いてご覧ください

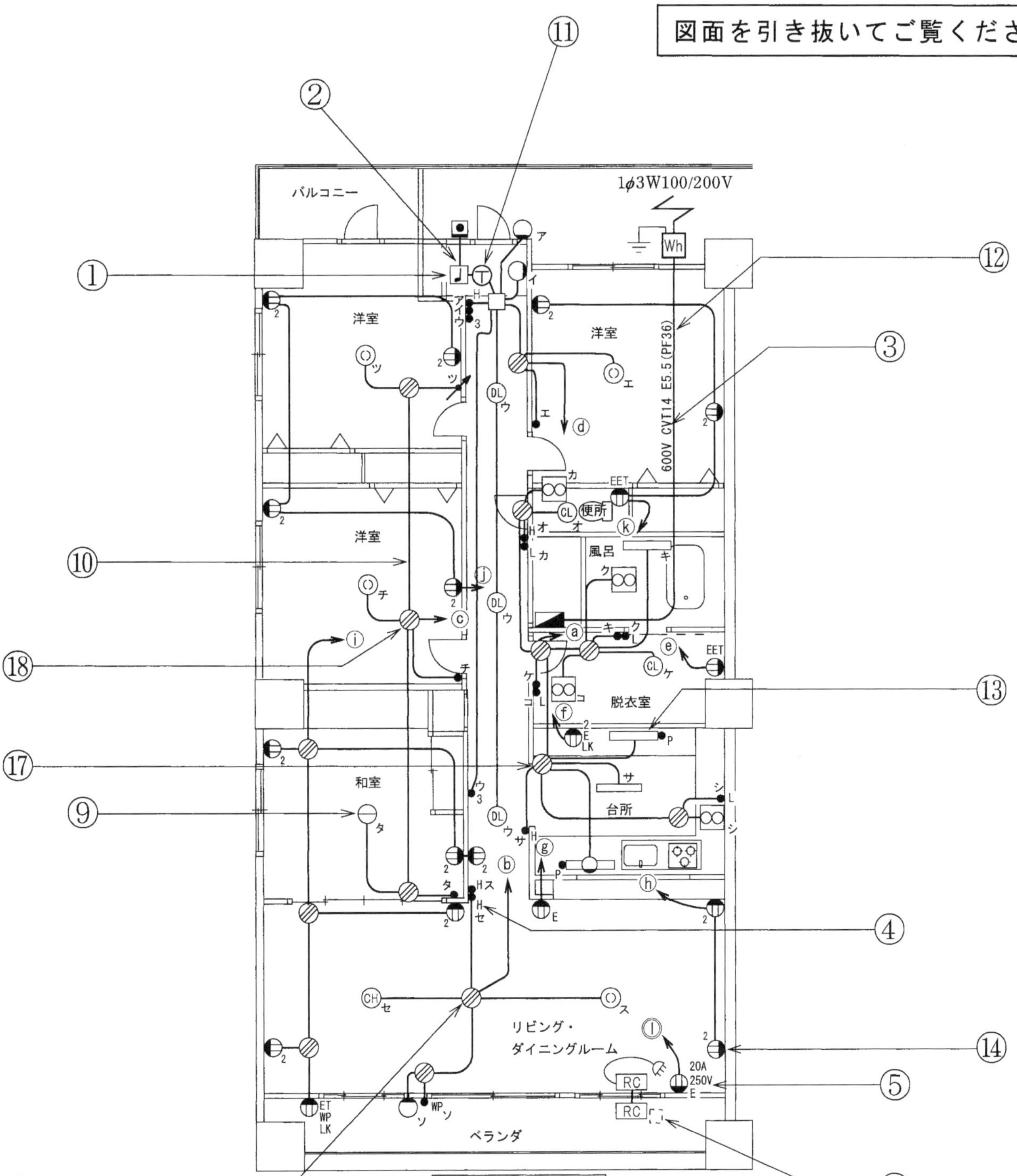

平　面　図

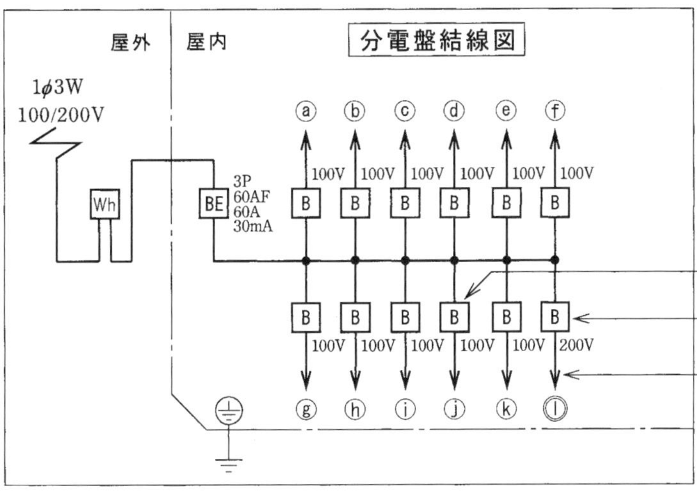

令和三年度上期（am）筆記試験 解答

1　ハ　Sを閉じると，電線の抵抗 0〔Ω〕と低抗 30〔Ω〕の合成抵抗は，$R=\dfrac{0\times30}{0+30}=\dfrac{0}{30}=0$〔Ω〕

$I=\dfrac{100}{30+30}=\dfrac{100}{60}=\dfrac{5}{3}$〔A〕

$V_{ab}=I\times30=\dfrac{5}{3}\times30=50$〔V〕

2　イ　$\dfrac{PI}{V}$ は，抵抗 R〔Ω〕を示す式ではない。

3　ハ　$P=I^2R=20^2\times0.5=200$〔W〕$=0.2$〔kW〕

$Q=3600Pt=3600\times0.2\times1=720$〔kJ〕

4　ロ　電力を消費するものは，抵抗 16〔Ω〕

$P=\dfrac{V^2}{R}=\dfrac{100^2}{16}=625$〔W〕

5　ロ　断線前 $V_1=\dfrac{200}{1.73}\fallingdotseq116$〔V〕

断線後 $V_2=\dfrac{200}{R+R}\times R=100$〔V〕

6　ロ　スイッチ a だけを閉じたとき

$I_1=\dfrac{P}{V}=\dfrac{200}{100}=2$〔A〕

スイッチ a 及び b を閉じたとき

$I_2=2-2=0$〔A〕となる。

7　ニ　$P_l=3I^2r=3\times15^2\times0.2=135$〔W〕

8　ハ　**電技解釈 第 146 条**（低圧配線に使用する電線）

断面積が 5.5mm^{2}の 600〔V〕ビニル絶縁電線（軟銅線）の許容電流は 49〔A〕である。

$49\times0.49=24.01\rightarrow24$〔A〕

9　ハ　**電技解釈 第 148 条**　$I_M=20+20=40$〔A〕

$I_H=10$〔A〕

$I_W\geqq1.25I_M+I_H=1.25\times40+10=60$〔A〕

$I_B\leqq3I_M+I_H=3\times40+10=130$〔A〕

$I_B\leqq2.5I_W=2.5\times60=150$〔A〕から，

定格電流の小さい 130〔A〕以下となる。

10　イ　**電技解釈 第 149 条**　20〔A〕配線用遮断器の分岐回路であり，電線の太さ 2.0mm 及び接続されたコンセントの定格電流の 20〔A〕は適切である。

11　イ　略

12　ハ　MI ケーブル

約 1000℃まで使用できる。

13　ハ　金属管工事とパイプベンダー

14　ロ　$N_s=\dfrac{120f}{p}=\dfrac{120\times60}{6}=1200$〔min^{-1}〕

15　イ　略

16　ニ　略

17　ハ　略

18　イ　略

19　ロ　**電技解釈 第156条**

20　ニ　**電技解釈 第 167 条・第 164 条，内線規程 3165－4**

21　ハ　略

22　ロ　**電技解釈 第 167 条**

23　ニ　**電技解釈 第 160 条**（金属可とう電線管工事）

内線規程 3120 節（金属製可とう電線管配線）

24　イ　略

25　ロ　**電技 第 58 条**

26　ロ　略

27　ニ　略

28　ロ　**電気工事士法第 3 条**（電気工事士等），**施行令第 1 条**（軽微な工事），**施行規則第 2 条**（軽微な作業）

29　イ　**電気用品安全法施行令第 1 条の 2**（特定電気用品）

30　イ　**電気事業法第 38 条，施行規則第 48 条**（一般用電気工作物の範囲）。小出力発電設備に該当しない出力 15〔kW〕の非常用内燃力発電設備を備えているので自家用電気工作物の適用を受ける。

31　イ　略

32　ニ　**電技解釈 第 181 条**（小勢力回路の施設）

33　ロ　略

34　イ　略

35　ロ　略

36　イ　略

37　ロ　**電技解釈 第 149 条**

38　イ　**電技 第 58 条**（低圧の電路の絶縁性能）

使用電圧が 300〔V〕以下で対地電圧が 150〔V〕以下に該当し，許容される最小値は 0.1〔MΩ〕

39　ハ　**電技解釈 第 170 条**（電球線の施設）

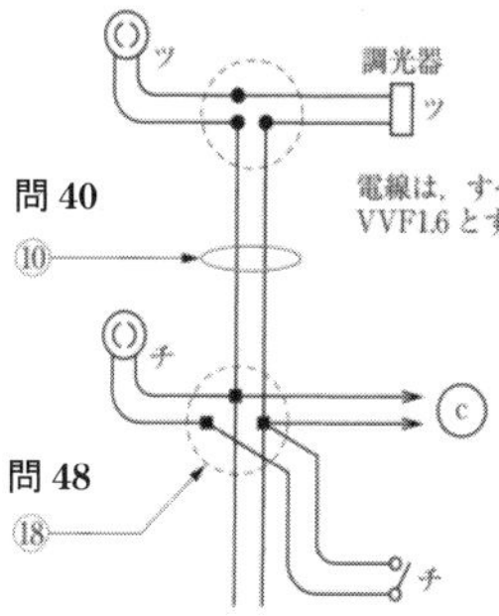

40　イ　2（右図参照）

41　ハ　図記号⑪は，小形変圧器

42　ロ　略

43　ニ　略

44　ロ　略

45　ハ　配線用遮断器で，200〔V〕回路に使用されているので 2 極 2 素子(2P2E)を使用する。

46　ロ

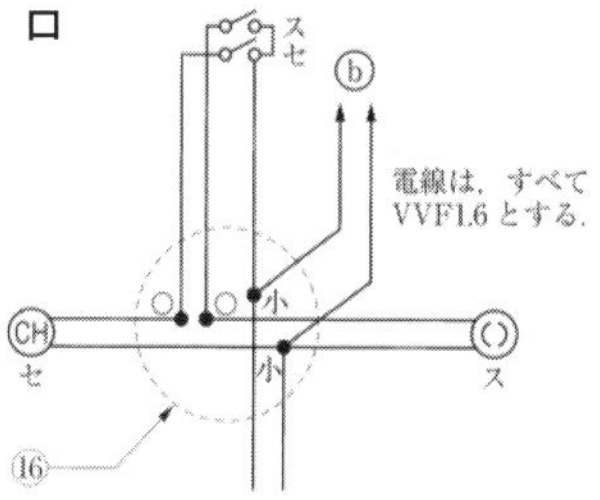

47　ハ　（右図参照）

中スリーブ1.6mm 5 本，2 箇所

小スリーブ1.6mm 2 本，1 箇所

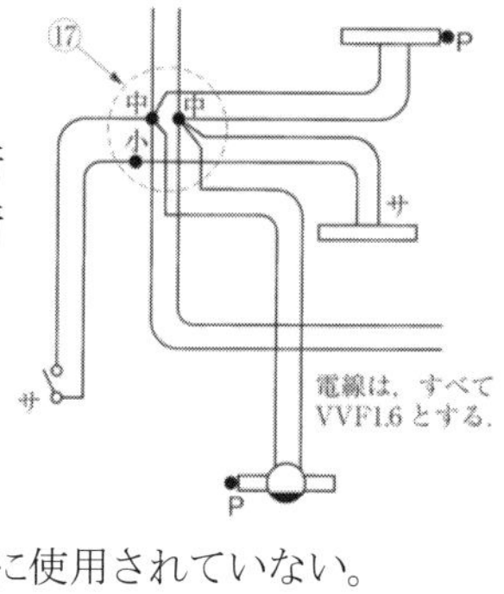

48　ロ　（問 41 図参照）

差込形コネクタによる 2 本接続が 1 箇所で，4 本接続が 2 箇所。

49　ニ　図記号 ⦶$_{ET}$で，この工事に使用されていない。

50　ハ　●$^{H}_{3}$ の図記号（位置表示灯を内蔵する 3 路スイッチ）は，この工事で使用されていない。

第二種電気工事士　筆記模擬試験の答案用紙　　令和　2　年〔pm〕

受験番号を数字で記入して下さい。➡

受験番号に該当する位置にマークして下さい。➡

受験番号								
百万の位	十万の位	万の位	千の位	百の位	十の位	一の位	記号	
0	0	0	0	0	0	0	A	A
1	1	1	1	1	1	1	E	E
2	2	2	2	2	2	2	F	F
3	3	3	3	3	3	3	G	G
4	4	4	4	4	4	4	K	K
5	5	5	5	5	5	5	P	P
6	6	6	6	6	6	6	T	T
7	7	7	7	7	7	7		
8	8	8	8	8	8	8		
9	9	9	9	9	9	9		

よい例	わるい例

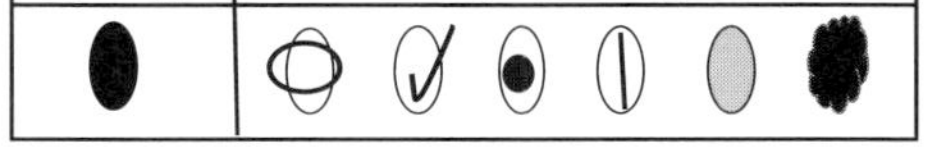

1. マークは上の例のようにマークすること。
2. 氏名・生年月日・試験地・受験番号を必ず記入すること。
3. 受験番号は欄外にはみださないように正確に記入し、必ず該当する番号にマークすること。
4. マークの記入にあったては濃度HBの黒鉛筆を使用すること。
5. 誤ってマークしたときは、跡の残らないようにプラスチック消しゴムできれいに消すこと。
6. 答の欄は各問につき一つだけマークすること。
7. 用紙は絶対に折り曲げたり汚したりしないこと。

氏　名

生年月日
昭和 平成　年　月　日

試験地

（2点×30問）

問題1. 一般問題

問	答	問	答	問	答
1	イ ロ ハ ニ	11	イ ロ ハ ニ	21	イ ロ ハ ニ
2	イ ロ ハ ニ	12	イ ロ ハ ニ	22	イ ロ ハ ニ
3	イ ロ ハ ニ	13	イ ロ ハ ニ	23	イ ロ ハ ニ
4	イ ロ ハ ニ	14	イ ロ ハ ニ	24	イ ロ ハ ニ
5	イ ロ ハ ニ	15	イ ロ ハ ニ	25	イ ロ ハ ニ
6	イ ロ ハ ニ	16	イ ロ ハ ニ	26	イ ロ ハ ニ
7	イ ロ ハ ニ	17	イ ロ ハ ニ	27	イ ロ ハ ニ
8	イ ロ ハ ニ	18	イ ロ ハ ニ	28	イ ロ ハ ニ
9	イ ロ ハ ニ	19	イ ロ ハ ニ	29	イ ロ ハ ニ
10	イ ロ ハ ニ	20	イ ロ ハ ニ	30	イ ロ ハ ニ

（2点×20問）

問題2. 配線図

問	答	問	答
31	イ ロ ハ ニ	41	イ ロ ハ ニ
32	イ ロ ハ ニ	42	イ ロ ハ ニ
33	イ ロ ハ ニ	43	イ ロ ハ ニ
34	イ ロ ハ ニ	44	イ ロ ハ ニ
35	イ ロ ハ ニ	45	イ ロ ハ ニ
36	イ ロ ハ ニ	46	イ ロ ハ ニ
37	イ ロ ハ ニ	47	イ ロ ハ ニ
38	イ ロ ハ ニ	48	イ ロ ハ ニ
39	イ ロ ハ ニ	49	イ ロ ハ ニ
40	イ ロ ハ ニ	50	イ ロ ハ ニ

筆 記 試 験　　令和２年〔pm〕

問題１．一般問題（問題数 30，配点は１問当たり２点）

【注】本問題の計算で $\sqrt{2}$，$\sqrt{3}$ 及び円周率 π を使用する場合の数値は次によること。$\sqrt{2}=1.41$，$\sqrt{3}=1.73$，$\pi=3.14$

次の各問いには４通りの答え（イ，ロ，ハ，ニ）が書いてある。それぞれの問いに対して答えを１つ選びなさい。

なお，選択肢が数値の場合は最も近い値を選びなさい。

	問　い	答　え			
1	図のような直流回路で，a－b 間の電圧〔V〕は。 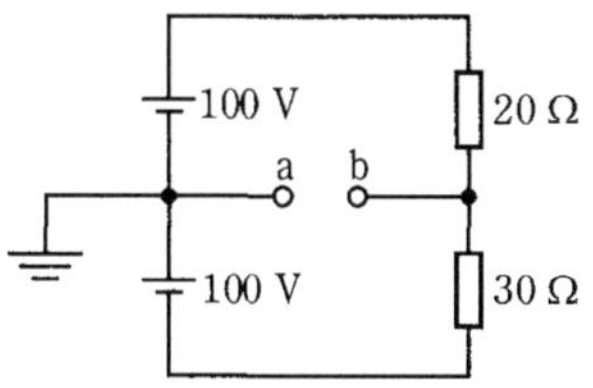 	イ．10	ロ．20	ハ．30	ニ．40
2	A，B ２本の同材質の銅線がある。A は直径 1.6 mm，長さ 100 m，B は直径 3.2 mm，長さ 50 m である。A の抵抗は B の抵抗の何倍か。	イ．1	ロ．2	ハ．4	ニ．8
3	電線の接続不良により，接続点の接触抵抗が 0.2 Ωとなった。この電線に 10 A の電流が流れると，接続点から１時間に発生する熱量〔kJ〕は。 ただし，接触抵抗の値は変化しないものとする。	イ．72	ロ．144	ハ．288	ニ．576
4	図のような交流回路で，電源電圧 204 V，抵抗の両端の電圧が 180 V，リアクタンスの両端の電圧が 96 V であるとき，負荷の力率〔%〕は。 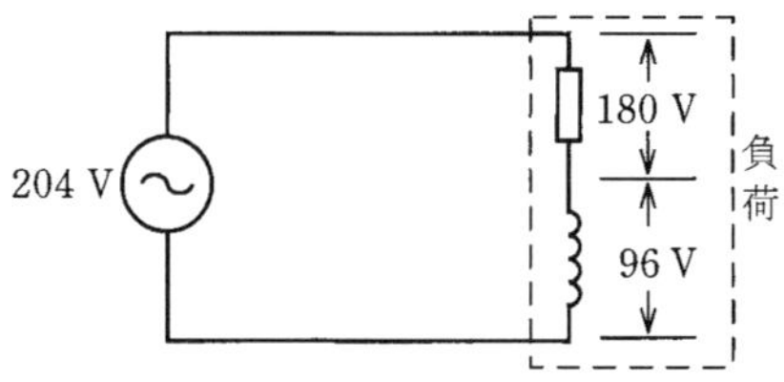 	イ．35	ロ．47	ハ．65	ニ．88
5	図のような三相負荷に三相交流電圧を加えたとき，各線に 15 A の電流が流れた。線間電圧 E〔V〕は。 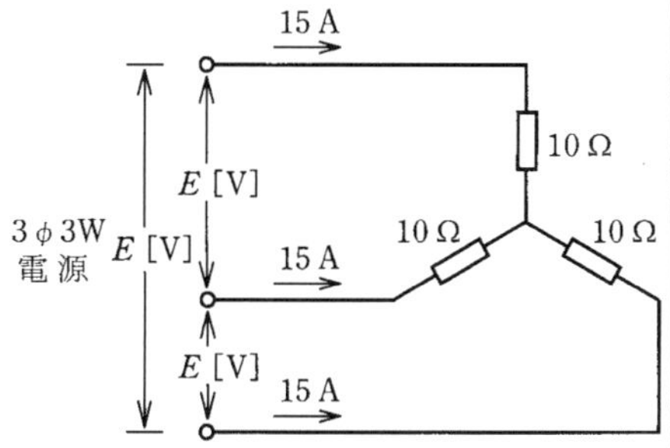 	イ．150	ロ．212	ハ．260	ニ．300

	問い	答え			
6	図のように，電線のこう長 12 m の配線により，消費電力 1600 W の抵抗負荷に電力を供給した結果，負荷の両端の電圧は 100 V であった。配線における電圧降下［V］は。 ただし，電線の電気抵抗は長さ1000 m当たり 5.0 Ωとする。 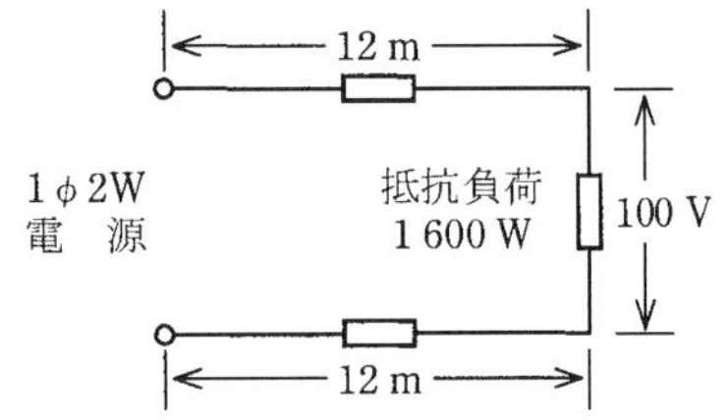12 m 1φ2W 電　源 抵抗負荷 1 600 W 100 V 12 m	イ．1	ロ．2	ハ．3	ニ．4
7	図のような単相 3 線式回路で，電線 1 線当たりの抵抗が 0.1 Ω，抵抗負荷に流れる電流がともに 20 A のとき，この電線路の電力損失［W］は。 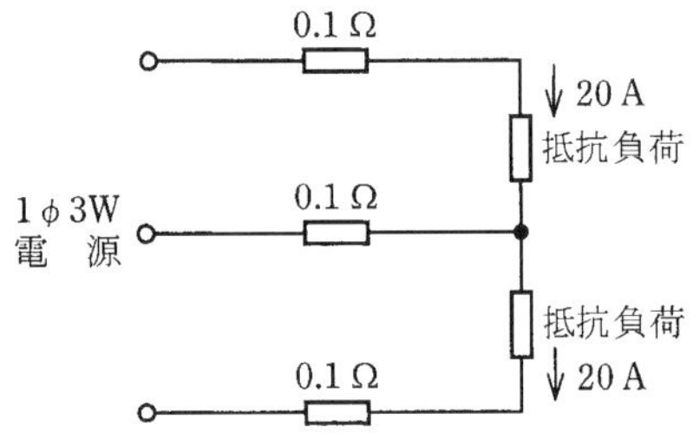0.1 Ω 20 A 抵抗負荷 1φ3W 電　源 0.1 Ω 抵抗負荷 0.1 Ω 20 A	イ．40	ロ．69	ハ．80	ニ．120
8	金属管による低圧屋内配線工事で，管内に断面積 3.5 mm^2 の 600V ビニル絶縁電線（軟銅線）4 本を収めて施設した場合，電線 1 本当たりの許容電流［A］は。 ただし，周囲温度は 30℃以下，電流減少係数は 0.63 とする。	イ．19	ロ．23	ハ．31	ニ．49
9	定格電流 12 A の電動機 5 台が接続された単相 2 線式の低圧屋内幹線がある。この幹線の太さを決定するための根拠となる電流の最小値［A］は。 ただし，需要率は 80％とする。	イ．48	ロ．60	ハ．66	ニ．75

	問い	答え

10　低圧屋内配線の分岐回路の設計で，配線用遮断器，分岐回路の電線の太さ及びコンセントの組合せとして，**適切なものは。**

ただし，分岐点から配線用遮断器までは 3 m，配線用遮断器からコンセントまでは 8 m とし，電線の数値は分岐回路の電線（軟銅線）の太さを示す。

また，コンセントは兼用コンセントではないものとする。

イ．　　ロ．　　ハ．　　ニ．

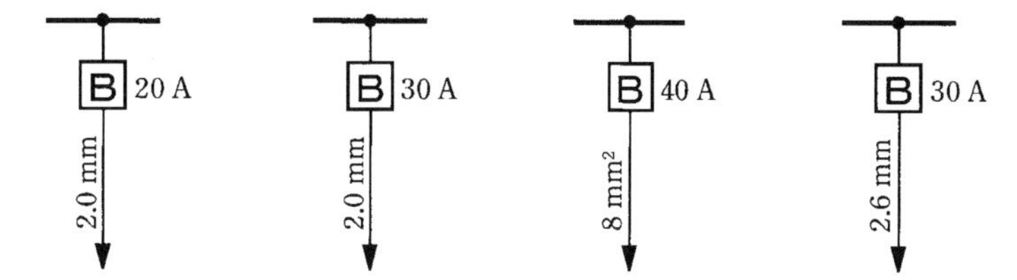

イ．定格電流 30 A のコンセント 1個　ロ．定格電流 30 A のコンセント 1個　ハ．定格電流 30 A のコンセント 1個　ニ．定格電流 15 A のコンセント 2個

11　多数の金属管が集合する場所等で，通線を容易にするために用いられるものは。

イ．分電盤
ロ．プルボックス
ハ．フィクスチュアスタッド
ニ．スイッチボックス

12　絶縁物の最高許容温度が最も高いものは。

イ．600V 架橋ポリエチレン絶縁ビニルシースケーブル（CV）
ロ．600V 二種ビニル絶縁電線（HIV）
ハ．600V ビニル絶縁ビニルシースケーブル丸形（VVR）
ニ．600V ビニル絶縁電線（IV）

13　ねじなし電線管の曲げ加工に使用する工具は。

イ．トーチランプ
ロ．ディスクグラインダ
ハ．パイプレンチ
ニ．パイプベンダ

14　定格周波数60 Hz，極数4の低圧三相かご形誘導電動機の同期速度［min^{-1}］は。

イ．1 200　ロ．1 500　ハ．1 800　ニ．3 000

15　漏電遮断器に内蔵されている零相変流器の役割は。

イ．不足電圧の検出
ロ．短絡電流の検出
ハ．過電圧の検出
ニ．地絡電流の検出

	問　い	答　え
16	写真に示す材料の名称は。 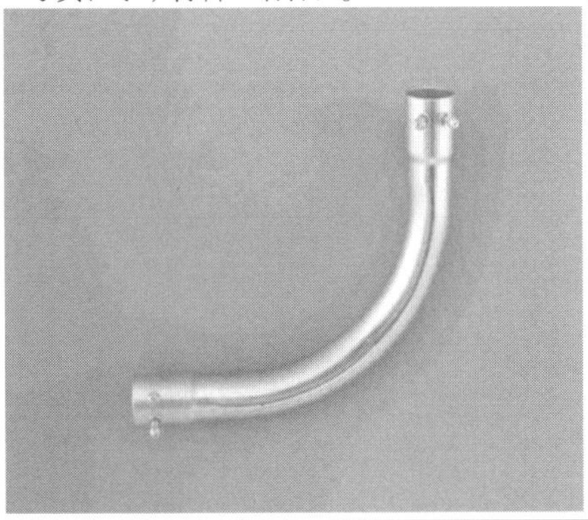	イ．ユニバーサル ロ．ノーマルベンド ハ．ベンダ ニ．カップリング
17	写真に示す機器の用途は。 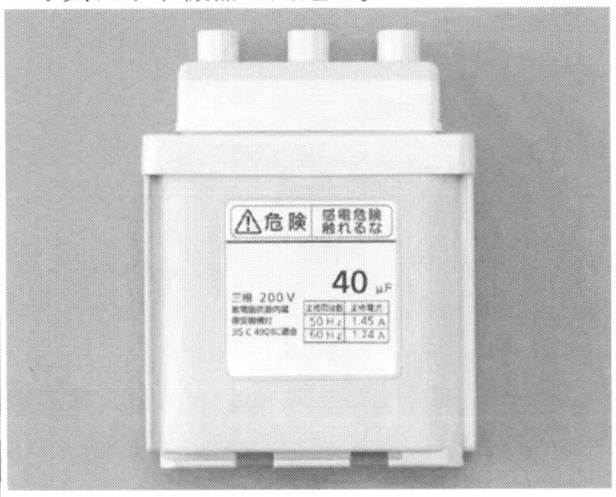	イ．回路の力率を改善する。 ロ．地絡電流を検出する。 ハ．ネオン放電灯を点灯させる。 ニ．水銀灯の放電を安定させる。
18	写真に示す測定器の名称は。 	イ．周波数計 ロ．検相器 ハ．照度計 ニ．クランプ形電流計
19	600V ビニル絶縁ビニルシースケーブル平形 1.6 mm を使用した低圧屋内配線工事で，絶縁電線相互の終端接続部分の絶縁処理として，**不適切なものは。** ただし，ビニルテープは JIS に定める厚さ約 0.2 mm の電気絶縁用ポリ塩化ビニル粘着テープとする。	イ．リングスリーブ(E 形)により接続し，接続部分を自己融着性絶縁テープ(厚さ約 0.5 mm)で半幅以上重ねて 1 回(2 層)巻いた。 ロ．リングスリーブ(E 形)により接続し，接続部分を黒色粘着性ポリエチレン絶縁テープ(厚さ約 0.5 mm)で半幅以上重ねて 3 回(6 層)巻いた。 ハ．リングスリーブ(E 形)により接続し，接続部分をビニルテープで半幅以上重ねて 3 回(6 層)巻いた。 ニ．差込形コネクタにより接続し，接続部分をビニルテープで巻かなかった。
20	使用電圧 100 V の屋内配線の施設場所による工事の種類として，**適切なものは。**	イ．点検できない隠ぺい場所であって，乾燥した場所の金属線ぴ工事 ロ．点検できない隠ぺい場所であって，湿気の多い場所の平形保護層工事 ハ．展開した場所であって，湿気の多い場所のライティングダクト工事 ニ．展開した場所であって，乾燥した場所の金属ダクト工事

	問　い	答　え
21	店舗付き住宅に三相 200 V，定格消費電力 2.8 kW のルームエアコンを施設する屋内配線工事の方法として，**不適切なものは。**	イ．屋内配線には，簡易接触防護措置を施す。 ロ．電路には，漏電遮断器を施設する。 ハ．電路には，他負荷の電路と共用の配線用遮断器を施設する。 ニ．ルームエアコンは，屋内配線と直接接続して施設する。
22	機械器具の金属製外箱に施す D 種接地工事に関する記述で，**不適切なものは。**	イ．一次側 200 V，二次側 100 V，3 kV･A の絶縁変圧器(二次側非接地)の二次側電路に電動丸のこぎりを接続し，接地を施さないで使用した。 ロ．三相 200 V 定格出力 0.75 kW 電動機外箱の接地線に直径 1.6 mm の IV 電線(軟銅線)を使用した。 ハ．単相 100 V 移動式の電気ドリル(一重絶縁)の接地線として多心コードの断面積 0.75 mm^2 の 1 心を使用した。 ニ．単相 100 V 定格出力 0.4 kW の電動機を水気のある場所に設置し，定格感度電流 15 mA，動作時間 0.1 秒の電流動作型漏電遮断器を取り付けたので，接地工事を省略した。
23	電磁的不平衡を生じないように，電線を金属管に挿入する方法として，**適切なものは。**	イ．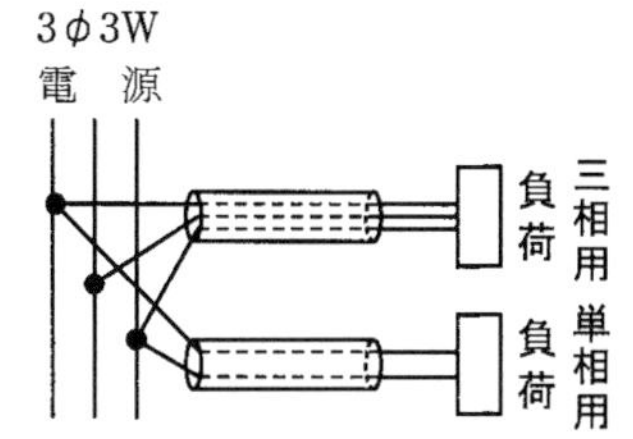 ロ．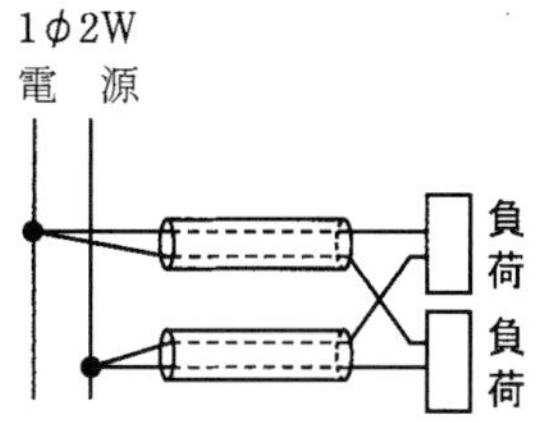 ハ．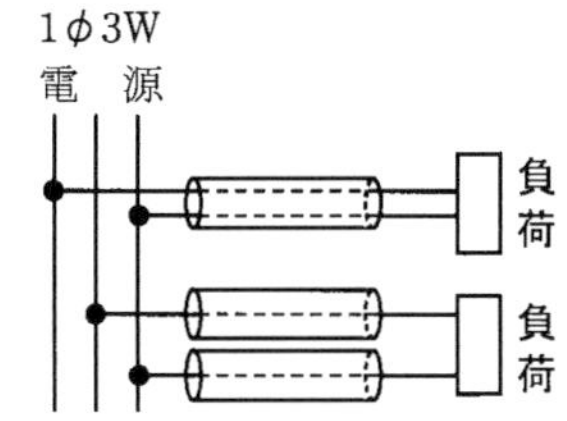 ニ．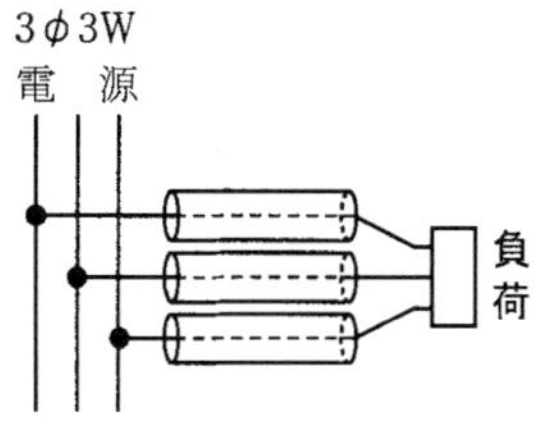
24	回路計(テスタ)に関する記述として，**正しいものは。**	イ．アナログ式で交流又は直流電圧を測定する場合は，あらかじめ想定される値の直近上位のレンジを選定して使用する。 ロ．抵抗を測定する場合の回路計の端子における出力電圧は，交流電圧である。 ハ．ディジタル式は電池を内蔵しているが，アナログ式は電池を必要としない。 ニ．電路と大地間の抵抗測定を行った。その測定値は電路の絶縁抵抗値として使用してよい。
25	単相 3 線式 100/200 V の屋内配線において，開閉器又は過電流遮断器で区切ることができる電路ごとの絶縁抵抗の最小値として，「電気設備に関する技術基準を定める省令」に規定されている値［MΩ］の組合せで，**正しいものは。**	イ．電路と大地間　0.2 　　電線相互間　0.4 ロ．電路と大地間　0.2 　　電線相互間　0.2 ハ．電路と大地間　0.1 　　電線相互間　0.1 ニ．電路と大地間　0.1 　　電線相互間　0.2

	問　い	答　え
26	直読式接地抵抗計(アーステスタ)を使用して直読で接地抵抗を測定する場合，補助接地極(2箇所)の配置として，**適切なものは**。	イ．被測定接地極を端とし，一直線上に2箇所の補助接地極を順次10 m程度離して配置する。 ロ．被測定接地極を中央にして，左右一直線上に補助接地極を5 m程度離して配置する。 ハ．被測定接地極を端とし，一直線上に2箇所の補助接地極を順次1 m程度離して配置する。 ニ．被測定接地極と2箇所の補助接地極を相互に5 m程度離して正三角形に配置する。
27	導通試験の目的として，**誤っているものは**。	イ．電路の充電の有無を確認する。 ロ．器具への結線の未接続を発見する。 ハ．電線の断線を発見する。 ニ．回路の接続の正誤を判別する。
28	電気の保安に関する法令についての記述として，**誤っているものは**。	イ．「電気工事士法」は，電気工事の作業に従事する者の資格及び義務を定めた法律である。 ロ．一般用電気工作物の定義は，「電気設備に関する技術基準を定める省令」において定めている。 ハ．「電気用品安全法」は，電気用品の製造，販売等を規制することなどにより，電気用品による危険及び障害の発生を防止することを目的とした法律である。 ニ．「電気用品安全法」では，電気工事士は，同法に基づく表示のない電気用品を電気工事に使用してはならないと定めている。
29	「電気用品安全法」において，特定電気用品の適用を受けるものは。	イ．外径25 mmの金属製電線管 ロ．定格電流60 Aの配線用遮断器 ハ．ケーブル配線用スイッチボックス ニ．公称断面積150 mm^{2}の合成樹脂絶縁電線
30	一般用電気工作物の適用を受けるものは。 ただし，発電設備は電圧600 V以下で，同一構内に設置するものとする。	イ．低圧受電で，受電電力の容量が40 kW，出力15 kWの非常用内燃力発電設備を備えた映画館 ロ．高圧受電で，受電電力の容量が55 kWの機械工場 ハ．低圧受電で，受電電力の容量が40 kW，出力15 kWの太陽電池発電設備を備えた幼稚園 ニ．高圧受電で，受電電力の容量が55 kWのコンビニエンスストア

問題２．配線図（問題数 20，配点は１問当たり２点）　　※図は１３頁参照

図は，鉄骨軽量コンクリート造店舗平屋建の配線図である。この図に関する次の各問いには４通りの答え（**イ**，**ロ**，**ハ**，**ニ**）が書いてある。それぞれの問いに対して，答えを１つ選びなさい。

【注意】 1．屋内配線の工事は，特記のある場合を除き 600V ビニル絶縁ビニルシースケーブル平形（VVF）を用いたケーブル工事である。
2．屋内配線等の電線の本数，電線の太さ，その他，問いに直接関係のない部分等は省略又は簡略化してある。
3．漏電遮断器は，定格感度電流 30 mA，動作時間 0.1 秒以内のものを使用している。
4．選択肢（答え）の写真にあるコンセント及び点滅器は，「JIS C 0303：2000 構内電気設備の配線用図記号」で示す「一般形」である。
5．ジョイントボックスを経由する電線は，すべて接続箇所を設けている。

	問い	答え
31	①で示すコンセントの極配置（刃受）は。	**イ**．  **ロ**．  **ハ**．  **ニ**． 
32	②で示す図記号の器具の取り付け場所は。	**イ**．天井面　**ロ**．壁面　**ハ**．床面　**ニ**．二重床面
33	③で示す図記号の配線方法は。	**イ**．天井隠ぺい配線　**ロ**．壁隠ぺい配線 **ハ**．床隠ぺい配線　**ニ**．露出配線
34	④で示す部分の配線工事で用いる管の種類は。	**イ**．硬質塩化ビニル電線管 **ロ**．耐衝撃性硬質塩化ビニル電線管 **ハ**．耐衝撃性硬質塩化ビニル管 **ニ**．波付硬質合成樹脂管
35	⑤で示す図記号の器具の名称は。	**イ**．配線用遮断器　**ロ**．漏電遮断器（過負荷保護付） **ハ**．モータブレーカ　**ニ**．カットアウトスイッチ
36	⑥で示す部分の電路と大地間との絶縁抵抗として，許容される最小値［MΩ］は。	**イ**．0.1　**ロ**．0.2　**ハ**．0.4　**ニ**．1.0
37	⑦で示す図記号の器具の名称は。	**イ**．電磁開閉器　**ロ**．押しボタンスイッチ **ハ**．リモコンリレー　**ニ**．リモコンセレクタスイッチ
38	⑧で示す部分の接地工事の種類と接地線の最小太さの組合せで，**正しいものは**。	**イ**．A 種接地工事　2.6 mm **ロ**．A 種接地工事　1.6 mm **ハ**．D 種接地工事　2.6 mm **ニ**．D 種接地工事　1.6 mm
39	⑨で示す図記号の器具を用いる目的は。	**イ**．不平衡電流を遮断する。 **ロ**．地絡電流のみを遮断する。 **ハ**．過電流と地絡電流を遮断する。 **ニ**．過電流のみを遮断する。
40	⑩で示す引込線取付点の地表上の高さの最低値［m］は。 ただし，引込線は道路を横断せず，技術上やむを得ない場合で，交通に支障がないものとする。	**イ**．2.0　**ロ**．2.5　**ハ**．3.0　**ニ**．3.5

（次頁へ続く）

	問　い	答　え
41	⑪で示す図記号のものは。	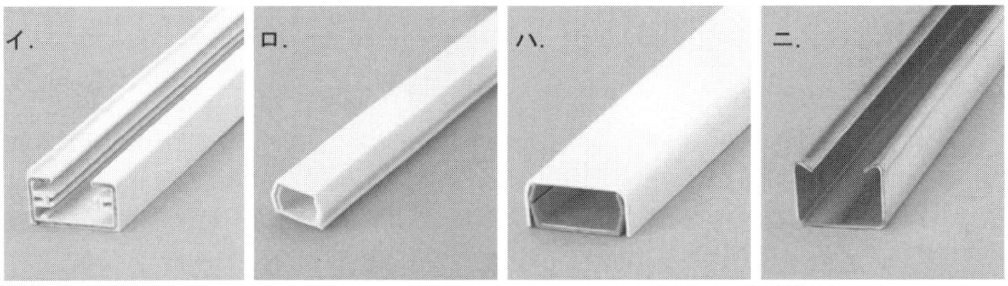イ. ロ. ハ. ニ.
42	⑫で示す部分の接続作業に使用される組合せは。	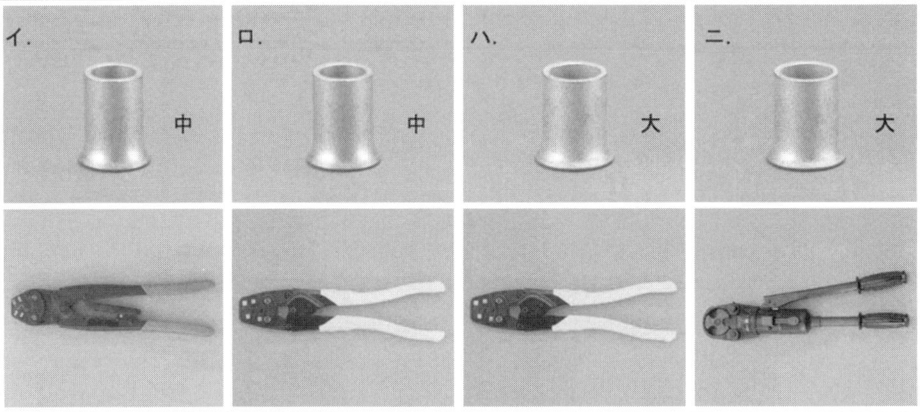イ. 中 ロ. 中 ハ. 大 ニ. 大
43	⑬で示す図記号の器具は。	イ. ロ. ハ. ON OFF ニ.
44	⑭で示す図記号の器具は。	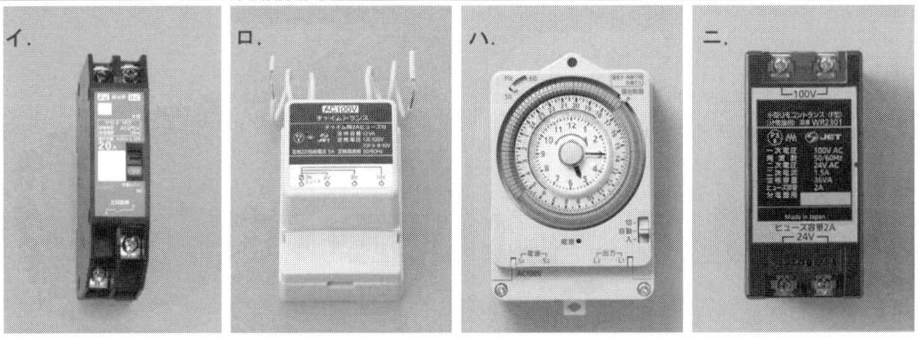イ. ロ. ハ. ニ.
45	⑮で示すボックス内の接続をすべて差込形コネクタとする場合，使用する差込形コネクタの種類と最少個数の組合せで，**正しいものは。** ただし，使用する電線はVVF1.6とする。	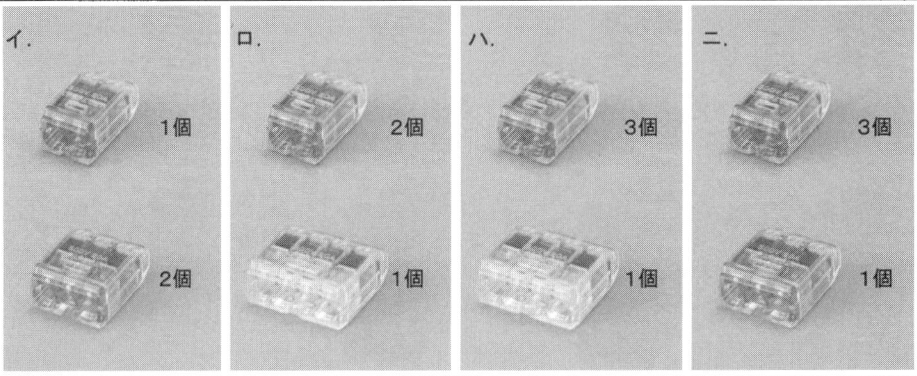イ. 1個 2個 ロ. 2個 1個 ハ. 3個 1個 ニ. 3個 1個

	問い	答え			
46	⑯で示す部分の配線工事に必要なケーブルは。 ただし，心線数は最少とする。	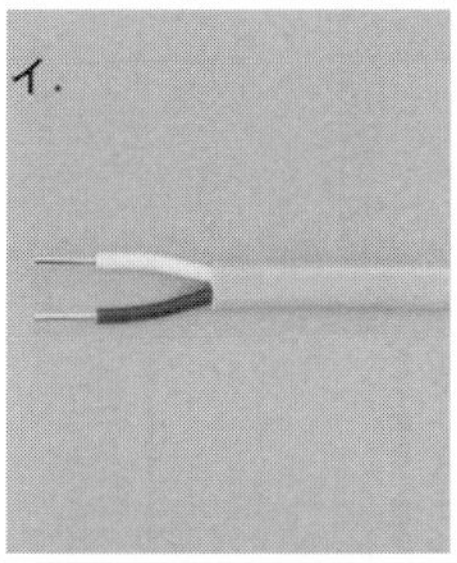イ.	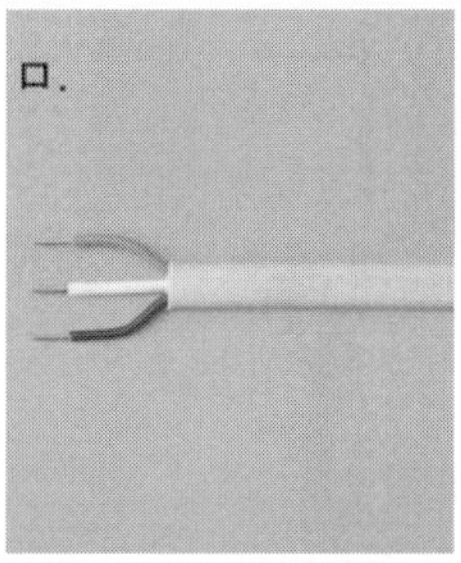ロ.	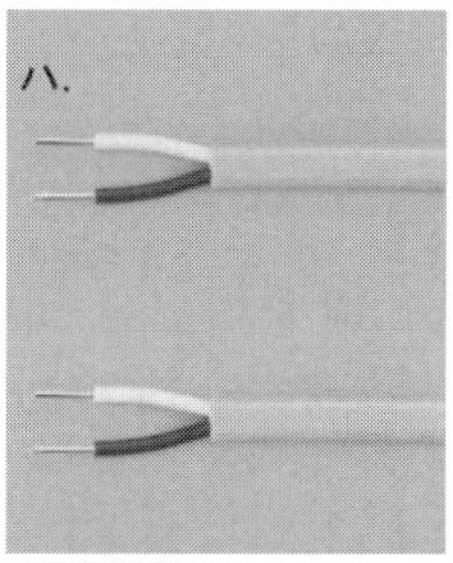ハ.	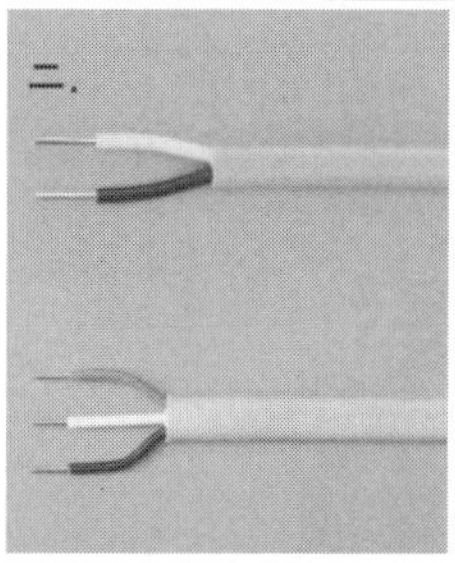ニ.
47	⑰で示すボックス内の接続をすべて圧着接続とする場合，使用するリングスリーブの種類，個数及び刻印の組合せで，**正しいものは。** ただし，使用する電線は特記のないものは VVF1.6 とする。 また，写真に示す**リングスリーブ中央の○，小，中**は刻印を表す。	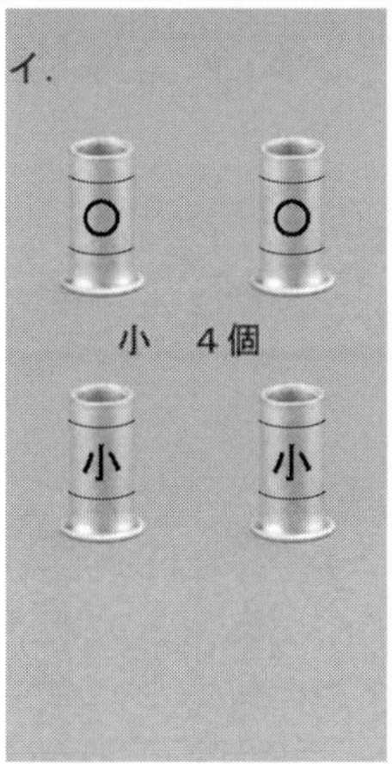イ. ○ ○ 小　4個 小 小	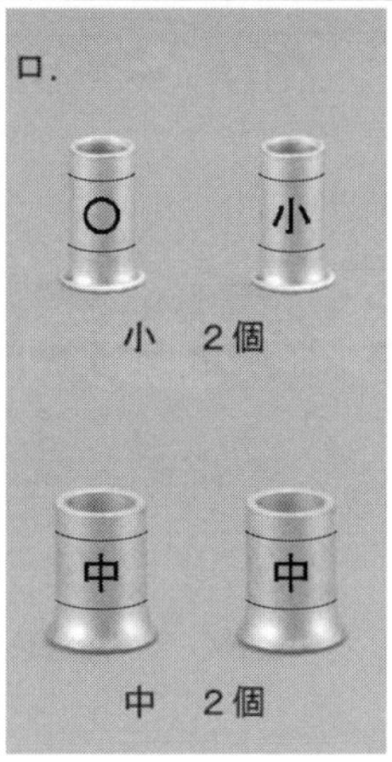ロ. ○ 小 小　2個 中 中 中　2個	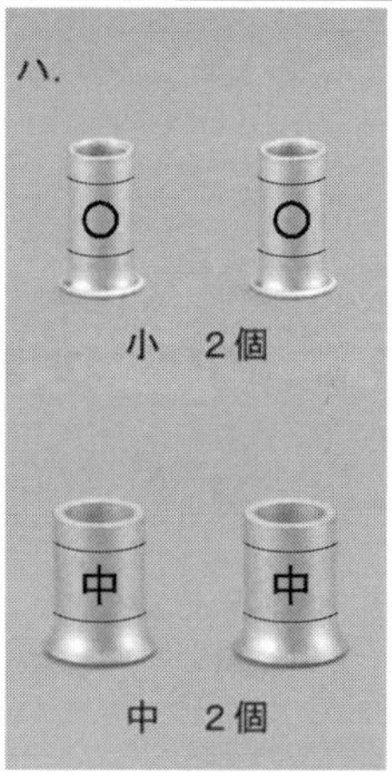ハ. ○ ○ 小　2個 中 中 中　2個	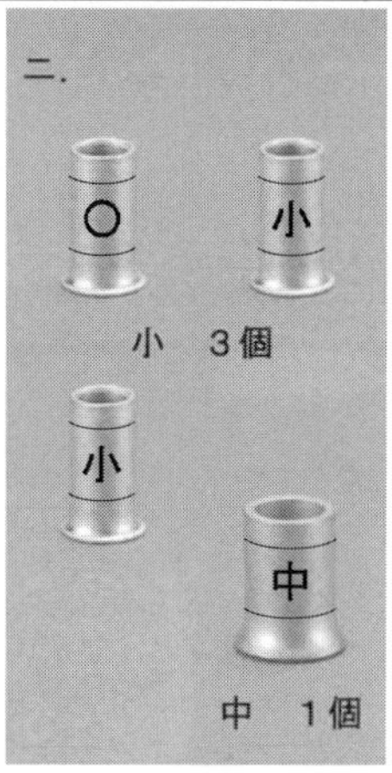ニ. ○ 小 小　3個 小 中 中　1個
48	⑱で示す分電盤（金属製）の穴あけに**使用されることのないものは。**	イ.	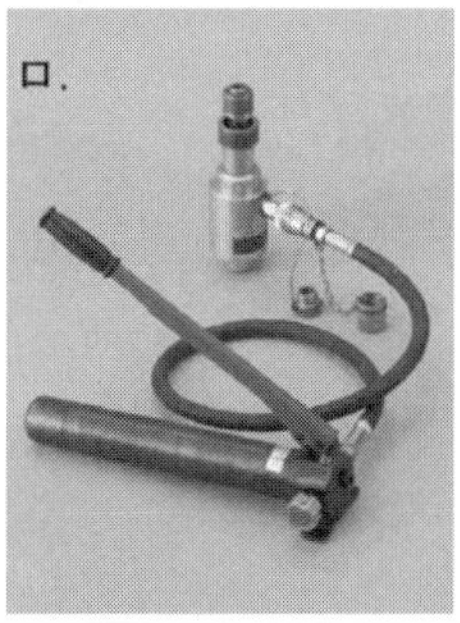ロ.	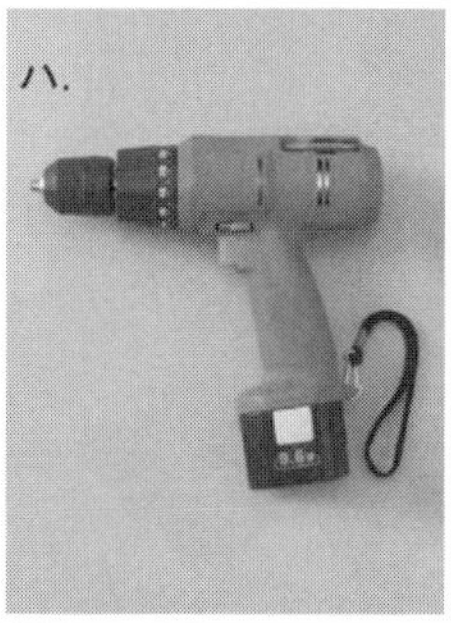ハ.	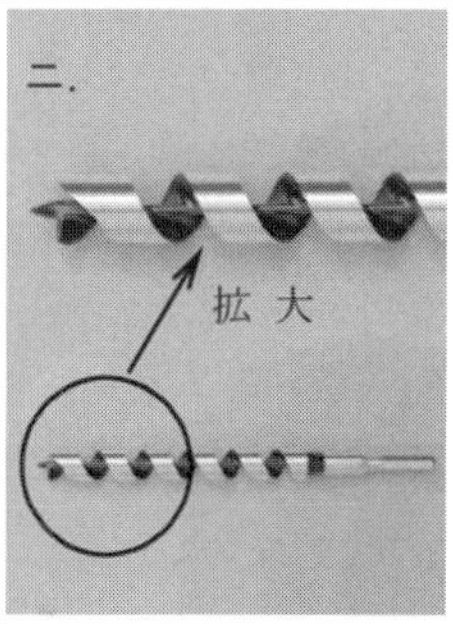ニ. 拡 大
49	この配線図の図記号で，**使用されていない**コンセントは。	イ.	ロ.	ハ.	ニ.
50	この配線図の図記号で，使用されているプルボックスとその個数の組合せは。	イ. 1個	ロ. 2個	ハ. 3個	ニ. 4個

図面を引き抜いてご覧ください

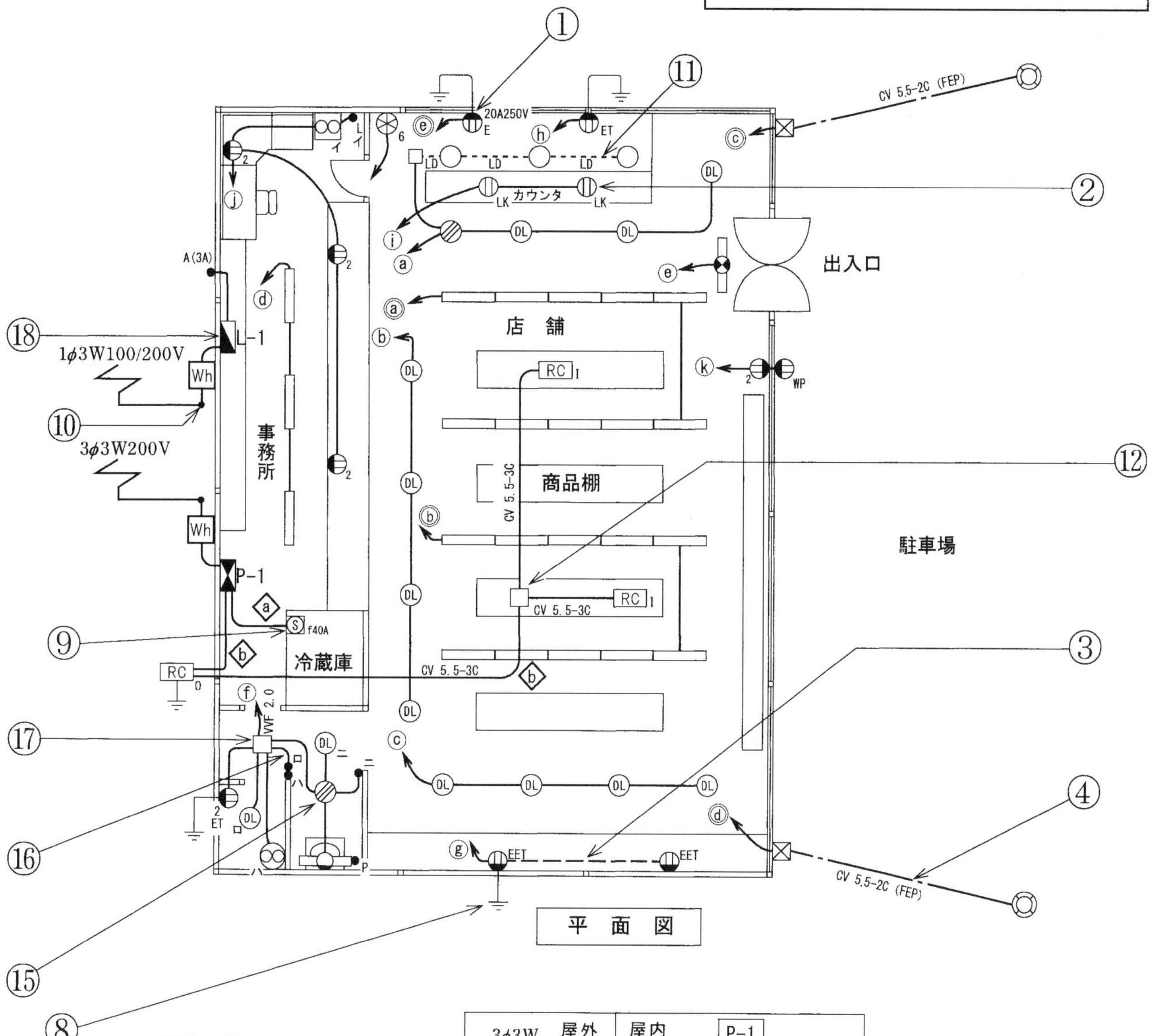

平面図

回路の符号

○印は単相100V回路
◎印は単相200V回路
◇印は三相200V回路

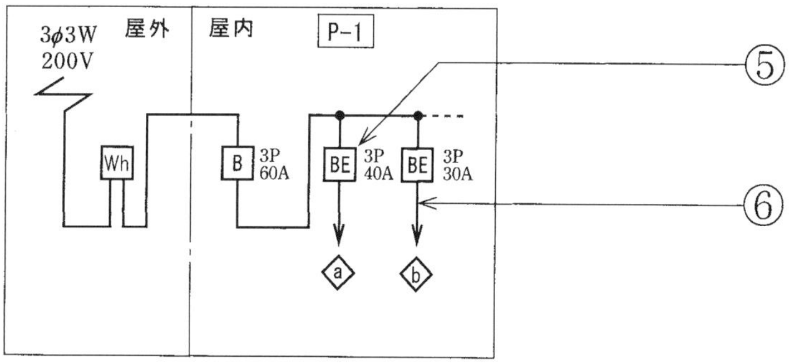

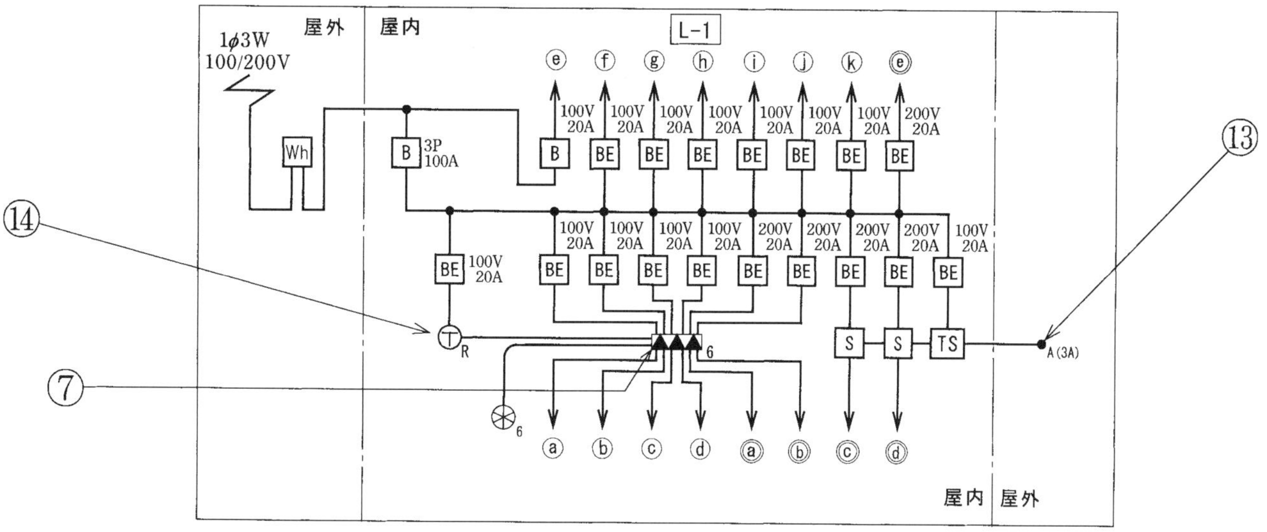

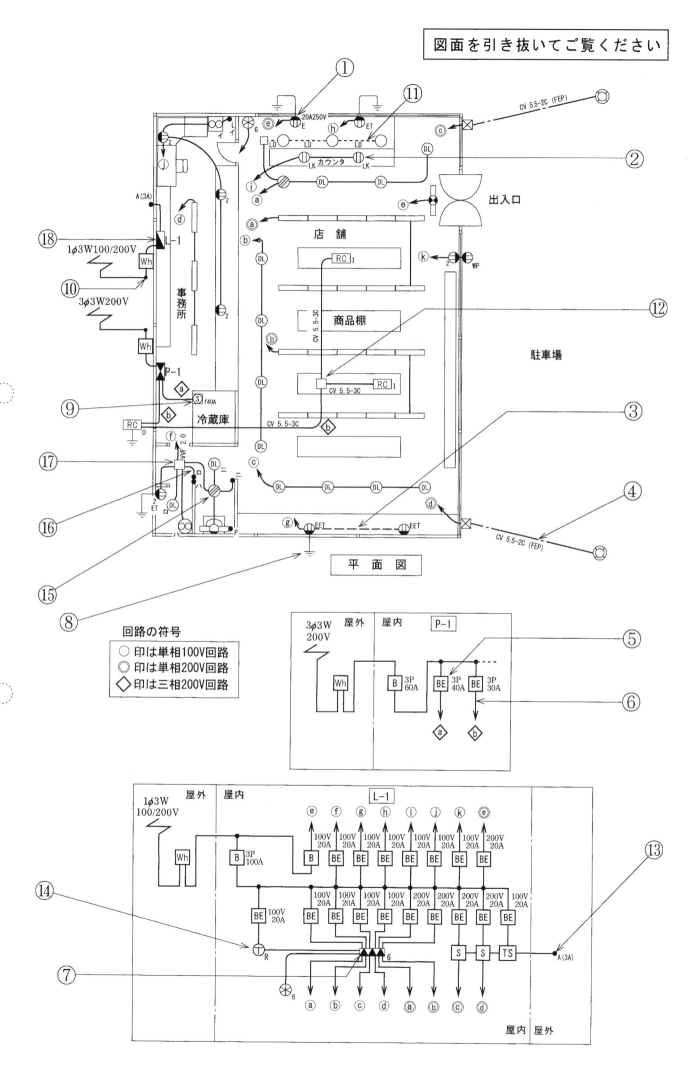

令和２年度（pm）　筆記試験 解答

1　ロ　$I=\dfrac{100+100}{20+30}=\dfrac{200}{50}=4$〔A〕　$4\times30=120$〔V〕

$V_{ab}=120-100=20$〔V〕

2　ニ　$A_A=\dfrac{\pi D^2}{4}=\dfrac{3.14\times1.6^2}{4}\fallingdotseq2$〔$mm^2$〕

$A_B=\dfrac{\pi D^2}{4}=\dfrac{3.14\times3.2^2}{4}\fallingdotseq8$〔$mm^2$〕

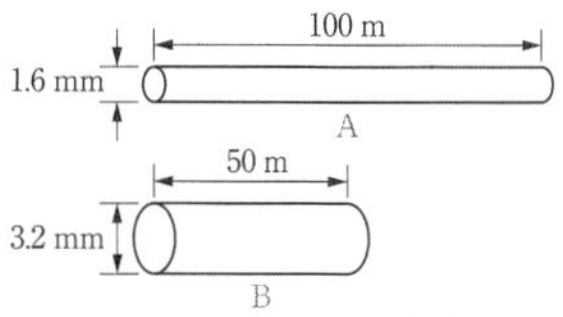

$R_A=\rho\dfrac{l_A}{A_A}=\rho\times\dfrac{100}{2}=50\rho$〔Ω〕

$R_B=\rho\dfrac{l_B}{A_B}=\rho\times\dfrac{50}{8}=\dfrac{50\rho}{8}$〔Ω〕

$\dfrac{R_A}{R_B}=\dfrac{50\rho}{\dfrac{50\rho}{8}}=50\rho\times\dfrac{8}{50\rho}=8$

3　イ　$P=I^2R=10^2\times0.2=100\times0.2=20$〔W〕$=0.02$〔kW〕

$Q=3600Pt=3600\times0.02\times1=72$〔kJ〕

4　ニ　力率 $\cos\theta=\dfrac{180}{204}\times100\fallingdotseq88$〔%〕

5　ハ　線間電圧 $E=\sqrt{3}\times150=1.73\times150\fallingdotseq260$〔V〕

6　ロ　$I=\dfrac{P}{V}=\dfrac{1600}{100}=16$〔A〕

$r=\dfrac{5}{1000}\times12=0.06$〔Ω〕

$v=2Ir=2\times16\times0.06\fallingdotseq2$〔V〕

7　ハ　$P_l=2I^2r=2\times20^2\times0.1=800\times0.1=80$〔W〕

8　ロ　断面積が3.5 mm^2の600Vビニル絶縁電線（軟銅線）の許容電流は37 Aである。

$37\times0.63=23.31\rightarrow23$〔A〕

9　ロ　電技解釈第148条より

$I_M=12\times5\times0.8=60\times0.8=48$〔A〕

$I_w\geqq1.25I_M+I_H=1.25\times48+0=60$〔A〕

10　ハ　電技解釈第 149 条（低圧分岐回路等の施設）より
ハの分岐回路は，40 A配線用遮断器の分岐回路

11　ロ　略

12　イ　架橋ポリエチレンの最高許容温度が，90℃で最も高い

13　ニ　略

14　ハ　$N_S=\dfrac{120f}{p}=\dfrac{120\times60}{4}=1800$〔$min^{-1}$〕

15　ニ　地絡電流の検出

16　ロ　略

17　イ　略

18　ハ　略

19　イ　電技解釈第 12 条（電線の接続法），
内線規程 1335 - 7（電線の接続）より

20　ニ　略

21　ハ　電技第 143 条（電路の対地電圧の制限）により，専用の開閉器及び過電流遮断器を施設する。

22　ニ　水気のある場所では，接地工事は省略できない。

23　イ　内線規程 3110 - 2（電磁的平衡）により，1 回路の電線全部を同一の金属管に収める。

24　イ　略

25　ハ　電技第 58 条（低圧の電路の絶縁性能）により，
単相 3 線式 100/200〔V〕の使用電圧は 200〔V〕で，対地電圧が 100〔V〕であることから，いずれも 0.1 MΩ以上あればよい。

26　イ　（図参照）

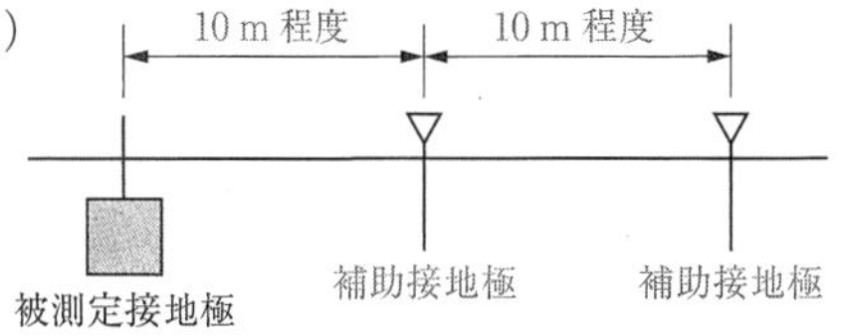

27　イ　略

28　ロ　略

29　ロ　定格電流が 100〔A〕以下のものが特定電気用品の適用を受ける

30　ハ　電気事業法第 38 条，施行規則第 48 条（一般用電気工作物の範囲による）

31　ロ　略

32　イ　略

33　ハ　略

34　ニ　波付硬質合成樹脂管(FEP)

35　ロ　略

36　ロ　略

37　ハ　略

38　ニ　略

39　ニ　略

40　ロ　略

41　イ　略

42　ハ　略

43　イ　略

44　ニ　略

45　イ　2 本用 1 個，3 本用 2 個

46　ロ　（図参照）

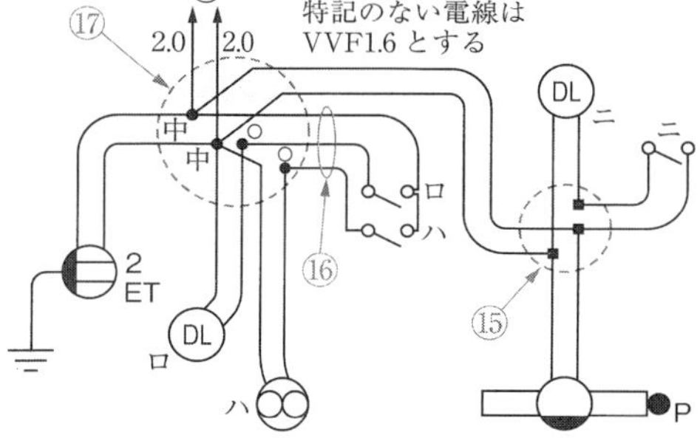

47　ハ　略

48　ニ　略

49　ニ　ニの図記号は  で，使用されていない。

50　ロ　略

第二種電気工事士　筆記模擬試験の答案用紙

令和　2　年〔am〕

受験番号を数字で記入して下さい。➡

受験番号に該当する位置にマークして下さい。➡

受験番号								
百万の位	十万の位	万の位	千の位	百の位	十の位	一の位	記号	
(0)	(0)	(0)	(0)	(0)	(0)	(0)	(A)	A
(1)	(1)	(1)	(1)	(1)	(1)	(1)	(E)	E
(2)	(2)	(2)	(2)	(2)	(2)	(2)	(F)	F
(3)	(3)	(3)	(3)	(3)	(3)	(3)	(G)	G
(4)	(4)	(4)	(4)	(4)	(4)	(4)	(K)	K
(5)	(5)	(5)	(5)	(5)	(5)	(5)	(P)	P
(6)	(6)	(6)	(6)	(6)	(6)	(6)	(T)	T
(7)	(7)	(7)	(7)	(7)	(7)	(7)		
(8)	(8)	(8)	(8)	(8)	(8)	(8)		
(9)	(9)	(9)	(9)	(9)	(9)	(9)		

よい例	わるい例

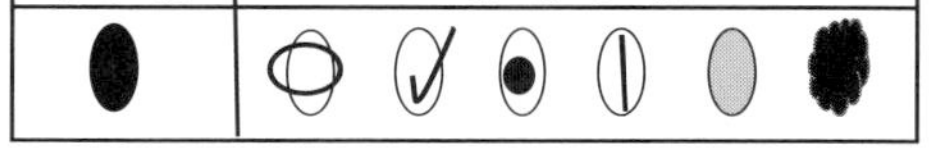

1. マークは上の例のようにマークすること。
2. 氏名・生年月日・試験地・受験番号を必ず記入すること。
3. 受験番号は欄外にはみださないように正確に記入し、必ず該当する番号にマークすること。
4. マークの記入にあったては濃度HBの黒鉛筆を使用すること。
5. 誤ってマークしたときは、跡の残らないようにプラスチック消しゴムできれいに消すこと。
6. 答の欄は各問につき一つだけマークすること。
7. 用紙は絶対に折り曲げたり汚したりしないこと。

氏　　名

生　年　月　日
昭和 平成　　年　　月　　日

試　験　地

（2点×30問）

問題 1. 一般問題

問	答	問	答	問	答
1	(イ) (ロ) (ハ) (ニ)	11	(イ) (ロ) (ハ) (ニ)	21	(イ) (ロ) (ハ) (ニ)
2	(イ) (ロ) (ハ) (ニ)	12	(イ) (ロ) (ハ) (ニ)	22	(イ) (ロ) (ハ) (ニ)
3	(イ) (ロ) (ハ) (ニ)	13	(イ) (ロ) (ハ) (ニ)	23	(イ) (ロ) (ハ) (ニ)
4	(イ) (ロ) (ハ) (ニ)	14	(イ) (ロ) (ハ) (ニ)	24	(イ) (ロ) (ハ) (ニ)
5	(イ) (ロ) (ハ) (ニ)	15	(イ) (ロ) (ハ) (ニ)	25	(イ) (ロ) (ハ) (ニ)
6	(イ) (ロ) (ハ) (ニ)	16	(イ) (ロ) (ハ) (ニ)	26	(イ) (ロ) (ハ) (ニ)
7	(イ) (ロ) (ハ) (ニ)	17	(イ) (ロ) (ハ) (ニ)	27	(イ) (ロ) (ハ) (ニ)
8	(イ) (ロ) (ハ) (ニ)	18	(イ) (ロ) (ハ) (ニ)	28	(イ) (ロ) (ハ) (ニ)
9	(イ) (ロ) (ハ) (ニ)	19	(イ) (ロ) (ハ) (ニ)	29	(イ) (ロ) (ハ) (ニ)
10	(イ) (ロ) (ハ) (ニ)	20	(イ) (ロ) (ハ) (ニ)	30	(イ) (ロ) (ハ) (ニ)

（2点×20問）

問題 2. 配線図

問	答	問	答
31	(イ) (ロ) (ハ) (ニ)	41	(イ) (ロ) (ハ) (ニ)
32	(イ) (ロ) (ハ) (ニ)	42	(イ) (ロ) (ハ) (ニ)
33	(イ) (ロ) (ハ) (ニ)	43	(イ) (ロ) (ハ) (ニ)
34	(イ) (ロ) (ハ) (ニ)	44	(イ) (ロ) (ハ) (ニ)
35	(イ) (ロ) (ハ) (ニ)	45	(イ) (ロ) (ハ) (ニ)
36	(イ) (ロ) (ハ) (ニ)	46	(イ) (ロ) (ハ) (ニ)
37	(イ) (ロ) (ハ) (ニ)	47	(イ) (ロ) (ハ) (ニ)
38	(イ) (ロ) (ハ) (ニ)	48	(イ) (ロ) (ハ) (ニ)
39	(イ) (ロ) (ハ) (ニ)	49	(イ) (ロ) (ハ) (ニ)
40	(イ) (ロ) (ハ) (ニ)	50	(イ) (ロ) (ハ) (ニ)

筆記試験

令和2年〔am〕

問題1．一般問題（問題数30，配点は1問当たり2点）

【注】本問題の計算で $\sqrt{2}$，$\sqrt{3}$ 及び円周率 π を使用する場合の数値は次によること。$\sqrt{2}=1.41$，$\sqrt{3}=1.73$，$\pi=3.14$

次の各問いには4通りの答え（イ，ロ，ハ，ニ）が書いてある。それぞれの問いに対して答えを1つ選びなさい。

なお，選択肢が数値の場合は最も近い値を選びなさい。

	問　い	答　え			
1	図のような直流回路に流れる電流 I［A］は。 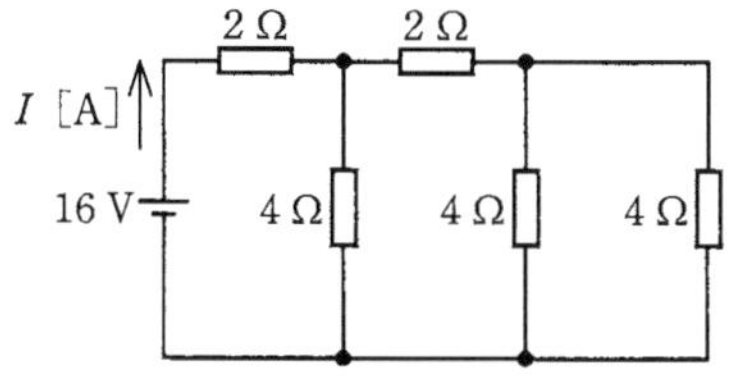 2 Ω 2 Ω I［A］ 16 V 4 Ω 4 Ω 4 Ω	イ．1	ロ．2	ハ．4	ニ．8
2	A，B 2本の同材質の銅線がある。A は直径 1.6 mm，長さ 20 m，B は直径 3.2 mm，長さ 40 m である。A の抵抗は B の抵抗の何倍か。	イ．2	ロ．3	ハ．4	ニ．5
3	電線の接続不良により，接続点の接触抵抗が 0.2 Ωとなった。この電線に 15 A の電流が流れると，接続点から1時間に発生する熱量［kJ］は。 ただし，接触抵抗の値は変化しないものとする。	イ．11	ロ．45	ハ．72	ニ．162
4	図のような交流回路の力率［%］を示す式は。 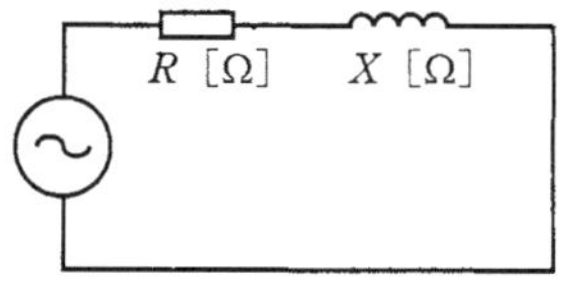 R［Ω］ X［Ω］	イ．$\dfrac{100RX}{R^2+X^2}$	ロ．$\dfrac{100R}{\sqrt{R^2+X^2}}$	ハ．$\dfrac{100X}{\sqrt{R^2+X^2}}$	ニ．$\dfrac{100R}{R+X}$
5	定格電圧 V［V］，定格電流 I［A］の三相誘導電動機を定格状態で時間 t［h］の間，連続運転したところ，消費電力量が W［kW・h］であった。この電動機の力率［%］を表す式は。	イ．$\dfrac{W}{3VIt}\times10^5$	ロ．$\dfrac{\sqrt{3}VI}{Wt}\times10^5$	ハ．$\dfrac{3VI}{W}\times10^5$	ニ．$\dfrac{W}{\sqrt{3}VIt}\times10^5$
6	図のような三相3線式回路において，電線1線当たりの抵抗が r［Ω］，線電流が I［A］のとき，この電線路の電力損失［W］を示す式は。 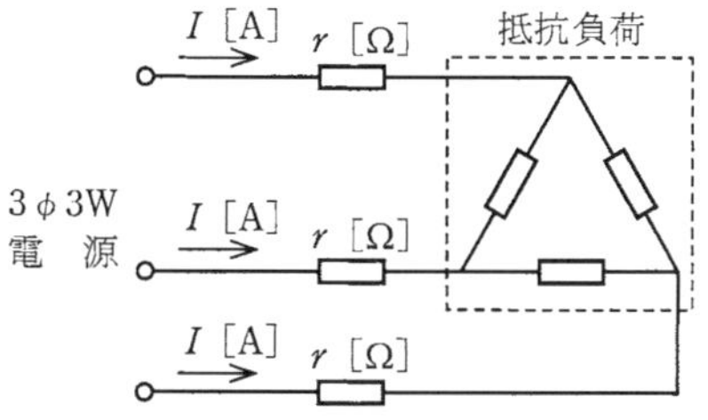 I［A］ r［Ω］ 抵抗負荷 3φ3W 電　源 I［A］ r［Ω］ I［A］ r［Ω］	イ．$\sqrt{3}I^2r$	ロ．$3Ir$	ハ．$3I^2r$	ニ．$\sqrt{3}Ir$

	問　い	答　え
7	図のような単相3線式回路において，電線1線当たりの抵抗が0.1 Ω，抵抗負荷に流れる電流がともに15 Aのとき，この電線路の電力損失［W］は。 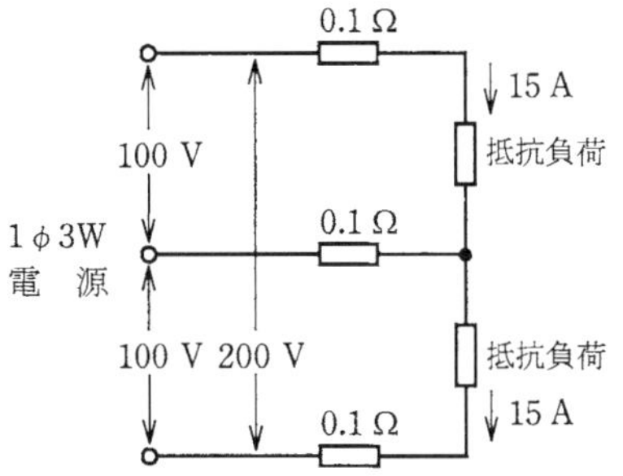 0.1 Ω 15 A 100 V 抵抗負荷 1 φ 3W 電　源 0.1 Ω 100 V 200 V 抵抗負荷 15 A 0.1 Ω	イ．45　　ロ．60　　ハ．90　　ニ．135
8	金属管による低圧屋内配線工事で，管内に断面積 $5.5\ mm^2$ の 600 V ビニル絶縁電線(軟銅線)4本を収めて施設した場合，電線1本当たりの許容電流［A］は。 ただし，周囲温度は30℃以下，電流減少係数は0.63とする。	イ．19　　ロ．24　　ハ．31　　ニ．49
9	図のように，三相の電動機と電熱器が低圧屋内幹線に接続されている場合，幹線の太さを決める根拠となる電流の最小値［A］は。 ただし，需要率は100%とする。 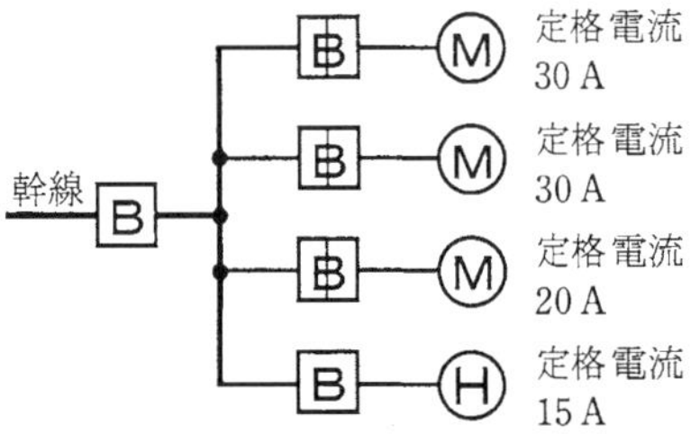 幹線 B B M 定格電流 30 A B M 定格電流 30 A B M 定格電流 20 A B H 定格電流 15 A	イ．95　　ロ．103　　ハ．115　　ニ．255
10	低圧屋内配線の分岐回路の設計で，配線用遮断器，分岐回路の電線の太さ及びコンセントの組合せとして，**適切なものは**。 ただし，分岐点から配線用遮断器までは3 m，配線用遮断器からコンセントまでは8 mとし，電線の数値は分岐回路の電線(軟銅線)の太さを示す。 また，コンセントは兼用コンセントではないものとする。	イ． 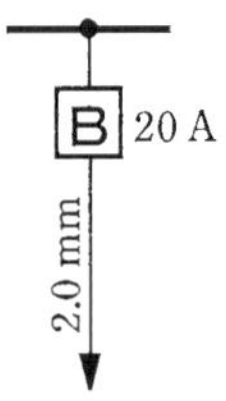 B 20 A 2.0 mm 定格電流30 Aのコンセント 1個 ロ． 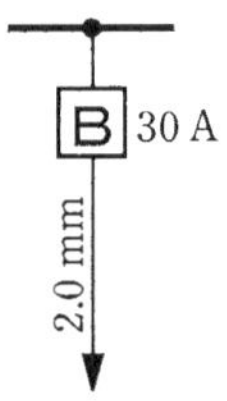 B 30 A 2.0 mm 定格電流20 Aのコンセント 2個 ハ． 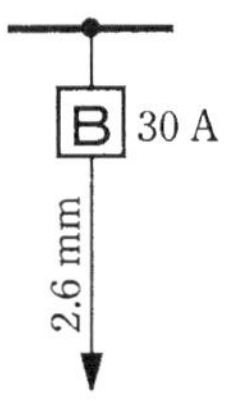 B 30 A 2.6 mm 定格電流15 Aのコンセント 1個 ニ． 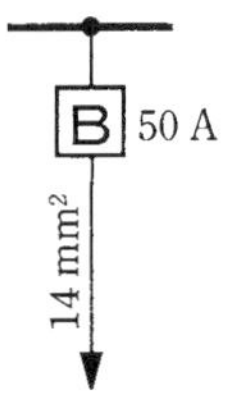 B 50 A 14 mm² 定格電流50 Aのコンセント 1個

問 い		答 え
11	低圧の地中配線を直接埋設式により施設する場合に**使用できるものは。**	イ．600V架橋ポリエチレン絶縁ビニルシースケーブル(CV) ロ．屋外用ビニル絶縁電線(OW) ハ．引込用ビニル絶縁電線(DV) ニ．600Vビニル絶縁電線(IV)
12	許容電流から判断して，公称断面積 1.25 mm^2 のゴムコード(絶縁物が天然ゴムの混合物)を使用できる最も消費電力の大きな電熱器具は。 ただし，電熱器具の定格電圧は 100 V で，周囲温度は 30℃以下とする。	イ．　600 W の電気炊飯器 ロ．1 000 W のオーブントースター ハ．1 500 W の電気湯沸器 ニ．2 000 W の電気乾燥器
13	電気工事の作業と使用する工具の組合せとして，**誤っているものは。**	イ．金属製キャビネットに穴をあける作業とノックアウトパンチャ ロ．木造天井板に電線管を通す穴をあける作業と羽根ぎり ハ．電線，メッセンジャワイヤ等のたるみを取る作業と張線器 ニ．薄鋼電線管を切断する作業とプリカナイフ
14	一般用低圧三相かご形誘導電動機に関する記述で，**誤っているものは。**	イ．負荷が増加すると回転速度はやや低下する。 ロ．全電圧始動(じか入れ)での始動電流は全負荷電流の 4～8 倍程度である。 ハ．電源の周波数が 60 Hz から 50 Hz に変わると回転速度が増加する。 ニ．3 本の結線のうちいずれか 2 本を入れ替えると逆回転する。
15	低圧電路に使用する定格電流30 Aの配線用遮断器に37.5Aの電流が継続して流れたとき，この配線用遮断器が自動的に動作しなければならない時間［分］の限度(最大の時間)は。	イ．2　　ロ．4　　ハ．60　　ニ．120
16	写真に示す材料が使用される工事は。 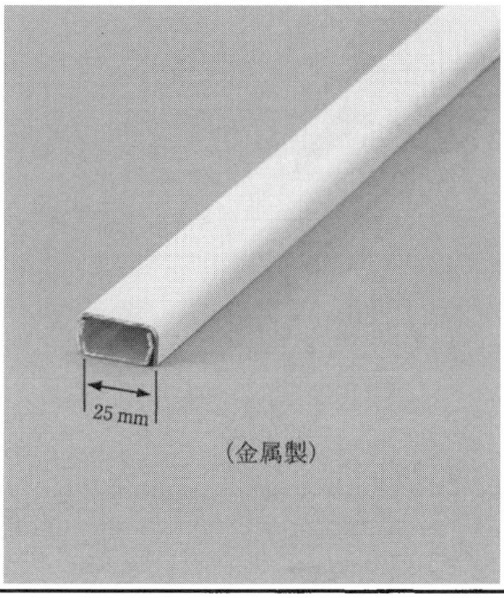 (金属製)	イ．金属ダクト工事 ロ．金属管工事 ハ．金属可とう電線管工事 ニ．金属線ぴ工事

<table>
<tr><th colspan="2">問　い</th><th>答　え</th></tr>
<tr><td>17</td><td>写真に示す器具の○で囲まれた部分の名称は。
</td><td>イ．熱動継電器
ロ．漏電遮断器
ハ．電磁接触器
ニ．漏電警報器</td></tr>
<tr><td>18</td><td>写真に示す工具の用途は。
</td><td>イ．金属管切り口の面取りに使用する。
ロ．鉄板の穴あけに使用する。
ハ．木柱の穴あけに使用する。
ニ．コンクリート壁の穴あけに使用する。</td></tr>
<tr><td>19</td><td>使用電圧 100 V の屋内配線で，湿気の多い場所における工事の種類として，不適切なものは。</td><td>イ．展開した場所で，ケーブル工事
ロ．展開した場所で，金属線ぴ工事
ハ．点検できない隠ぺい場所で，防湿装置を施した金属管工事
ニ．点検できない隠ぺい場所で，防湿装置を施した合成樹脂管工事(CD 管を除く)</td></tr>
<tr><td>20</td><td>低圧屋内配線の工事方法として，不適切なものは。</td><td>イ．金属可とう電線管工事で，より線(絶縁電線)を用いて，管内に接続部分を設けないで収めた。
ロ．ライティングダクト工事で，ダクトの開口部を下に向けて施設した。
ハ．金属線ぴ工事で，長さ 3 m の 2 種金属製線ぴ内で電線を分岐し，D 種接地工事を省略した。
ニ．金属ダクト工事で，電線を分岐する場合，接続部分に十分な絶縁被覆を施し，かつ，接続部分を容易に点検できるようにしてダクトに収めた。</td></tr>
</table>

	問い	答え
21	住宅の屋内に三相 200 V のルームエアコンを施設した。工事方法として，**適切なものは。** ただし，三相電源の対地電圧は 200 V で，ルームエアコン及び配線は簡易接触防護措置を施すものとする。	イ．定格消費電力が 1.5 kW のルームエアコンに供給する電路に，専用の配線用遮断器を取り付け，合成樹脂管工事で配線し，コンセントを使用してルームエアコンと接続した。 ロ．定格消費電力が 1.5 kW のルームエアコンに供給する電路に，専用の漏電遮断器を取り付け，合成樹脂管工事で配線し，ルームエアコンと直接接続した。 ハ．定格消費電力が 2.5 kW のルームエアコンに供給する電路に，専用の配線用遮断器と漏電遮断器を取り付け，ケーブル工事で配線し，ルームエアコンと直接接続した。 ニ．定格消費電力が 2.5 kW のルームエアコンに供給する電路に，専用の配線用遮断器を取り付け，金属管工事で配線し，コンセントを使用してルームエアコンと接続した。
22	簡易接触防護措置を施した乾燥した場所に施設する低圧屋内配線工事で，D 種接地工事を**省略できないものは。**	イ．三相 3 線式 200 V の合成樹脂管工事に使用する金属製ボックス ロ．三相 3 線式 200 V の金属管工事で電線を収める管の全長が 5 m の金属管 ハ．単相 100 V の電動機の鉄台 ニ．単相 100 V の金属管工事で電線を収める管の全長が 5 m の金属管
23	硬質塩化ビニル電線管による合成樹脂管工事として，**不適切なものは。**	イ．管の支持点間の距離は 2 m とした。 ロ．管相互及び管とボックスとの接続で，専用の接着剤を使用し，管の差込み深さを管の外径の 0.9 倍とした。 ハ．湿気の多い場所に施設した管とボックスとの接続箇所に，防湿装置を施した。 ニ．三相 200 V 配線で，簡易接触防護措置を施した場所に施設した管と接続する金属製プルボックスに，D 種接地工事を施した。
24	絶縁被覆の色が赤色，白色，黒色の 3 種類の電線を使用した単相 3 線式 100/200 V 屋内配線で，電線相互間及び電線と大地間の電圧を測定した。その結果として，電圧の組合せで，**適切なものは。** ただし，中性線は白色とする。	イ．赤色線と大地間　200 V 白色線と大地間　100 V 黒色線と大地間　0 V ロ．赤色線と黒色線間　100 V 赤色線と大地間　0 V 黒色線と大地間　200 V ハ．赤色線と白色線間　200 V 赤色線と大地間　0 V 黒色線と大地間　100 V ニ．赤色線と黒色線間　200 V 白色線と大地間　0 V 黒色線と大地間　100 V
25	低圧屋内配線の電路と大地間の絶縁抵抗を測定した。「電気設備に関する技術基準を定める省令」に**適合していないものは。**	イ．単相 3 線式 100/200 V の使用電圧 200 V 空調回路の絶縁抵抗を測定したところ 0.16 MΩであった。 ロ．三相 3 線式の使用電圧 200 V(対地電圧 200 V)電動機回路の絶縁抵抗を測定したところ 0.18 MΩであった。 ハ．単相 2 線式の使用電圧 100 V 屋外庭園灯回路の絶縁抵抗を測定したところ 0.12 MΩであった。 ニ．単相 2 線式の使用電圧 100 V 屋内配線の絶縁抵抗を，分電盤で各回路を一括して測定したところ，1.5 MΩであったので個別分岐回路の測定を省略した。

	問い	答え
26	工場の三相 200 V 三相誘導電動機の鉄台に施設した接地工事の接地抵抗値を測定し，接地線(軟銅線)の太さを検査した。「電気設備の技術基準の解釈」に適合する接地抵抗値［Ω］と接地線の太さ(直径[mm])の組合せで，**適切なものは。** ただし，電路に施設された漏電遮断器の動作時間は，0.1 秒とする。	イ．100 Ω 1.0 mm ロ．200 Ω 1.2 mm ハ．300 Ω 1.6 mm ニ．600 Ω 2.0 mm
27	直動式指示電気計器の目盛板に図のような記号がある。記号の意味及び測定できる回路で，**正しいものは。** 	イ．永久磁石可動コイル形で目盛板を水平に置いて，直流回路で使用する。 ロ．永久磁石可動コイル形で目盛板を水平に置いて，交流回路で使用する。 ハ．可動鉄片形で目盛板を鉛直に立てて，直流回路で使用する。 ニ．可動鉄片形で目盛板を水平に置いて，交流回路で使用する。
28	「電気工事士法」の主な目的は。	イ．電気工事に従事する主任電気工事士の資格を定める。 ロ．電気工作物の保安調査の義務を明らかにする。 ハ．電気工事士の身分を明らかにする。 ニ．電気工事の欠陥による災害発生の防止に寄与する。
29	低圧の屋内電路に使用する次のもののうち，特定電気用品の組合せとして，**正しいものは。** A:定格電圧 100V，定格電流 20A の漏電遮断器 B:定格電圧 100 V，定格消費電力 25 W の換気扇 C:定格電圧 600 V，導体の太さ(直径)2.0 mm の 3 心ビニル絶縁ビニルシースケーブル D:内径 16 mm の合成樹脂製可とう電線管(PF 管)	イ．A 及び B ロ．A 及び C ハ．B 及び D ニ．C 及び D
30	一般用電気工作物に関する記述として，**正しいものは。** ただし，発電設備は電圧 600 V 以下とする。	イ．低圧で受電するものは，出力 55 kW の太陽電池発電設備を同一構内に施設しても，一般用電気工作物となる。 ロ．低圧で受電するものは，小出力発電設備を同一構内に施設しても，一般用電気工作物となる。 ハ．高圧で受電するものであっても，需要場所の業種によっては，一般用電気工作物になる場合がある。 ニ．高圧で受電するものは，受電電力の容量，需要場所の業種にかかわらず，すべて一般用電気工作物となる。

問題2．配線図 (問題数 20，配点は1問当たり 2 点)

※図は15頁参照

図は，木造2階建住宅及び車庫の配線図である。この図に関する次の各問いには4通りの答え（**イ**，**ロ**，**ハ**，**ニ**）が書いてある。それぞれの問いに対して，答えを1つ選びなさい。

【注意】 1．屋内配線の工事は，特記のある場合を除き 600V ビニル絶縁ビニルシースケーブル平形 (VVF)を用いたケーブル工事である。
2．屋内配線等の電線の本数，電線の太さ，その他，問いに直接関係のない部分等は省略又は簡略化してある。
3．漏電遮断器は，定格感度電流 30 mA，動作時間 0.1 秒以内のものを使用している。
4．選択肢（答え）の写真にあるコンセント及び点滅器は，「JIS C 0303：2000 構内電気設備の配線用図記号」で示す「一般形」である。
5．分電盤の外箱は合成樹脂製である。
6．ジョイントボックスを経由する電線は，すべて接続箇所を設けている。
7．3路スイッチの記号「0」の端子には，電源側又は負荷側の電線を結線する。

	問　い	答　え
31	①で示す図記号の器具の種類は。	**イ**．シーリング(天井直付)　**ロ**．ペンダント **ハ**．埋込器具　**ニ**．引掛シーリング(丸)
32	②で示す部分の最少電線本数(心線数)は。	**イ**．2　**ロ**．3　**ハ**．4　**ニ**．5
33	③で示す部分の小勢力回路で使用できる電線(軟銅線)の導体の最小直径［mm］は。	**イ**．0.5　**ロ**．0.8　**ハ**．1.2　**ニ**．1.6
34	④で示す部分はルームエアコンの屋外ユニットである。その図記号の傍記表示は。	**イ**．O　**ロ**．B　**ハ**．I　**ニ**．R
35	⑤で示す部分の電路と大地間の絶縁抵抗として，許容される最小値［MΩ］は。	**イ**．0.1　**ロ**．0.2　**ハ**．0.4　**ニ**．1.0
36	⑥で示す部分の接地工事の種類及びその接地抵抗の許容される最大値［Ω］の組合せとして，**正しいものは**。	**イ**．C 種接地工事　10 Ω **ロ**．C 種接地工事　50 Ω **ハ**．D 種接地工事　100 Ω **ニ**．D 種接地工事　500 Ω
37	⑦で示す部分に使用できるものは。	**イ**．ゴム絶縁丸打コード **ロ**．引込用ビニル絶縁電線 **ハ**．架橋ポリエチレン絶縁ビニルシースケーブル **ニ**．屋外用ビニル絶縁電線
38	⑧で示す引込口開閉器が省略できる場合の，住宅と車庫との間の電路の長さの最大値［m］は。	**イ**．8　**ロ**．10　**ハ**．15　**ニ**．20
39	⑨で示す部分の配線工事で用いる管の種類は。	**イ**．耐衝撃性硬質塩化ビニル電線管 **ロ**．波付硬質合成樹脂管 **ハ**．硬質塩化ビニル電線管 **ニ**．合成樹脂製可とう電線管
40	⑩で示す部分の工事方法として，**正しいものは**。	**イ**．金属線ぴ工事 **ロ**．ケーブル工事 (VVR) **ハ**．金属ダクト工事 **ニ**．金属管工事

(次頁へ続く)

問い		答え			
41	⑪で示す部分の配線工事に必要なケーブルは。 ただし，心線数は最少とする。	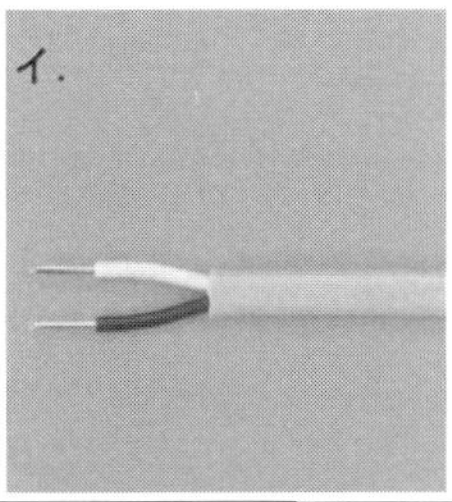イ.	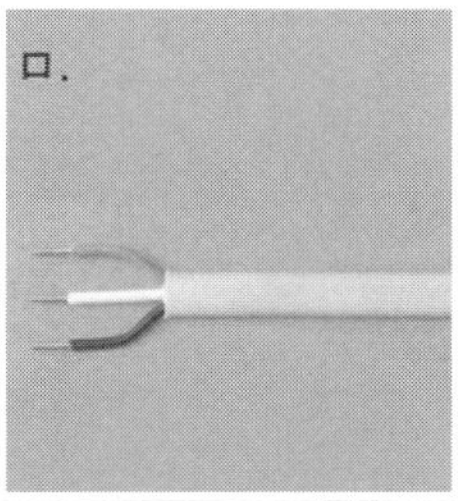ロ.	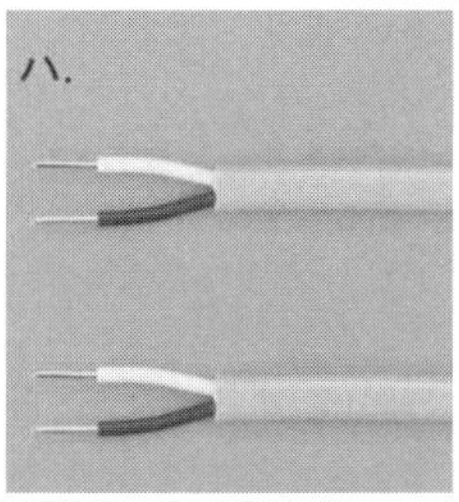ハ.	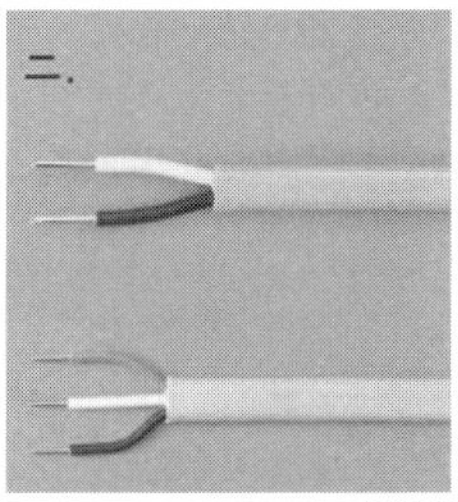ニ.
42	⑫で示すボックス内の接続をリングスリーブで圧着接続した場合のリングスリーブの種類，個数及び圧着接続後の刻印との組合せで，**正しいものは。** ただし，使用する電線は特記のないものは VVF1.6 とする。 また，写真に示す**リングスリーブ中央の○，小，中は**刻印を表す。	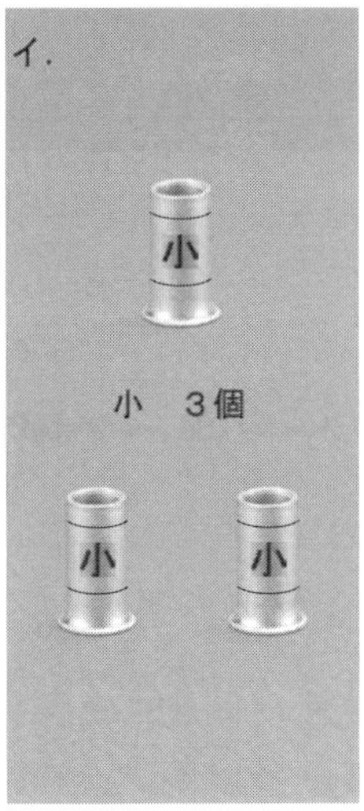イ. 小 小　3個 小 小	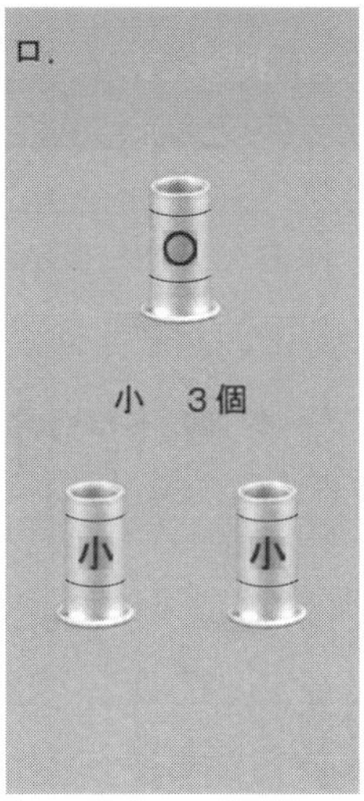ロ. ○ 小　3個 小 小	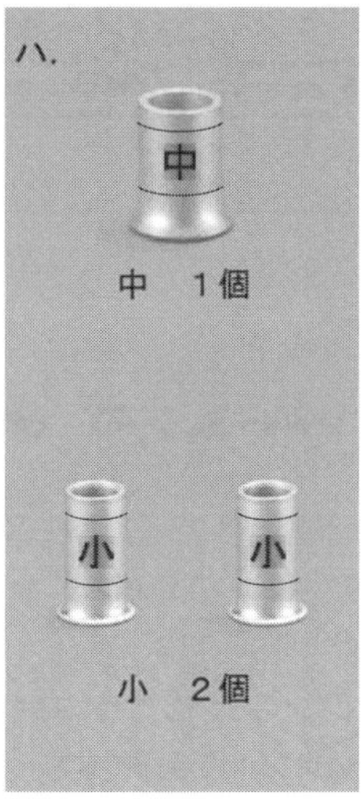ハ. 中 中　1個 小 小 小　2個	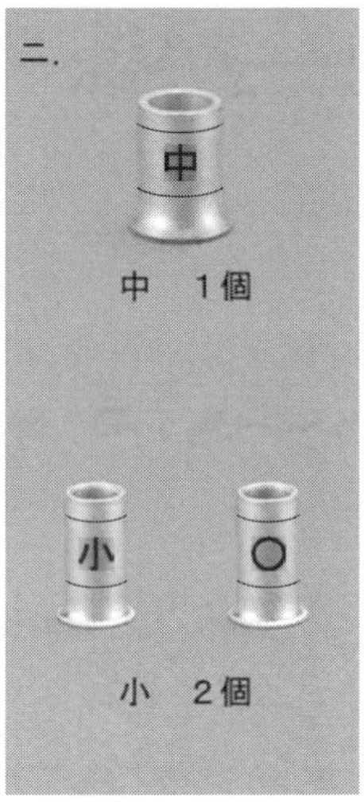ニ. 中 中　1個 小 ○ 小　2個
43	⑬で示すボックス内の接続をすべて差込形コネクタとする場合，使用する差込形コネクタの種類と最少個数の組合せで，**正しいものは。** ただし，使用する電線は VVF1.6 とする。	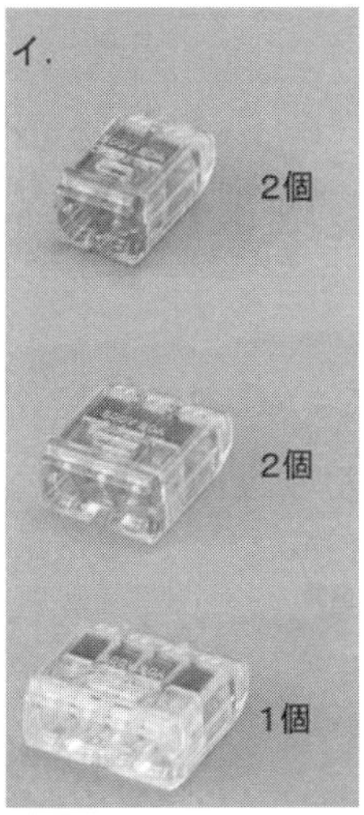イ. 2個 2個 1個	ロ. 2個 1個 1個	ハ. 3個 1個 1個	ニ. 3個 2個
44	⑭で示す図記号の器具は。 ただし，写真下の図は，接点の構成を示す。	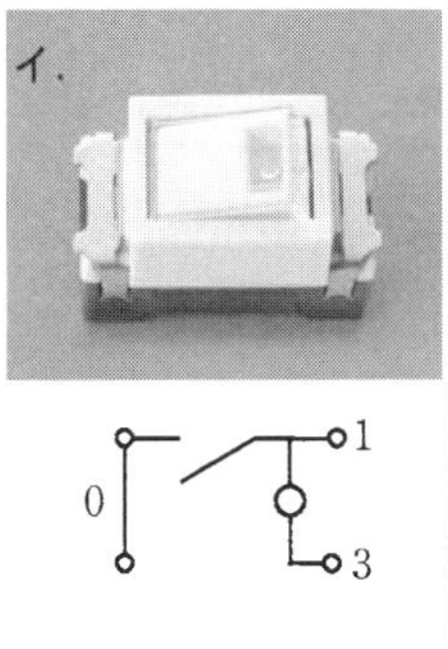イ. 1 0 3	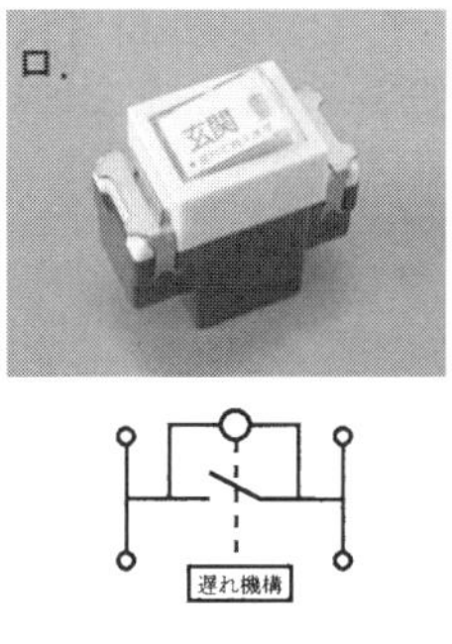ロ. 玄関 遅れ機構	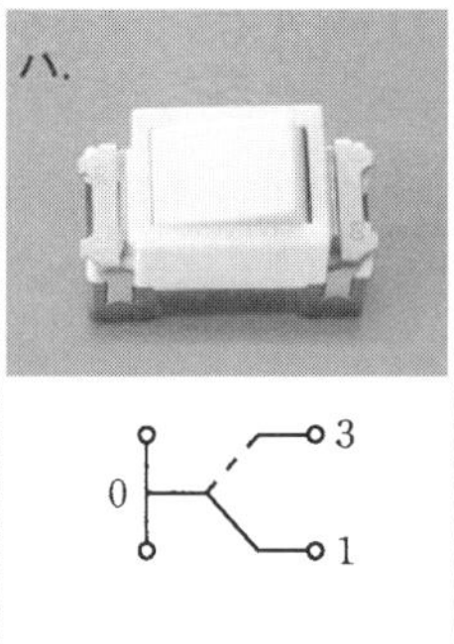ハ. 3 0 1	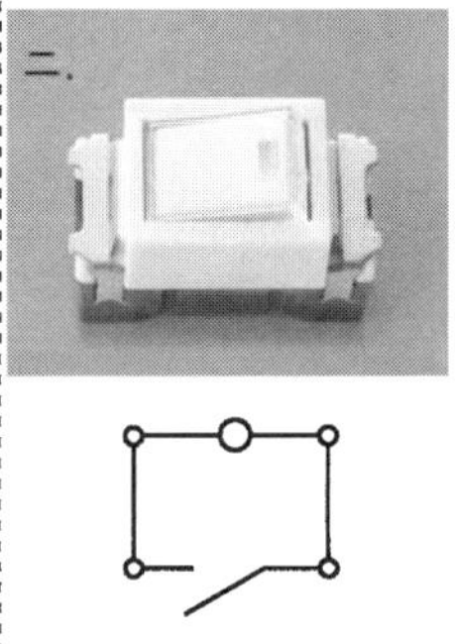ニ.
45	⑮で示す図記号の器具は。	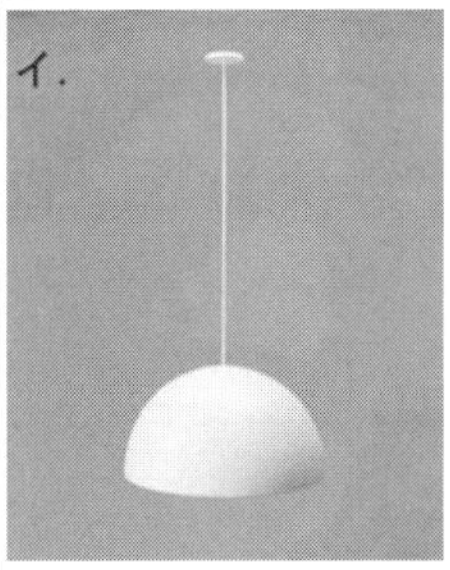イ.	ロ.	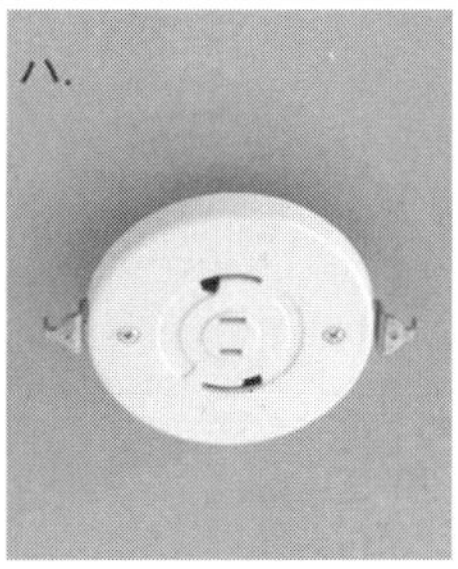ハ.	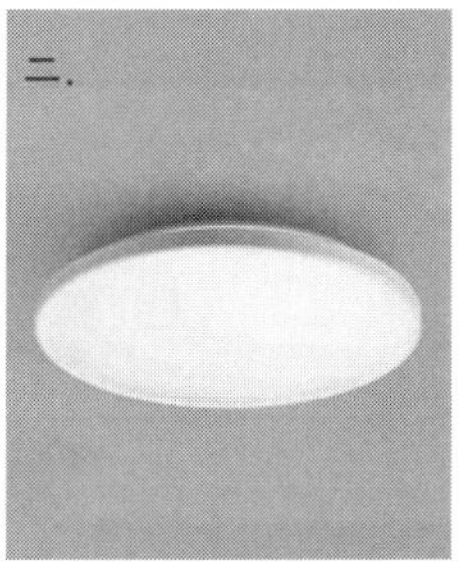ニ.

	問い	答え			
46	⑯で示す部分に取り付ける機器は。	イ. 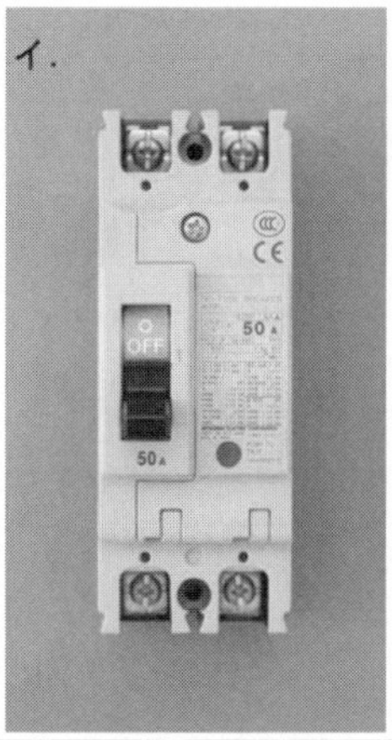	ロ. 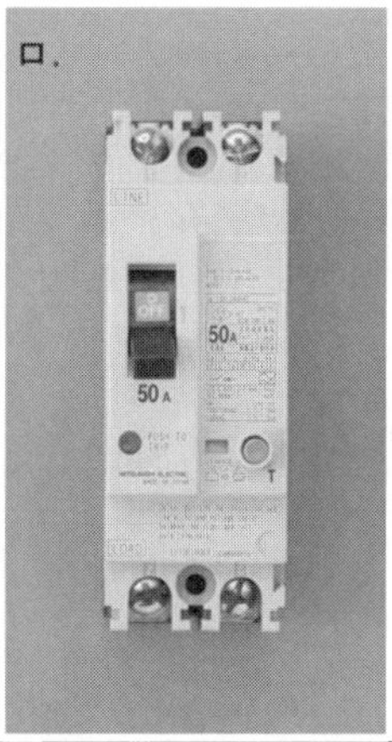	ハ. 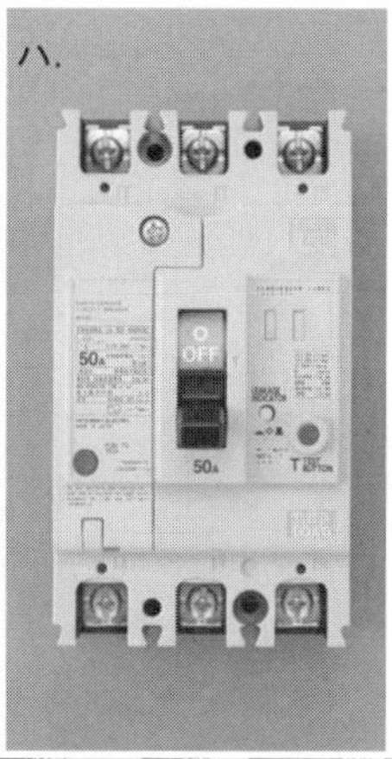	ニ. 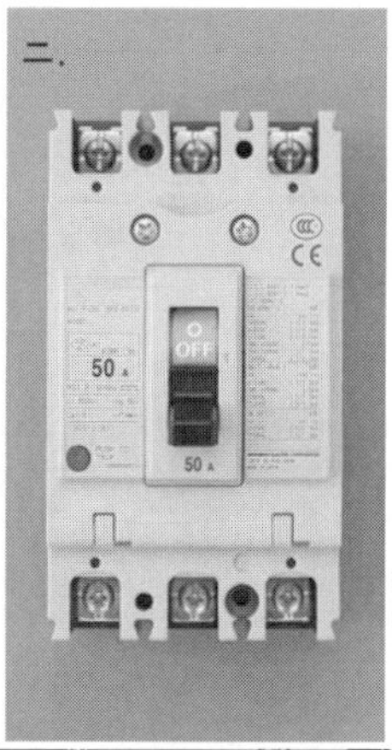
47	⑰で示す部分の配線工事で，一般的に**使用されることのない工具は**。	イ. 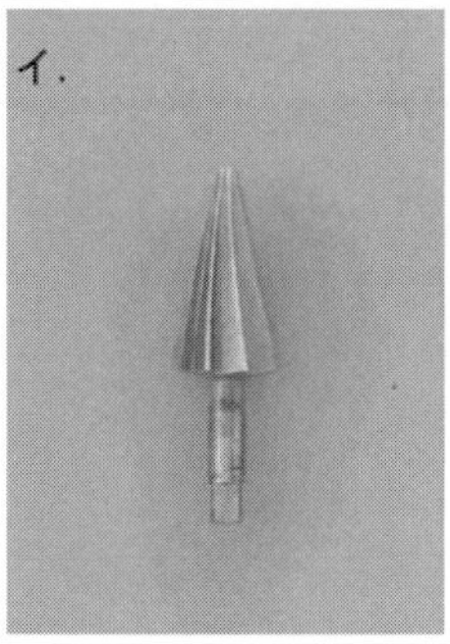	ロ. 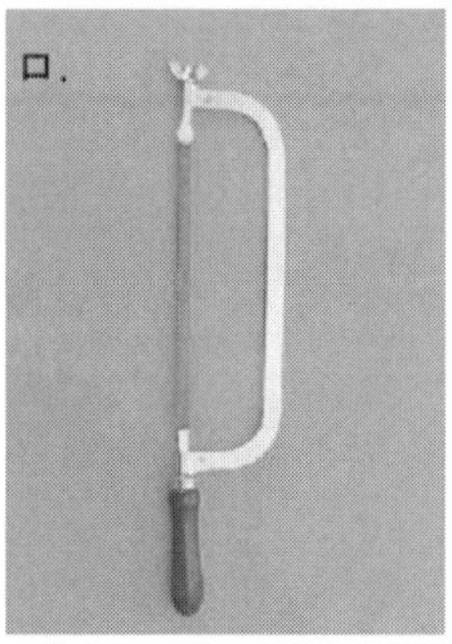	ハ. 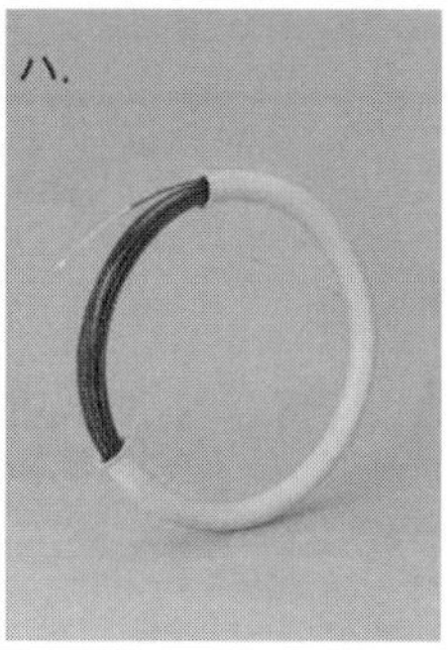	ニ. 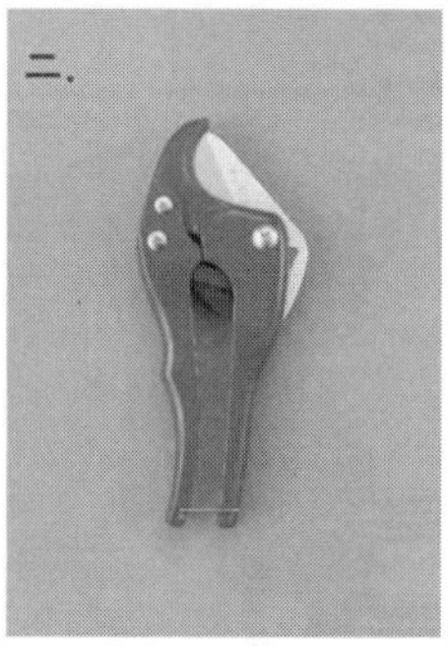
48	⑱で示すボックス内の接続をすべて圧着接続とする場合，使用するリングスリーブの種類と最少個数の組合せで，**正しいものは**。 ただし，使用する電線は特記のないものは VVF1.6 とする。	イ. 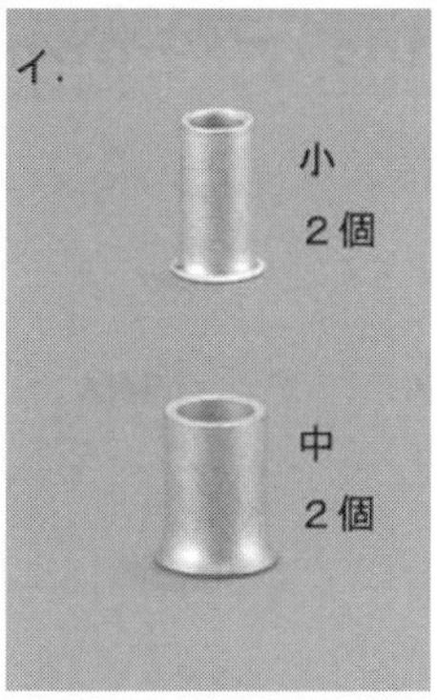小 2個 中 2個	ロ. 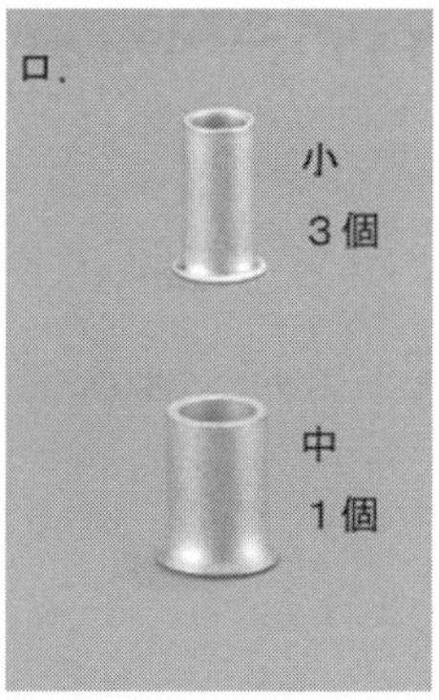小 3個 中 1個	ハ. 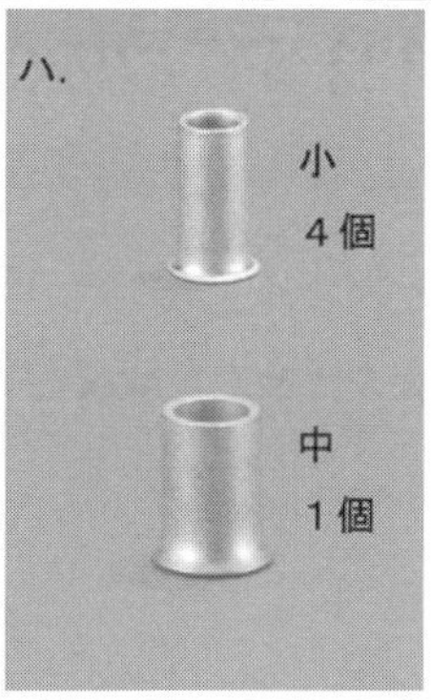小 4個 中 1個	ニ. 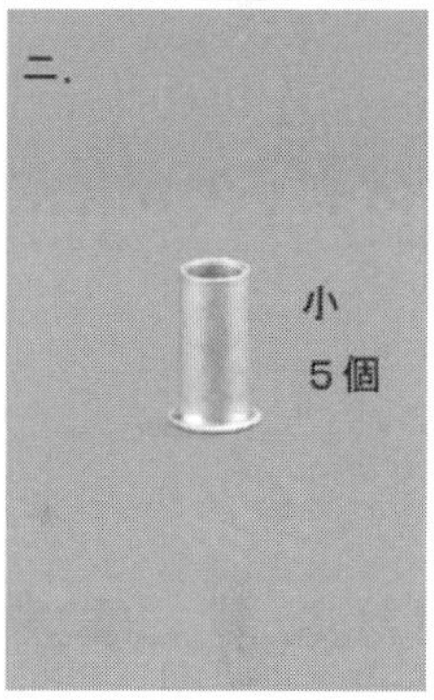小 5個
49	この配線図の図記号で，**使用されていない**コンセントは。	イ. 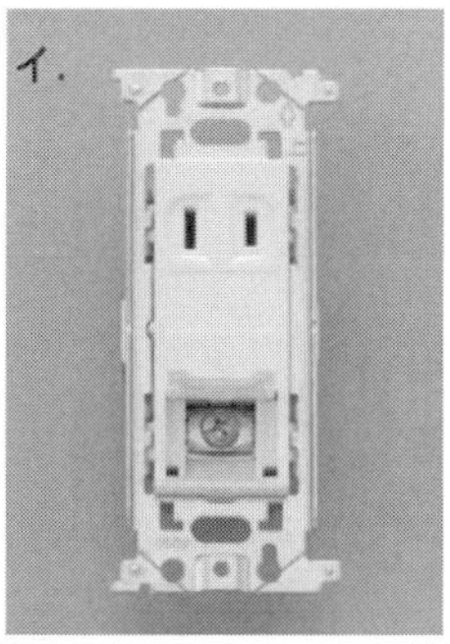	ロ. 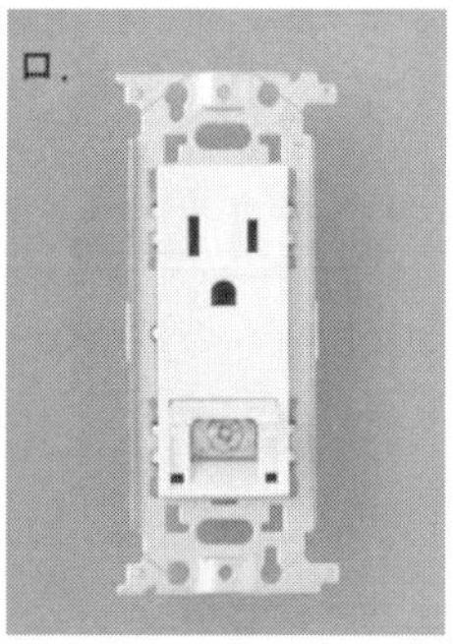	ハ. 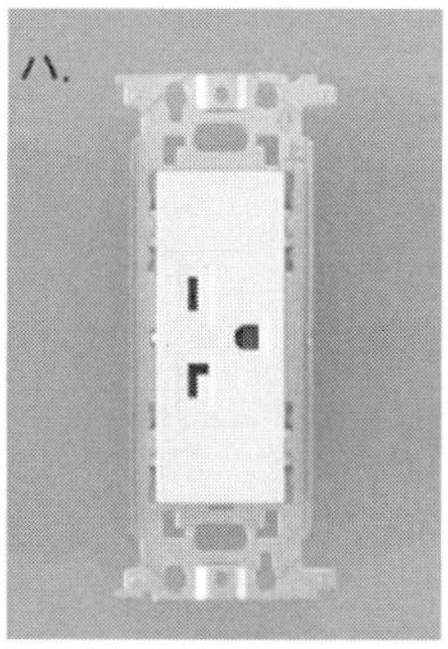	ニ. 
50	この配線図の施工に関して，使用するものの組合せで，**誤っているものは**。	イ. 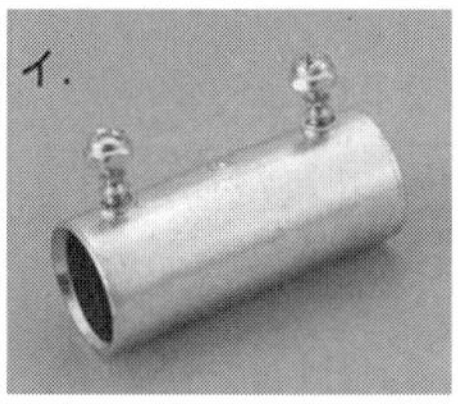 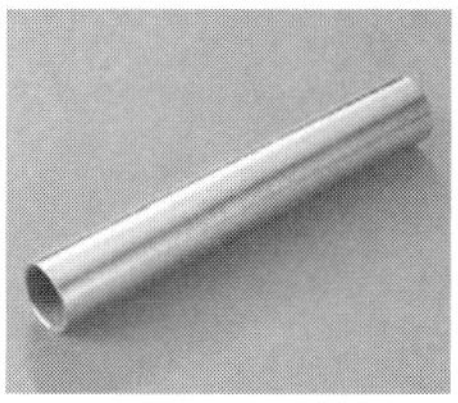	ロ.  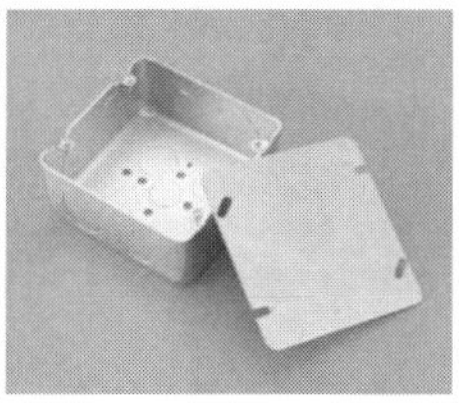	ハ.  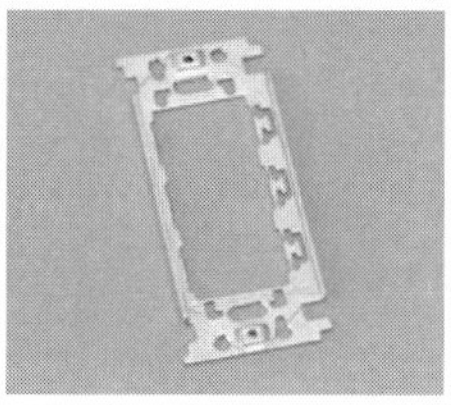	ニ. 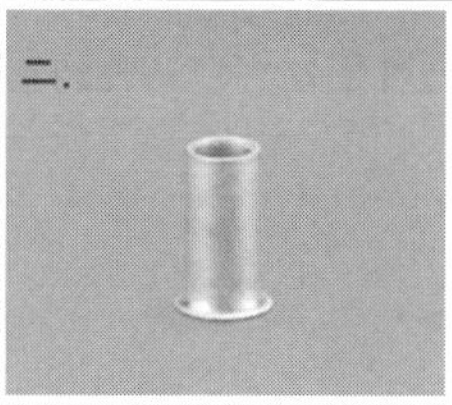 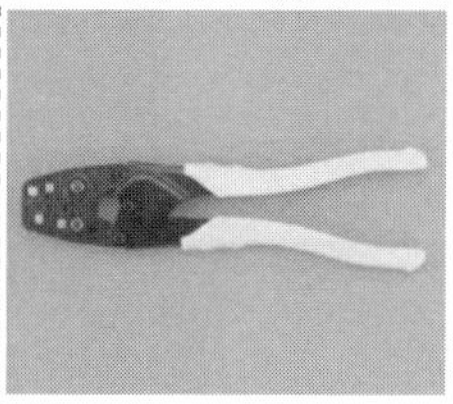

図面を引き抜いてご覧ください

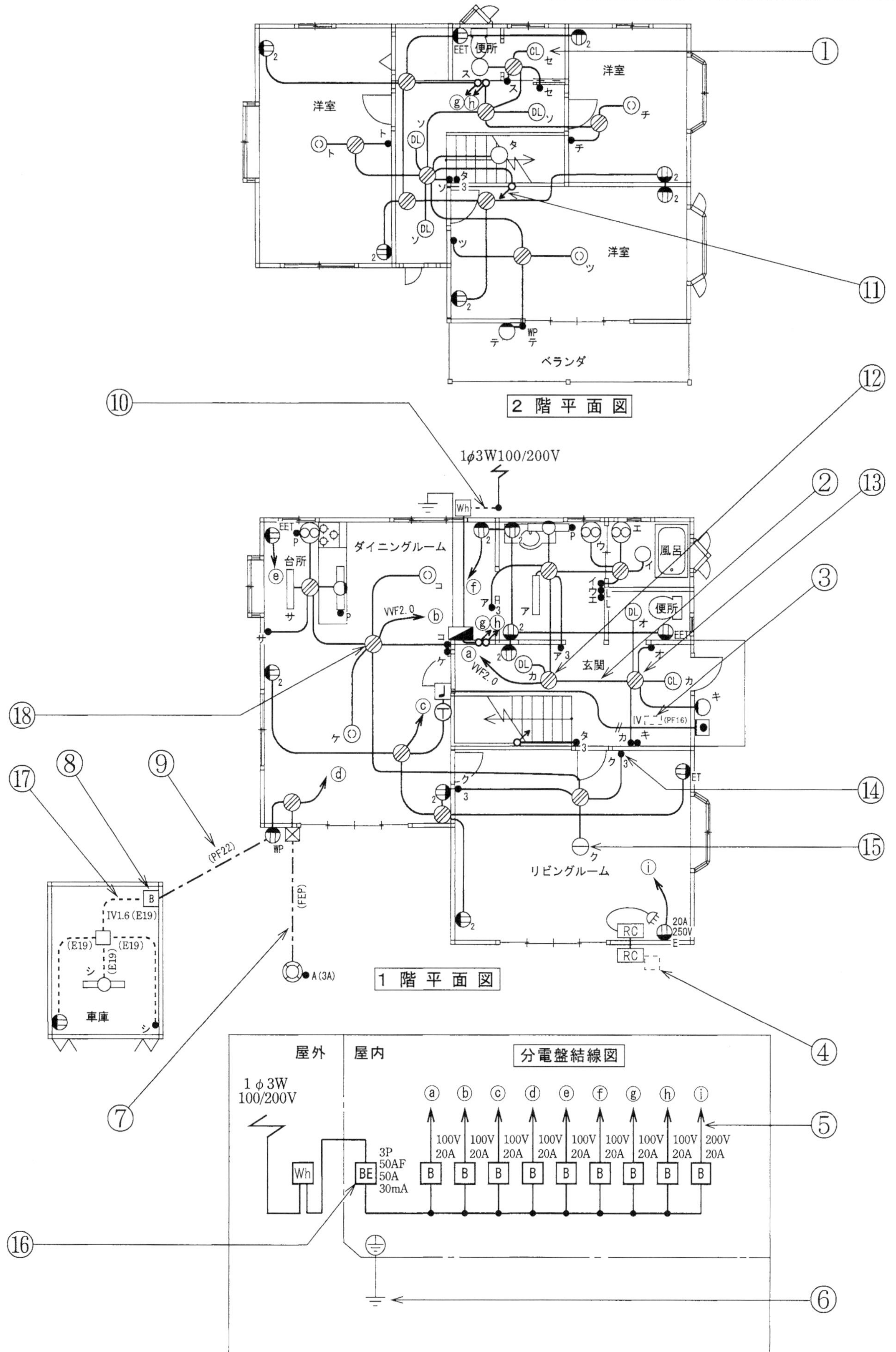
2階平面図
洋室
洋室
洋室
便所
ベランダ
1φ3W100/200V
1階平面図
ダイニングルーム
台所
風呂
便所
玄関
リビングルーム
車庫
VVF2.0
IV1.6 (E19)
(PF22)
(FEP)
(PF16)
A (3A)
20A 250V E
分電盤結線図
屋外
屋内
1φ3W 100/200V
3P 50AF 50A 30mA
100V 20A
200V 20A

令和２年度（am）筆記試験 解答

1　ハ　$R=2+2=4$〔Ω〕

$I=\dfrac{16}{4}=4$〔A〕

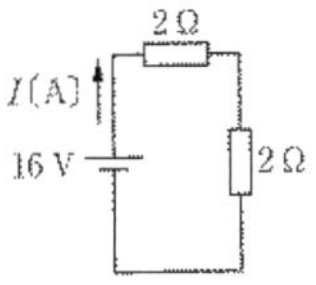

2　イ　$A_A=\dfrac{\pi D^2}{4}=\dfrac{3.14\times1.6^2}{4}\fallingdotseq 2$〔mm^2〕

$A_B=\dfrac{\pi D^2}{4}=\dfrac{3.14\times3.2^2}{4}\fallingdotseq 8$〔mm^2〕

$R_A=\rho\dfrac{l_A}{A_A}=\rho\times\dfrac{20}{2}=10\rho$〔Ω〕

$R_B=\rho\dfrac{l_B}{A_B}=\rho\times\dfrac{40}{8}=5\rho$〔Ω〕

$\dfrac{R_A}{R_B}=\dfrac{10\rho}{5\rho}=2$

3　ニ　$P=I^2R=15^2\times0.2=45$〔W〕$=0.045$〔kW〕

$Q=3600\,Pt=3600\times0.045\times1=162$〔kJ〕

4　ロ　$\cos\theta=\dfrac{R}{\sqrt{R^2+X^2}}\times100=\dfrac{100R}{\sqrt{R^2+X^2}}$〔%〕

5　ニ　$\cos\theta=\dfrac{W\times100}{\sqrt{3}\,VIt\times10^{-3}}=\dfrac{W}{\sqrt{3}\,VIt}\times10^5$〔%〕

6　ハ　略

7　イ　$P_l=2I^2r$〔W〕

$=2\times15^2\times0.1=45$〔W〕

8　ハ　電技解釈第 146 条より，断面積 5.5mm^2 の 600 V ビニル絶縁電線(軟銅線)の許容電流は 49A

許容電流＝49×0.63＝30.87→31A

9　ロ　電技解釈第148条より，$I_M=30+30+20=80$〔A〕

$I_H=15$〔A〕

$I_W\geqq1.1\,I_M+I_H$

$\geqq1.1\times80+15=88+15=103$〔A〕

10　ニ　電技解釈第149条より，

配線用遮断器の定格電流	電線の太さ	コンセントの定格電流
50A	14mm^2 以上	40A 以上 50A 以下

11　イ　略

12　ロ　略

13　ニ　略

14　ハ　$N_S=\dfrac{120f}{p}$〔min^{-1}〕より，三相かご形誘導電動機の同期速度は，電源の周波数に比例する。したがって，電源の周波数が 60Hz から 50Hz に変わると，回転速度が減少する。

15　ハ　定格電流 30A の配線用遮断器には，定格電流の37.5 / 30＝12.5倍の電流が流れるので，60分以内に自動的に動作しなければならない。

16　ニ　略

17　ハ　略

18　ロ　略

19　ロ　略

20　ハ　2種金属製線ぴ内で電線を接続した場合は，D種接地工事を省略できない。

21　ハ　電技解釈第 143 条よる。

22　ロ　電技解釈第 29 条・第 158 条・第 159 条より三相 3 線式 200V は対地電圧が 150V を超えるので，管の長さが 4m を超える場合は，乾燥した場所に施設しても D 種接地工事を省略できない。

23　イ　略

24　ニ　（右図参照）

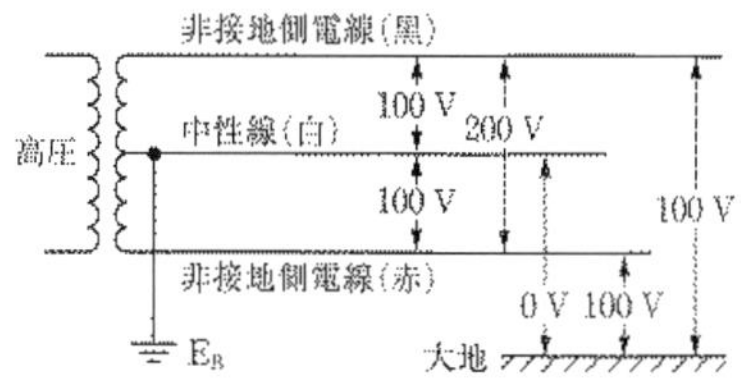

25　ロ　電技第 58 条より三相 3 線式の使用電圧 200V（対地電圧 200V）電動機回路の絶縁抵抗値は，**0.2MΩ以上**でなければならない。

26　ハ　電技解釈第 17 条・第 29 条より，使用電圧が 300V 以下であるので，接地工事の種類は D 種接地工事。接地線（軟銅線）の太さは直径 1.6mm 以上である。

27　イ　略

28　ニ　略

29　ロ　略

30　ロ　略

31　イ　略

32　ロ　（右図参照）

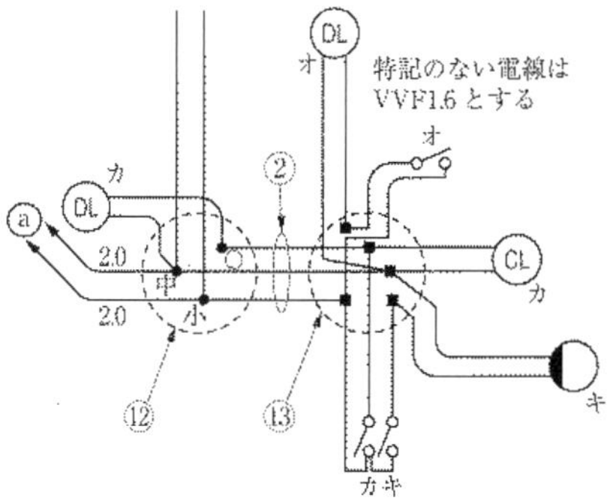

33　ロ　略

34　イ　略

35　イ　略

36　ニ　略

37　ハ　略

38　ハ　略

39　ニ　略

40　ロ　略

41　ロ　略

42　ニ　使用するリングスリーブとその刻印は

2.0mm×1＋1.6mm×3＝中スリーブ（刻印中）

2.0 mm×1＋1.6mm×2＝小スリーブ（刻印小）

1.6mm×2＝小スリーブ（刻印○）

43　イ　２本用２個，３本用２個，４本用１個

44　ハ　略

45　イ　略

46　ハ　略

47　ニ　金属管工事

合成樹脂管用カッタ（塩ビカッタ）は使用しない。

48　イ　（右図参照）

1.6mm×2
＝小スリーブ　2 個

2.0mm×1＋1.6mm×3
＝中スリーブ　1 個

2.0mm×1＋1.6mm×4
＝中スリーブ　1 個

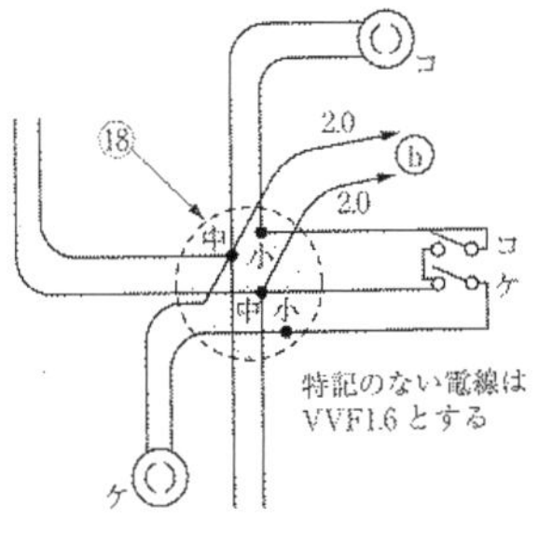

49　ニ　略

50　ロ　この配線図の施工には使用しない

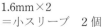

第二種電気工事士　筆記模擬試験の答案用紙

令和 元 年〔下期〕

受験番号を数字で記入して下さい。➡

受験番号に該当する位置にマークして下さい。➡

受験番号							
百万の位	十万の位	万の位	千の位	百の位	十の位	一の位	記号
0	0	0	0	0	0	0	A
1	1	1	1	1	1	1	E
2	2	2	2	2	2	2	F
3	3	3	3	3	3	3	G
4	4	4	4	4	4	4	K
5	5	5	5	5	5	5	P
6	6	6	6	6	6	6	T
7	7	7	7	7	7	7	
8	8	8	8	8	8	8	
9	9	9	9	9	9	9	

A E F G K P T

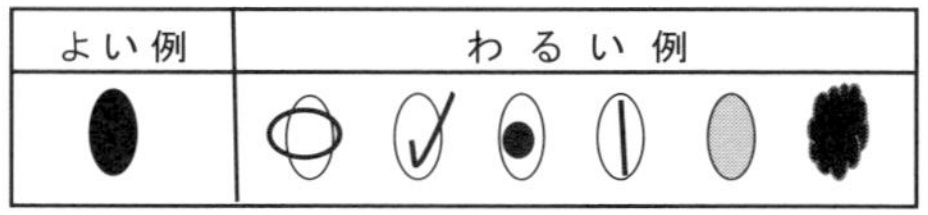

1. マークは上の例のようにマークすること。
2. 氏名・生年月日・試験地・受験番号を必ず記入すること。
3. 受験番号は欄外にはみださないように正確に記入し、必ず該当する番号にマークすること。
4. マークの記入にあたっては濃度HBの黒鉛筆を使用すること。
5. 誤ってマークしたときは、跡の残らないようにプラスチック消しゴムできれいに消すこと。
6. 答の欄は各問につき一つだけマークすること。
7. 用紙は絶対に折り曲げたり汚したりしないこと。

氏名

生年月日
昭和 平成　年　月　日

試験地

（2点×30問）

問題1. 一般問題					
問	答	問	答	問	答
1	イ ロ ハ ニ	11	イ ロ ハ ニ	21	イ ロ ハ ニ
2	イ ロ ハ ニ	12	イ ロ ハ ニ	22	イ ロ ハ ニ
3	イ ロ ハ ニ	13	イ ロ ハ ニ	23	イ ロ ハ ニ
4	イ ロ ハ ニ	14	イ ロ ハ ニ	24	イ ロ ハ ニ
5	イ ロ ハ ニ	15	イ ロ ハ ニ	25	イ ロ ハ ニ
6	イ ロ ハ ニ	16	イ ロ ハ ニ	26	イ ロ ハ ニ
7	イ ロ ハ ニ	17	イ ロ ハ ニ	27	イ ロ ハ ニ
8	イ ロ ハ ニ	18	イ ロ ハ ニ	28	イ ロ ハ ニ
9	イ ロ ハ ニ	19	イ ロ ハ ニ	29	イ ロ ハ ニ
10	イ ロ ハ ニ	20	イ ロ ハ ニ	30	イ ロ ハ ニ

（2点×20問）

問題2. 配線図			
問	答	問	答
31	イ ロ ハ ニ	41	イ ロ ハ ニ
32	イ ロ ハ ニ	42	イ ロ ハ ニ
33	イ ロ ハ ニ	43	イ ロ ハ ニ
34	イ ロ ハ ニ	44	イ ロ ハ ニ
35	イ ロ ハ ニ	45	イ ロ ハ ニ
36	イ ロ ハ ニ	46	イ ロ ハ ニ
37	イ ロ ハ ニ	47	イ ロ ハ ニ
38	イ ロ ハ ニ	48	イ ロ ハ ニ
39	イ ロ ハ ニ	49	イ ロ ハ ニ
40	イ ロ ハ ニ	50	イ ロ ハ ニ

筆記試験　令和元年〔下期〕

問題１．一般問題（問題数 30，配点は 1 問当たり 2 点）

【注】本問題の計算で $\sqrt{2}$, $\sqrt{3}$ 及び円周率 π を使用する場合の数値は次によること。　$\sqrt{2}=1.41$, $\sqrt{3}=1.73$, $\pi=3.14$

次の各問いには４通りの答え（イ，ロ，ハ，ニ）が書いてある。それぞれの問いに対して答えを１つ選びなさい。

なお，選択肢が数値の場合は最も近い値を選びなさい。

	問　い	答　え
1	図のような回路で，端子 a－b 間の合成抵抗［Ω］は。 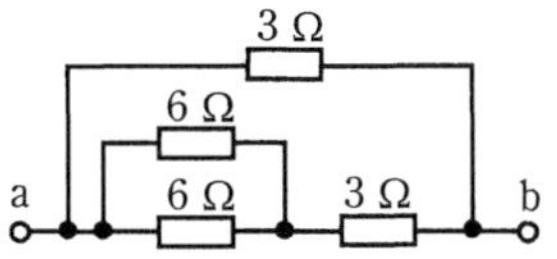3 Ω 6 Ω a 6 Ω 3 Ω b	イ．1　ロ．2　ハ．3　ニ．4
2	直径 2.6 mm，長さ 10 m の銅導線と抵抗値が最も近い同材質の銅導線は。	イ．断面積 5.5 mm^2，長さ 10 m ロ．断面積 8 mm^2，長さ 10 m ハ．直径 1.6 mm，長さ 20 m ニ．直径 3.2 mm，長さ 5 m
3	消費電力が 500 W の電熱器を，1 時間 30 分使用したときの発熱量［kJ］は。	イ．450　ロ．750　ハ．1 800　ニ．2 700
4	図のような正弦波交流回路の電源電圧 v に対する電流 i の波形として，**正しいものは**。 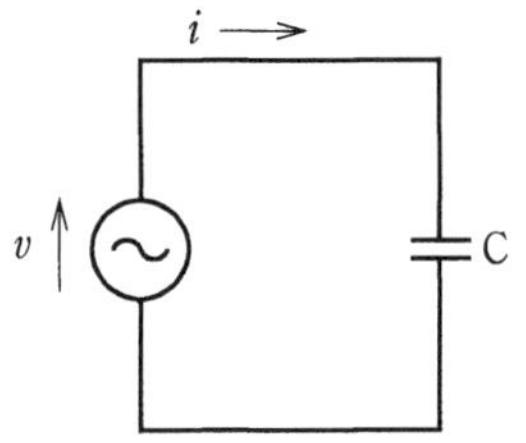i → v C	イ．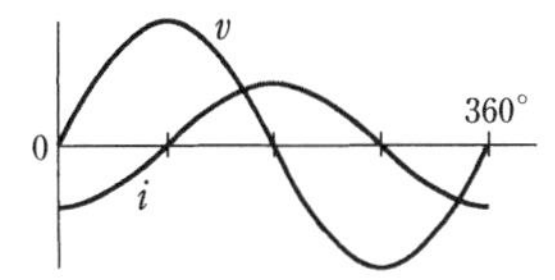v 360° 0 i ロ．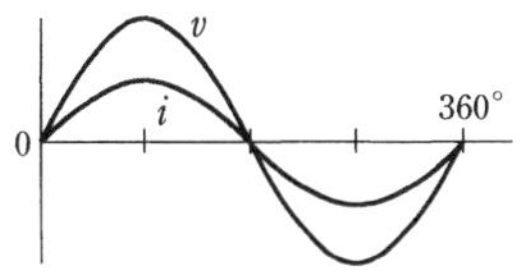v 0 i 360° ハ．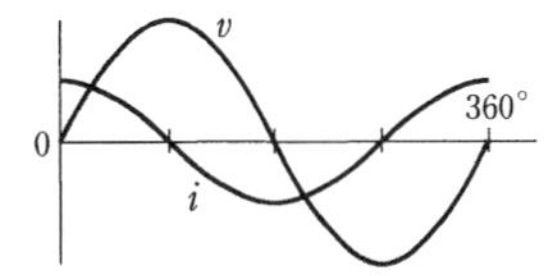v 360° 0 i ニ．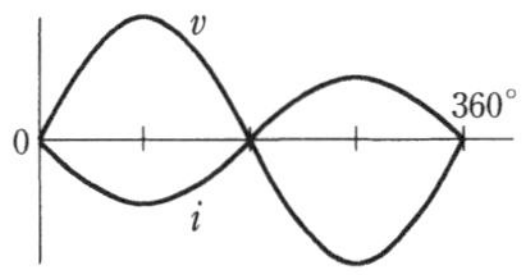v 360° 0 i
5	図のような三相 3 線式回路に流れる電流 I［A］は。 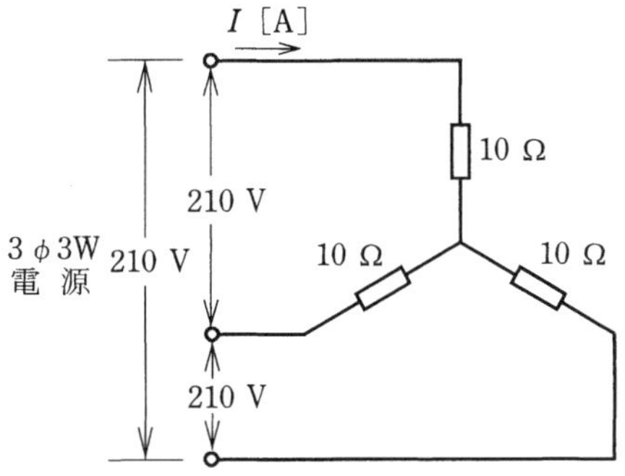I［A］ 10 Ω 210 V 3 φ3W 電　源 210 V 10 Ω 10 Ω 210 V	イ．8.3　ロ．12.1　ハ．14.3　ニ．20.0

	問　い	答　え
6	図のような単相 3 線式回路で，消費電力 100 W，500 W の 2 つの負荷はともに抵抗負荷である。図中の✕印点で断線した場合，a－b 間の電圧［V］は。 ただし，断線によって負荷の抵抗値は変化しないものとする。 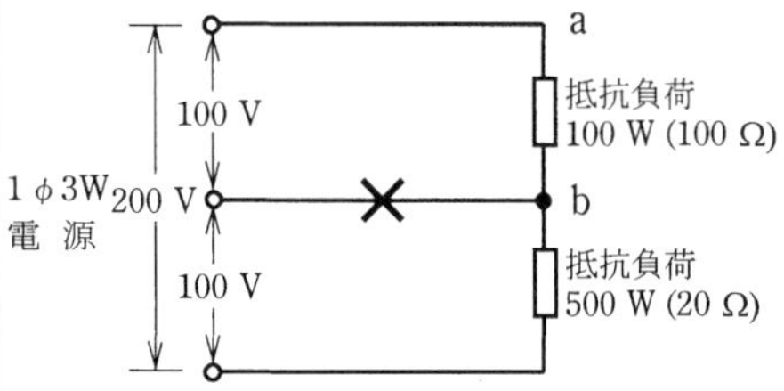 	イ．33　ロ．100　ハ．167　ニ．200
7	図のような三相 3 線式回路で，電線 1 線当たりの抵抗が 0.15 Ω，線電流が 10 A のとき，電圧降下 $(V_s - V_r)$［V］は。 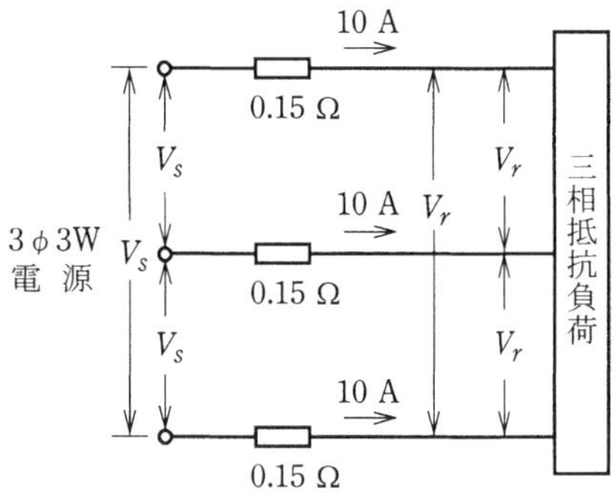 	イ．1.5　ロ．2.6　ハ．3.0　ニ．4.5
8	合成樹脂製可とう電線管（PF 管）による低圧屋内配線工事で，管内に断面積 5.5 mm^2 の 600 V ビニル絶縁電線（軟銅線）3 本を収めて施設した場合，電線 1 本当たりの許容電流［A］は。 ただし，周囲温度は 30 ℃以下，電流減少係数は 0.70 とする。	イ．26　ロ．34　ハ．42　ニ．49
9	図のように定格電流 50 A の過電流遮断器で保護された低圧屋内幹線から分岐して，7 m の位置に過電流遮断器を施設するとき，a－b 間の電線の許容電流の最小値［A］は。 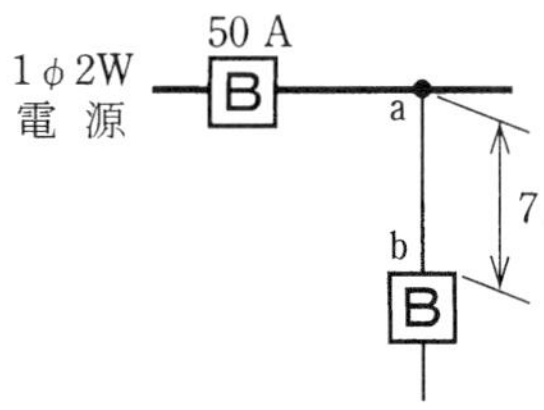 	イ．12.5　ロ．17.5　ハ．22.5　ニ．27.5

	問　い	答　え
10	定格電流 30 A の配線用遮断器で保護される分岐回路の電線(軟銅線)の太さと，接続できるコンセントの図記号の組合せとして，**適切なものは。** ただし，コンセントは兼用コンセントではないものとする。	イ．断面積 5.5 mm^2　⊖2 ロ．断面積 3.5 mm^2　⊖3 ハ．直径 2.0 mm　⊖20A ニ．断面積 5.5 mm^2　⊖20A 2
11	住宅で使用する電気食器洗い機用のコンセントとして，**最も適しているものは。**	イ．引掛形コンセント ロ．抜け止め形コンセント ハ．接地端子付コンセント ニ．接地極付接地端子付コンセント
12	絶縁物の最高許容温度が**最も高いものは。**	イ．600 V 二種ビニル絶縁電線(HIV) ロ．600 V ビニル絶縁電線(IV) ハ．600 V 架橋ポリエチレン絶縁ビニルシースケーブル(CV) ニ．600 V ビニル絶縁ビニルシースケーブル丸形(VVR)
13	ノックアウトパンチャの用途で，**適切なものは。**	イ．金属製キャビネットに穴を開けるのに用いる。 ロ．太い電線を圧着接続する場合に用いる。 ハ．コンクリート壁に穴を開けるのに用いる。 ニ．太い電線管を曲げるのに用いる。
14	三相誘導電動機の始動において，全電圧始動(じか入れ始動)と比較して，スターデルタ始動の特徴として，**正しいものは。**	イ．始動時間が短くなる。 ロ．始動電流が小さくなる。 ハ．始動トルクが大きくなる。 ニ．始動時の巻線に加わる電圧が大きくなる。
15	低圧電路に使用する定格電流 30 A の配線用遮断器に 60 A の電流が継続して流れたとき，この配線用遮断器が自動的に動作しなければならない時間［分］の限度は。	イ．1　ロ．2　ハ．3　ニ．4
16	写真に示す材料の名称は。 	イ．銅線用裸圧着スリーブ ロ．銅管端子 ハ．銅線用裸圧着端子 ニ．ねじ込み形コネクタ

	問い	答え
17	写真に示す器具の名称は。  	イ．電力量計 ロ．調光器 ハ．自動点滅器 ニ．タイムスイッチ
18	写真に示す工具の用途は。 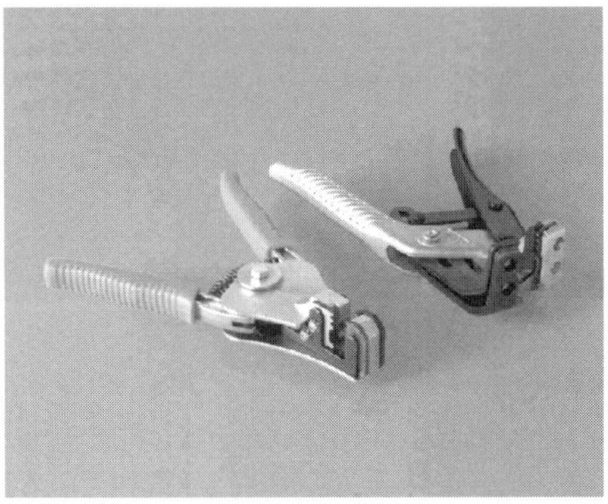	イ．VVF ケーブルの外装や絶縁被覆をはぎ取るのに用いる。 ロ．CV ケーブル(低圧用)の外装や絶縁被覆をはぎ取るのに用いる。 ハ．VVR ケーブルの外装や絶縁被覆をはぎ取るのに用いる。 ニ．VFF コード(ビニル平形コード)の絶縁被覆をはぎ取るのに用いる。
19	低圧屋内配線工事で，600 V ビニル絶縁電線(軟銅線)をリングスリーブ用圧着工具とリングスリーブ(E 形)を用いて終端接続を行った。接続する電線に適合するリングスリーブの種類と圧着マーク(刻印)の組合せで，**不適切なものは**。	イ．直径 2.0 mm 3 本の接続に，中スリーブを使用して圧着マークを **中** にした。 ロ．直径 1.6 mm 3 本の接続に，小スリーブを使用して圧着マークを **小** にした。 ハ．直径 2.0 mm 2 本の接続に，中スリーブを使用して圧着マークを **中** にした。 ニ．直径 1.6mm 1 本と直径 2.0mm 2 本の接続に，中スリーブを使用して圧着マークを **中** にした。
20	使用電圧 100 V の屋内配線の施設場所における工事の種類で，**不適切なものは**。	イ．点検できない隠ぺい場所であって，乾燥した場所のライティングダクト工事 ロ．点検できない隠ぺい場所であって，湿気の多い場所の防湿装置を施した合成樹脂管工事(CD 管を除く) ハ．展開した場所であって，湿気の多い場所のケーブル工事 ニ．展開した場所であって，湿気の多い場所の防湿装置を施した金属管工事
21	木造住宅の単相 3 線式 100/200 V 屋内配線工事で，**不適切な工事方法は**。 ただし，使用する電線は 600 V ビニル絶縁電線，直径 1.6 mm(軟銅線)とする。	イ．合成樹脂製可とう電線管(CD 管)を木造の床下や壁の内部及び天井裏に配管した。 ロ．合成樹脂製可とう電線管(PF 管)内に通線し，支持点間の距離を 1.0 m で造営材に固定した。 ハ．同じ径の硬質塩化ビニル電線管(VE)2 本を TS カップリングで接続した。 ニ．金属管を点検できない隠ぺい場所で使用した。

	問　い	答　え
22	Ｄ種接地工事を**省略できないものは。** ただし，電路には定格感度電流 30 mA，定格動作時間 0.1 秒の漏電遮断器が取り付けられているものとする。	イ．乾燥した場所に施設する三相 200 V(対地電圧 200 V)動力配線の電線を収めた長さ 3 m の金属管。 ロ．乾燥した場所に施設する単相 3 線式 100/200 V(対地電圧 100 V)配線の電線を収めた長さ 6 m の金属管。 ハ．乾燥した木製の床の上で取り扱うように施設する三相 200 V(対地電圧 200 V)空気圧縮機の金属製外箱部分。 ニ．乾燥した場所のコンクリートの床に施設する三相 200 V(対地電圧 200 V)誘導電動機の鉄台。
23	電磁的不平衡を生じないように，電線を金属管に挿入する方法として，**適切なものは。**	イ． 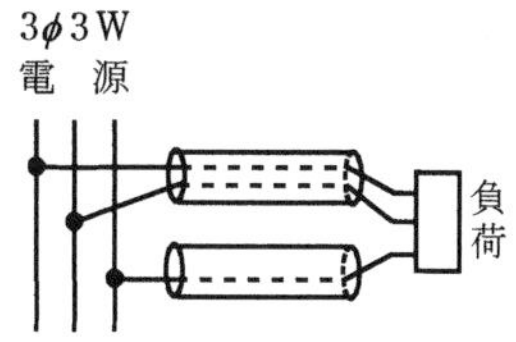 ロ． 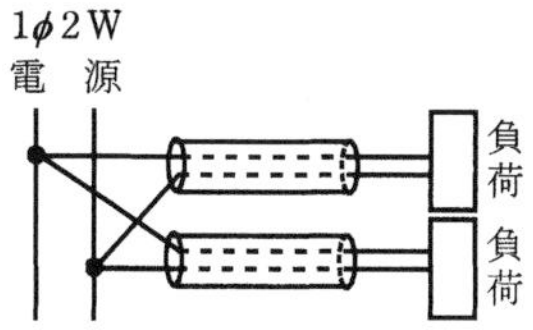 ハ． 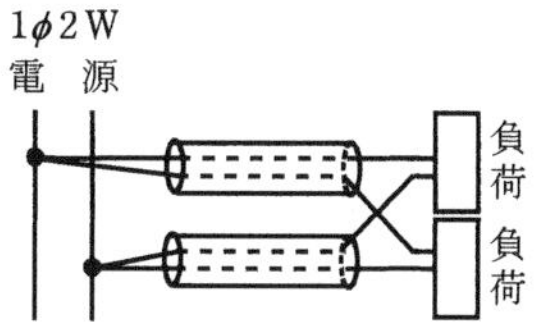 ニ． 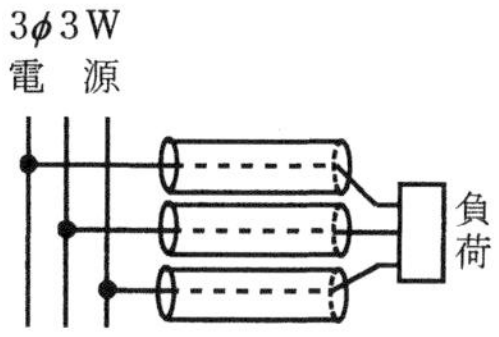
24	屋内配線の検査を行う場合，器具の使用方法で，**不適切なものは。**	イ．検電器で充電の有無を確認する。 ロ．接地抵抗計(アーステスタ)で接地抵抗を測定する。 ハ．回路計(テスタ)で電力量を測定する。 ニ．絶縁抵抗計(メガー)で絶縁抵抗を測定する。
25	分岐開閉器を開放して負荷を電源から完全に分離し，その負荷側の低圧屋内電路と大地間の絶縁抵抗を一括測定する方法として，**適切なものは。**	イ．負荷側の点滅器をすべて「切」にして，常時配線に接続されている負荷は，使用状態にしたままで測定する。 ロ．負荷側の点滅器をすべて「切」にして，常時配線に接続されている負荷は，すべて取り外して測定する。 ハ．負荷側の点滅器をすべて「入」にして，常時配線に接続されている負荷は，使用状態にしたままで測定する。 ニ．負荷側の点滅器をすべて「入」にして，常時配線に接続されている負荷は，すべて取り外して測定する。

	問　い	答　え
26	次の空欄(A)，(B)及び(C)に当てはまる組合せとして，**正しいものは。** 使用電圧が 300V を超える低圧の電路の電線相互間及び電路と大地との間の絶縁抵抗は区切ることのできる電路ごとに (A) ［MΩ］以上でなければならない。また，当該電路に施設する機械器具の金属製の台及び外箱には (B) 接地工事を施し，接地抵抗値は (C) ［Ω］以下に施設することが必要である。 ただし，当該電路に施設された地絡遮断装置の動作時間は 0.5 秒を超えるものとする。	**イ．** (A) 0.4　(B) C 種　(C) 10 **ロ．** (A) 0.4　(B) C 種　(C) 500 **ハ．** (A) 0.2　(B) D 種　(C) 100 **ニ．** (A) 0.4　(B) D 種　(C) 500
27	図の交流回路は，負荷の電圧，電流，電力を測定する回路である。図中に a, b, c で示す計器の組合せとして，**正しいものは。** 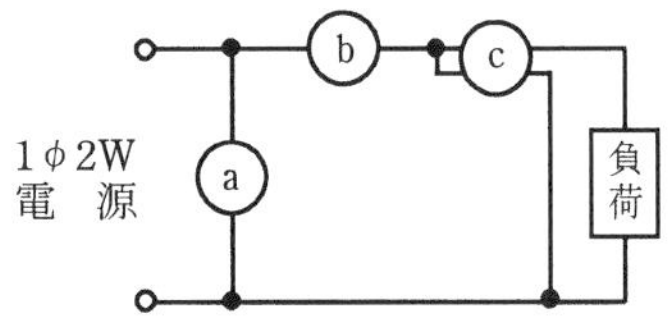	**イ．** a 電流計　b 電圧計　c 電力計 **ロ．** a 電力計　b 電流計　c 電圧計 **ハ．** a 電圧計　b 電力計　c 電流計 **ニ．** a 電圧計　b 電流計　c 電力計
28	電気工事士法において，一般用電気工作物の工事又は作業で電気工事士でなければ**従事できないものは。**	**イ．** インターホーンの施設に使用する小型変圧器(二次電圧が 36 V 以下)の二次側の配線をする。 **ロ．** 電線を支持する柱，腕木を設置する。 **ハ．** 電圧 600 V 以下で使用する電力量計を取り付ける。 **ニ．** 電線管とボックスを接続する。
29	電気用品安全法における電気用品に関する記述として，**誤っているものは。**	**イ．** 電気用品の製造又は輸入の事業を行う者は，電気用品安全法に規定する義務を履行したときに，経済産業省令で定める方式による表示を付すことができる。 **ロ．** 特定電気用品は構造又は使用方法その他の使用状況からみて特に危険又は障害の発生するおそれが多い電気用品であって，政令で定めるものである。 **ハ．** 特定電気用品には PS E 又は(PS)E の表示が付されている。 **ニ．** 電気工事士は，電気用品安全法に規定する表示の付されていない電気用品を電気工作物の設置又は変更の工事に使用してはならない。
30	「電気設備に関する技術基準を定める省令」における電圧の低圧区分の組合せで，**正しいものは。**	**イ．** 交流 600 V 以下，直流 750 V 以下 **ロ．** 交流 600 V 以下，直流 700 V 以下 **ハ．** 交流 600 V 以下，直流 600 V 以下 **ニ．** 交流 750 V 以下，直流 600 V 以下

問題２．配線図 (問題数 20，配点は１問当たり２点)　　※図は１５頁参照

図は、鉄筋コンクリート造集合住宅の１戸部分の配線図である。この図に関する次の各問いには４通りの答え（イ、ロ、ハ、ニ）が書いてある。それぞれの問いに対して，答えを１つ選びなさい。

【注意】１．屋内配線の工事は，特記のある場合を除き 600V ビニル絶縁ビニルシースケーブル平形（VVF)を用いたケーブル工事である。
２．屋内配線等の電線の本数，電線の太さ，その他，問いに直接関係のない部分等は省略又は簡略化してある。
３．漏電遮断器は，定格感度電流 30 mA，動作時間 0.1 秒以内のものを使用している。
４．選択肢（答え）の写真にある点滅器は，「JIS C 0303 : 2000 構内電気設備の配線用図記号」で示す「一般形」である。
５．ジョイントボックスを経由する電線は，すべて接続箇所を設けている。
６．３路スイッチの記号「0」の端子には，電源側又は負荷側の電線を結線する。

問　い		答　え
31	①で示す図記号の計器の使用目的は。	イ．負荷率を測定する。　ロ．電力を測定する。 ハ．電力量を測定する。　ニ．最大電力を測定する。
32	②で示す部分の小勢力回路で使用できる電圧の最大値［V］は。	イ．24　ロ．30　ハ．40　ニ．60
33	③で示す図記号の器具の種類は。	イ．位置表示灯を内蔵する点滅器　ロ．確認表示灯を内蔵する点滅器 ハ．遅延スイッチ　ニ．熱線式自動スイッチ
34	④で示す図記号の器具の種類は。	イ．接地端子付コンセント　ロ．接地極付接地端子付コンセント ハ．接地極付コンセント　ニ．接地極付接地端子付漏電遮断器付コンセント
35	⑤で示す部分にペンダントを取り付けたい。図記号は。	イ．　ロ．　ハ．　ニ．
36	⑥で示す部分はルームエアコンの屋内ユニットである。その図記号の傍記表示は。	イ．O　ロ．R　ハ．B　ニ．I
37	⑦で示すコンセントの極配置（刃受）は。	イ．　ロ．　ハ．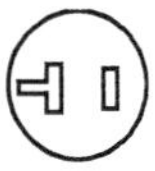　ニ．
38	⑧で示す部分の最少電線本数（心線数）は。	イ．2　ロ．3　ハ．4　ニ．5
39	⑨で示す部分の電路と大地間の絶縁抵抗として，許容される最小値[MΩ]は。	イ．0.1　ロ．0.2　ハ．0.4　ニ．1.0
40	⑩で示す図記号の器具の種類は。	イ．シーリング（天井直付）　ロ．引掛シーリング（丸） ハ．埋込器具　ニ．天井コンセント（引掛形）

（次頁へ続く）

問い		答え			
41	⑪で示すボックス内の接続をすべて圧着接続とする場合，使用するリングスリーブの種類と最少個数の組合せで，**正しいものは**。ただし，使用する電線はすべてVVF1.6とする。	イ. 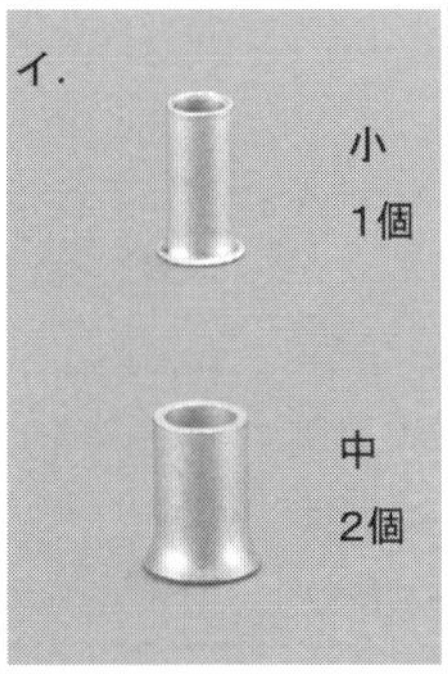小 1個 中 2個	ロ. 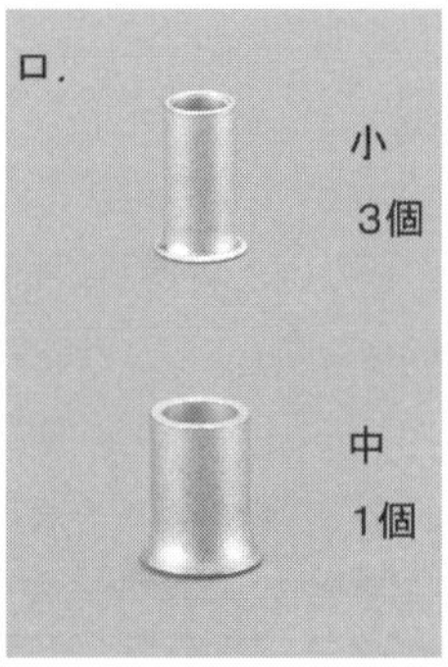小 3個 中 1個	ハ. 小 3個	ニ. 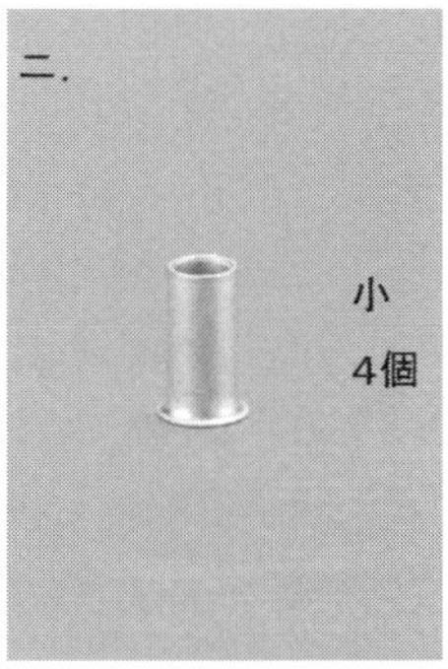小 4個
42	⑫で示す部分の配線工事に使用するケーブルは。ただし，心線数は最少とする。	イ. 	ロ. 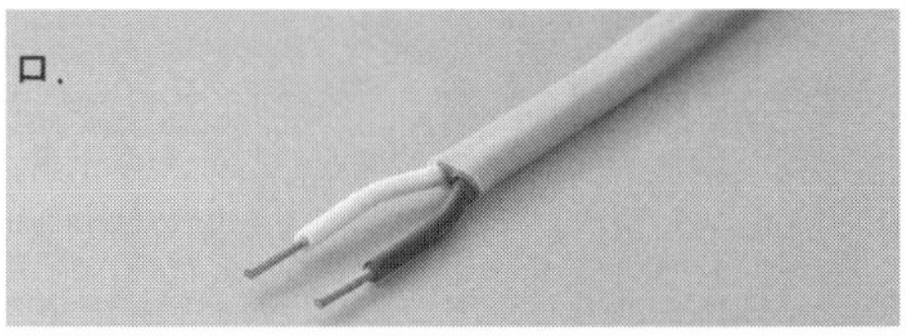	ハ. 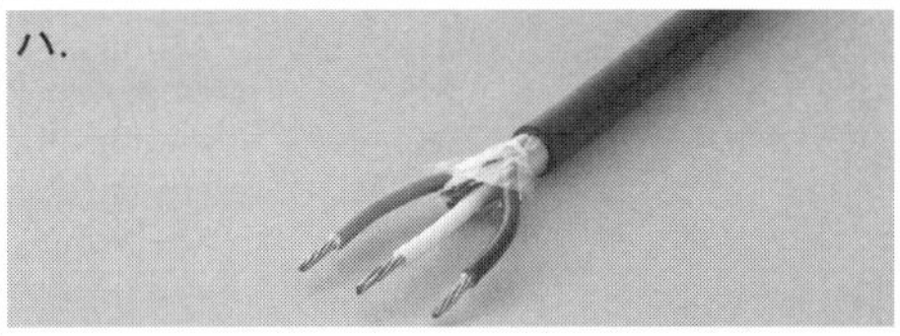	ニ. 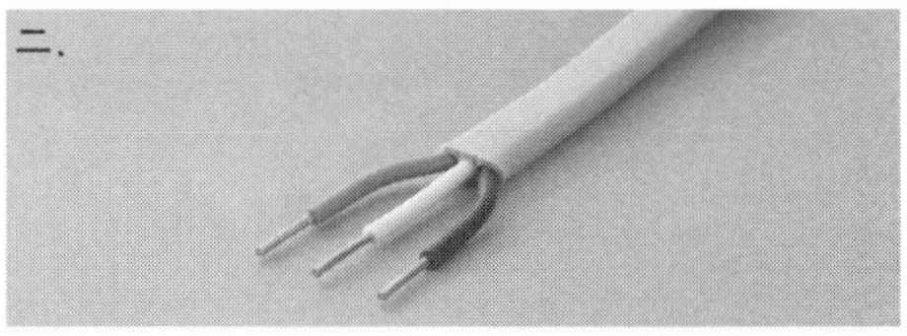
43	⑬で示す図記号の器具は。	イ. 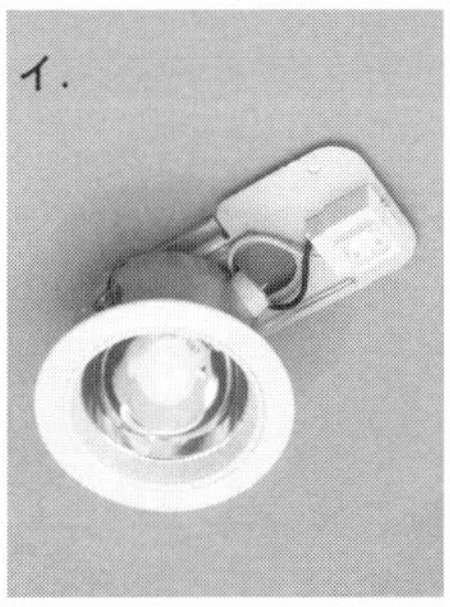	ロ. 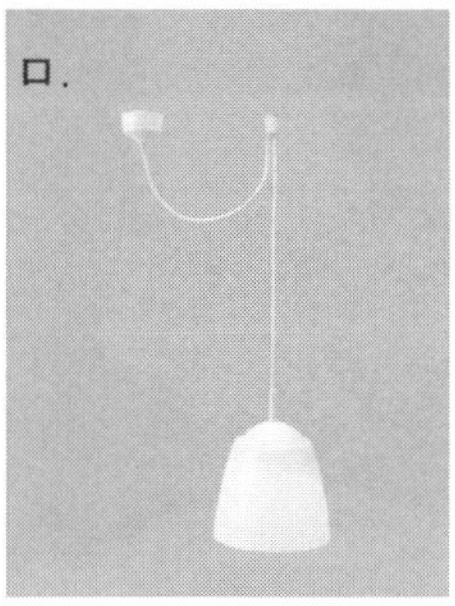	ハ. 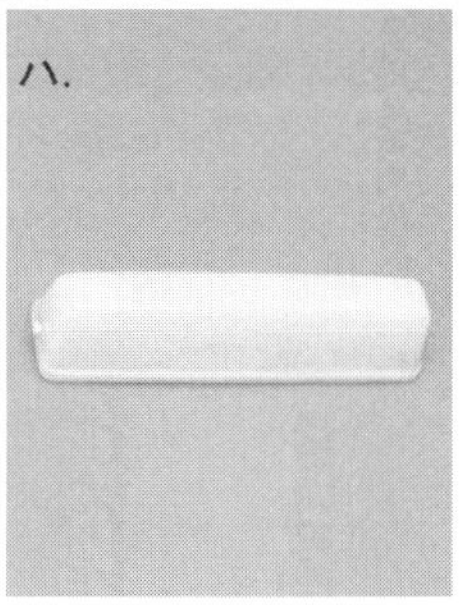	ニ. 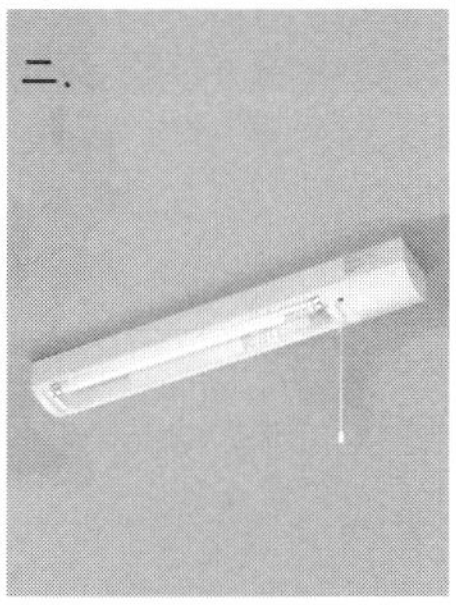
44	⑭で示す部分に取り付ける機器は。	イ. 	ロ. 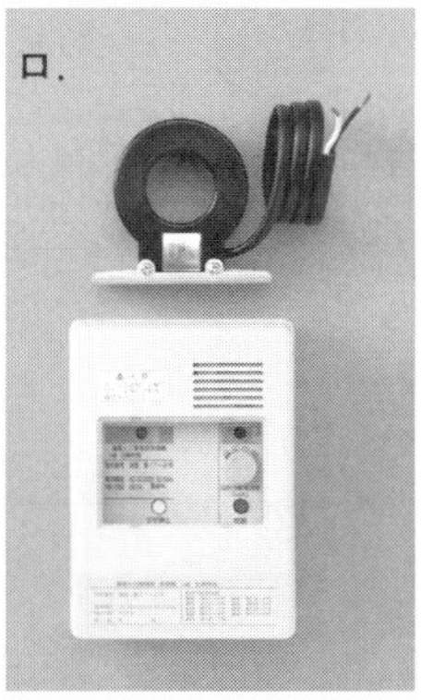	ハ. 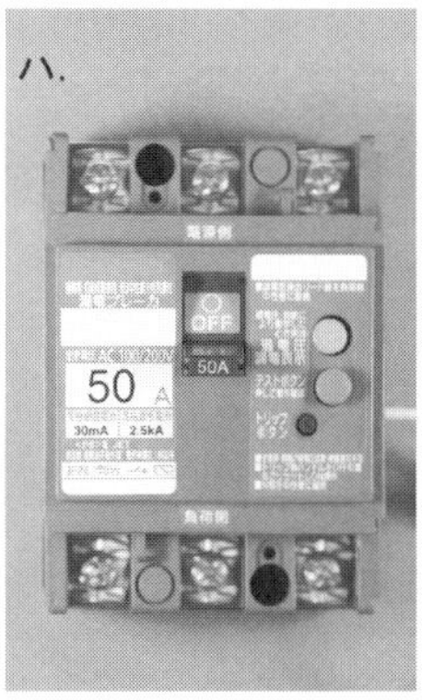OFF 50A 50 A	ニ. 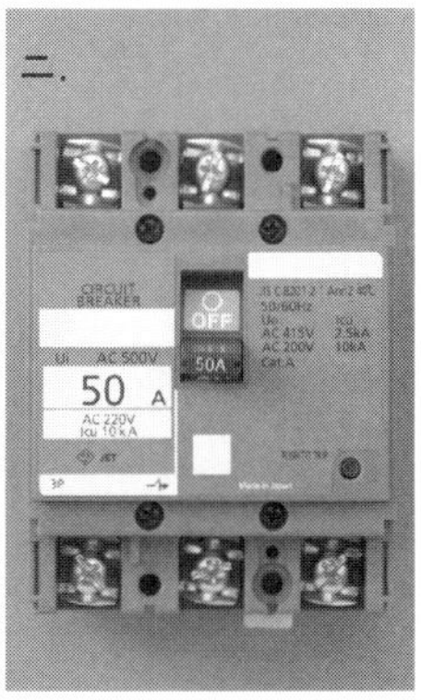CIRCUIT BREAKER OFF AC 500V 50A 50 A
45	⑮で示す回路の負荷電流を測定するものは。	イ. 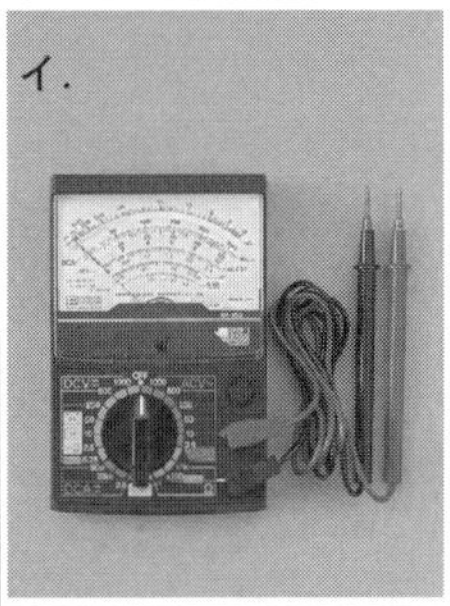	ロ. 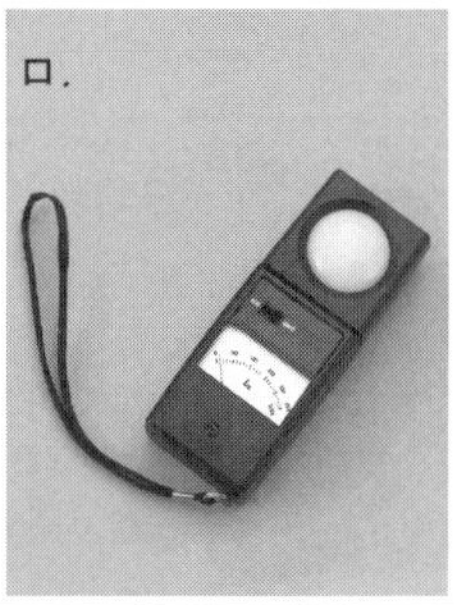	ハ. 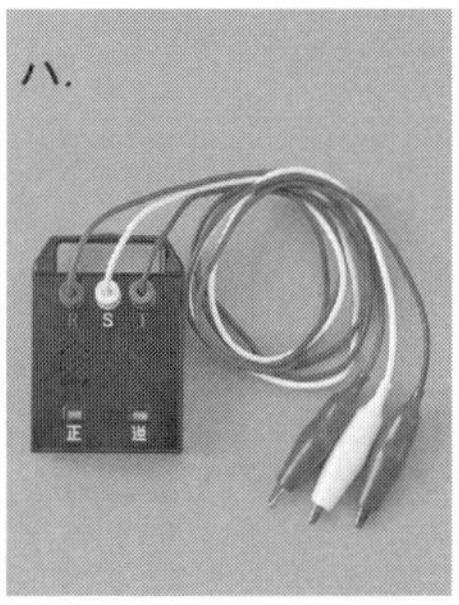正 逆	ニ. 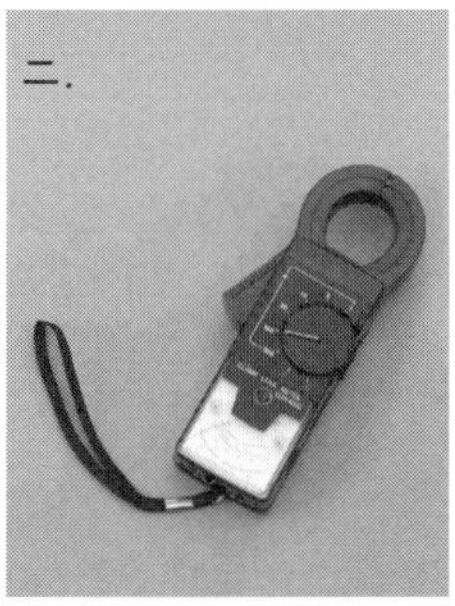

問い		答え			
46	⑯で示す図記号の器具は。	イ. 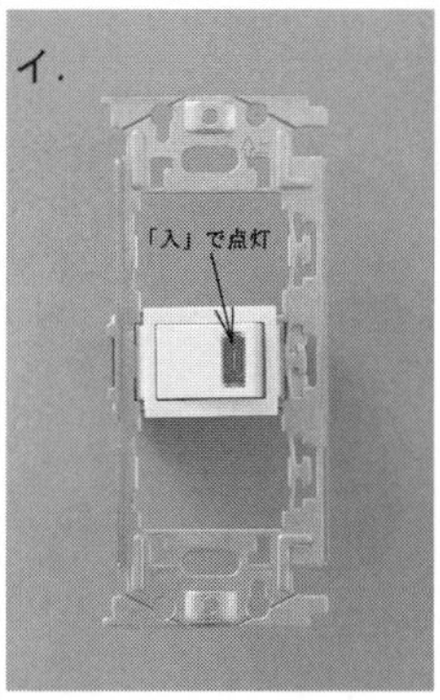「入」で点灯	ロ. 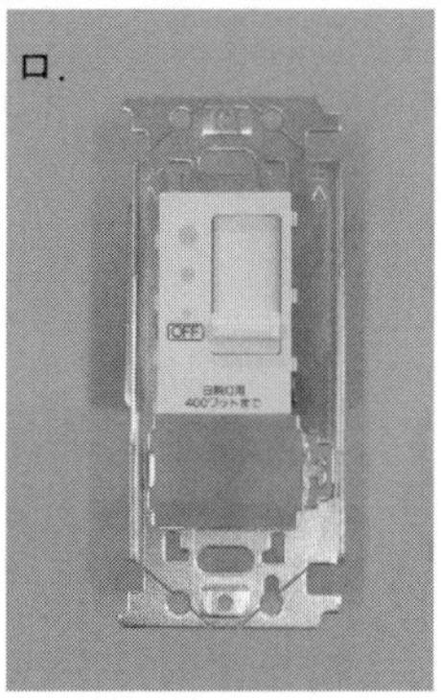OFF	ハ. 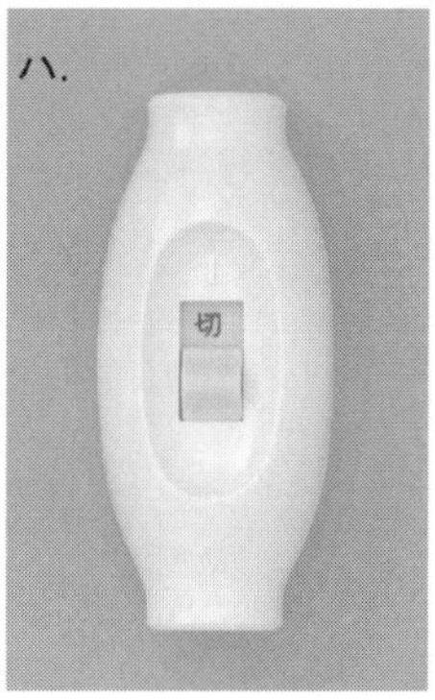切	ニ. 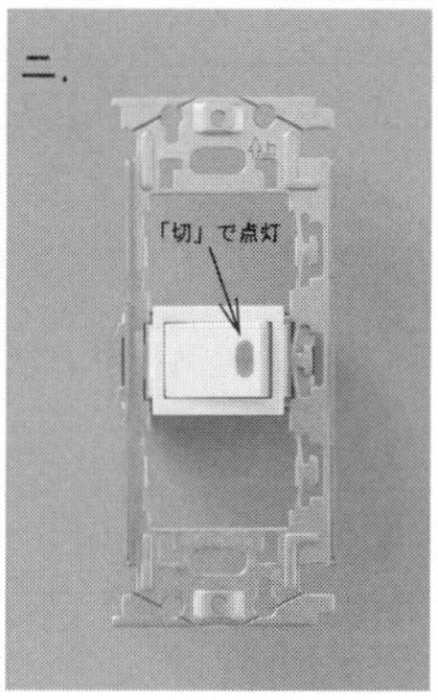「切」で点灯
47	⑰で示すボックス内の接続をリングスリーブ小3個を使用して圧着接続した場合の圧着接続後の刻印の組合せで，**正しいものは。** ただし，使用する電線はすべて VVF1.6 とする。 また，写真に示す**リングスリーブ中央**の○，**小**は刻印を表す。	イ. ○ 小 小	ロ. 小 ○ ○	ハ. 小 小 小	ニ. ○ ○ ○
48	⑱で示す図記号のものは。	イ. 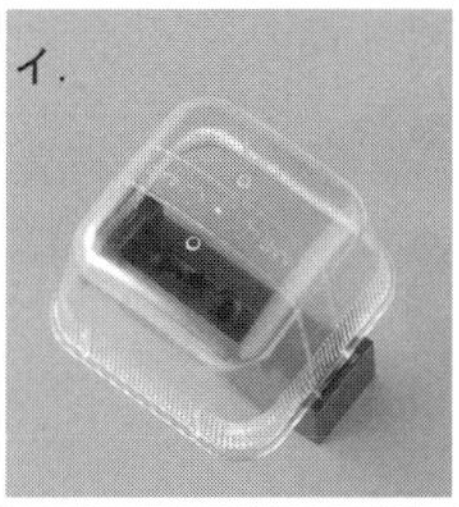	ロ. 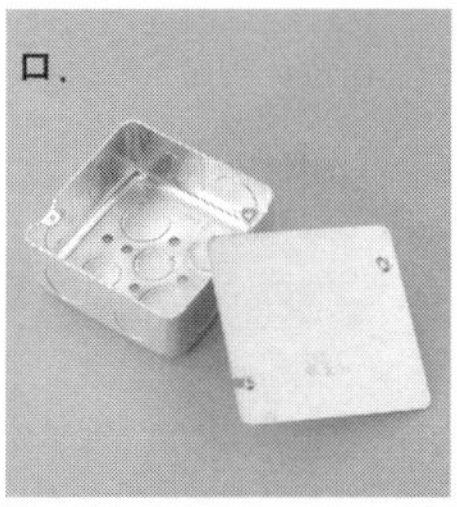	ハ. 	ニ. 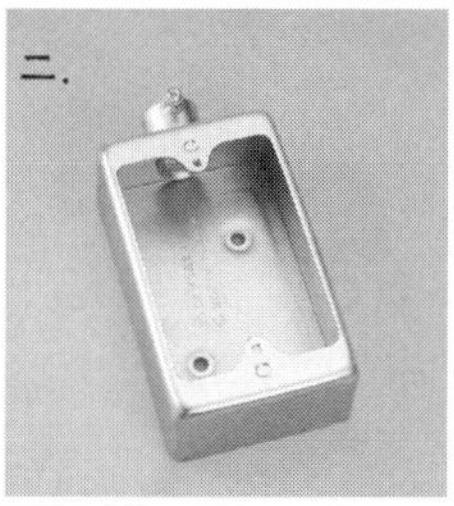
49	⑲で示すボックス内の接続をすべて差込形コネクタとする場合，使用する差込形コネクタの種類と最少個数の組合せで，**正しいものは。** ただし，使用する電線はすべて VVF1.6 とする。	イ. 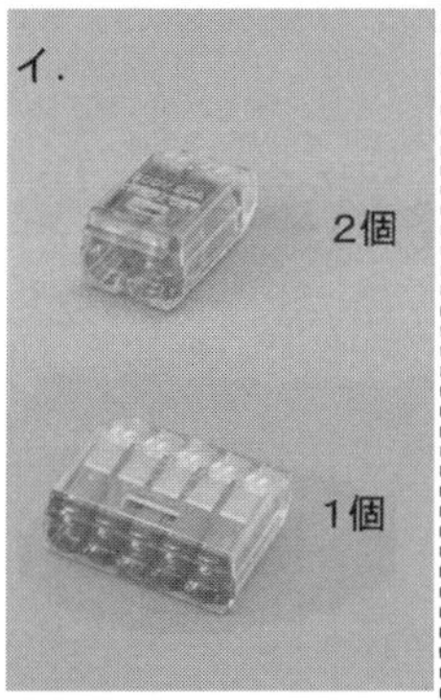2個 1個	ロ. 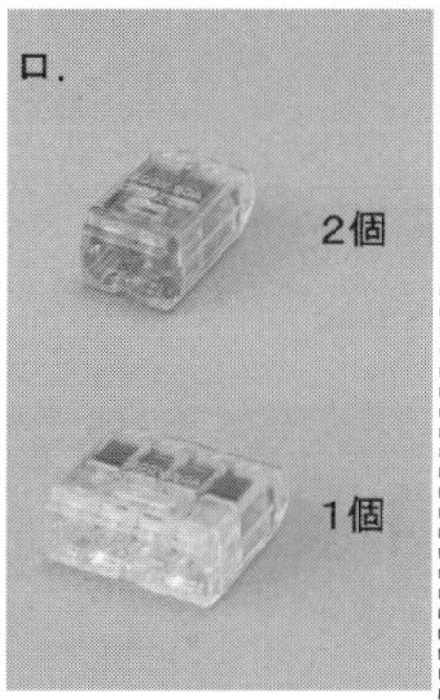2個 1個	ハ. 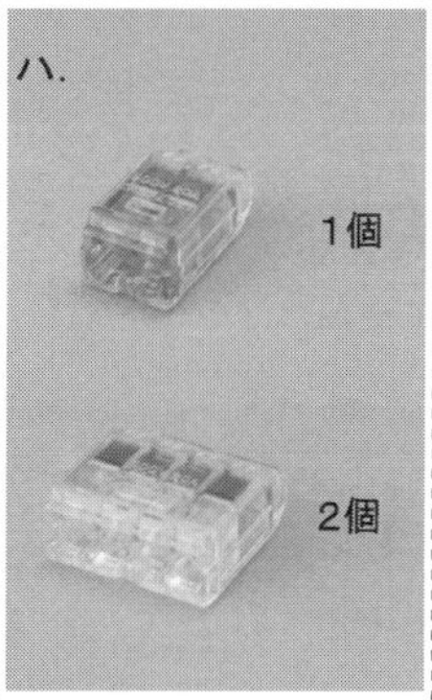1個 2個	ニ. 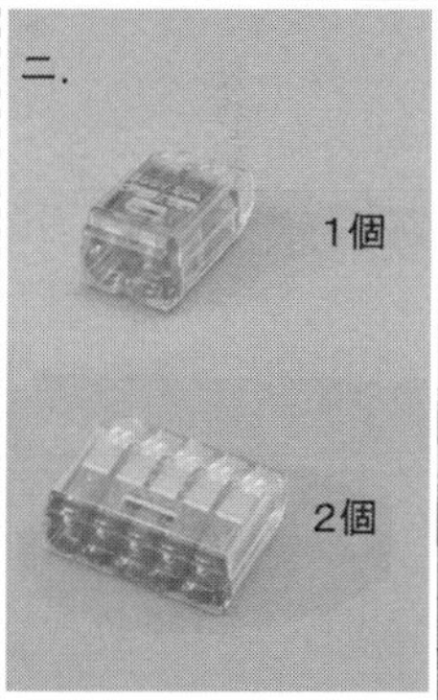1個 2個
50	この配線図の図記号で**使用されていない**スイッチは。 ただし，写真下の図は，接点の構成を示す。	イ. 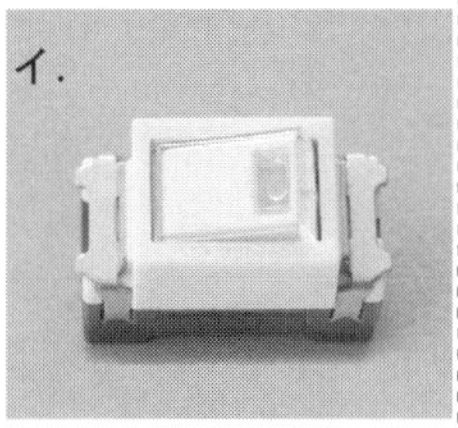 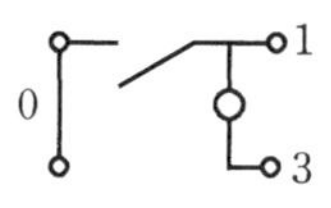0 1 3	ロ.  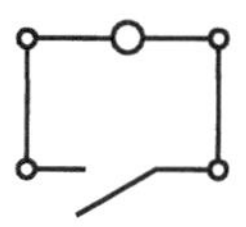	ハ.  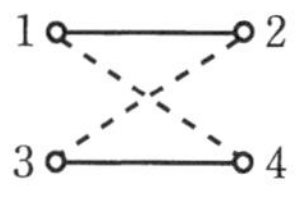1 2 3 4	ニ. 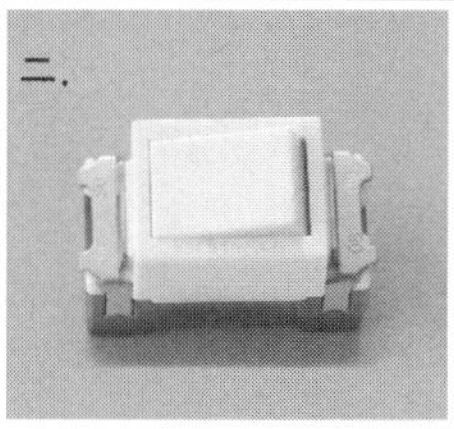 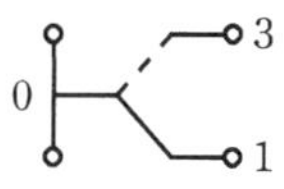0 3 1

図面を引き抜いてご覧ください

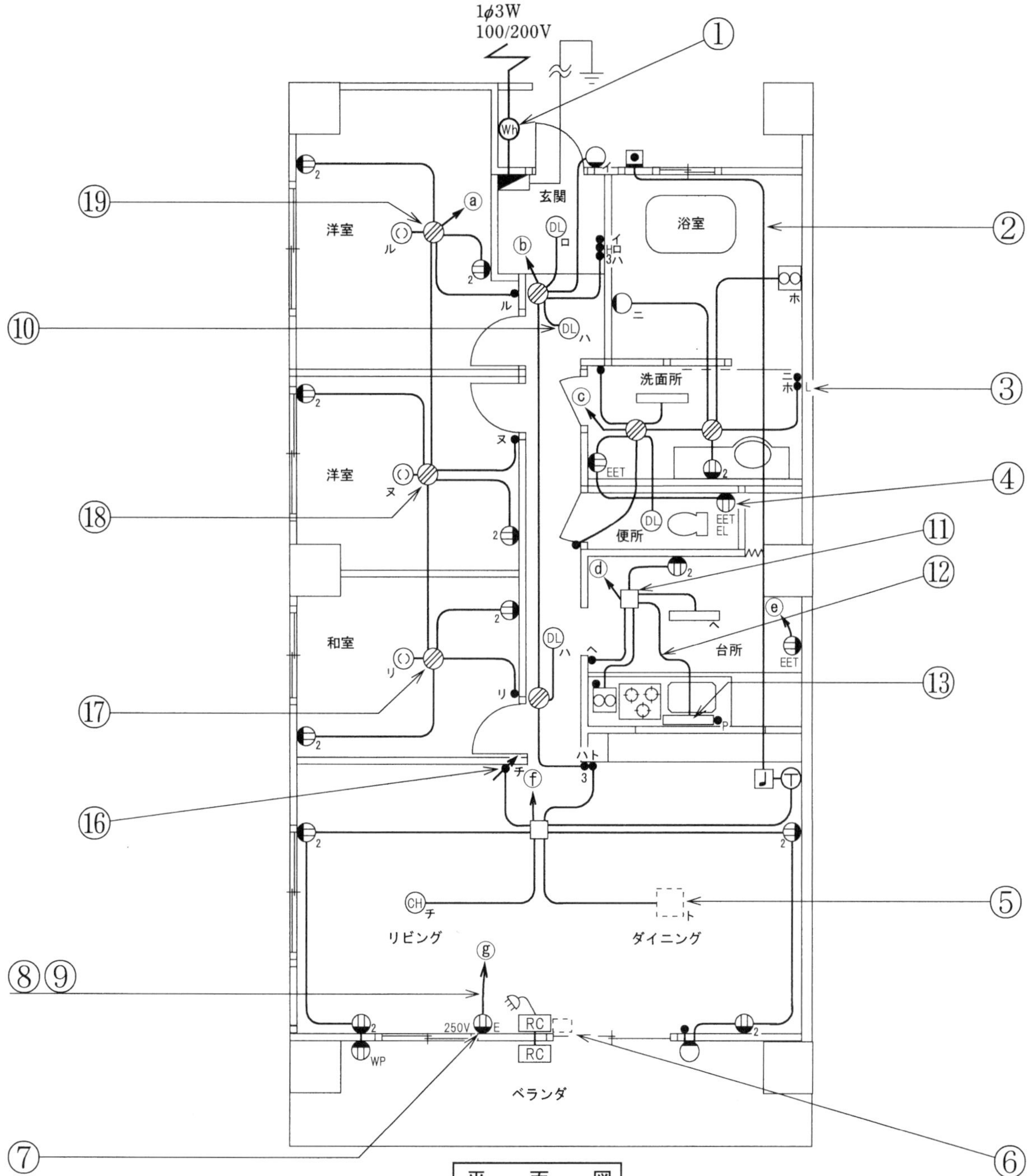

平面図

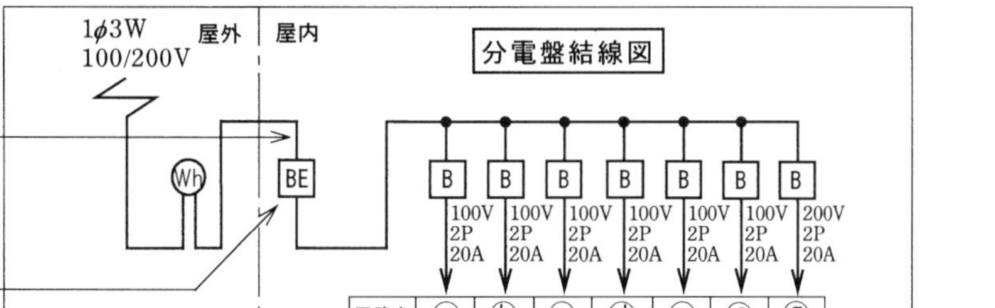

回路名	ⓐ	ⓑ	ⓒ	ⓓ	ⓔ	ⓕ	ⓖ
負荷名称	洋室・和室 照明・コンセント	玄関 照明・廊下・屋外	浴室・洗面所・便所 照明・コンセント・換気扇	台所 照明・コンセント・換気扇	台所 専用コンセント	リビング・ダイニング・屋外 照明・コンセント	リビング・ダイニング ルームエアコン コンセント

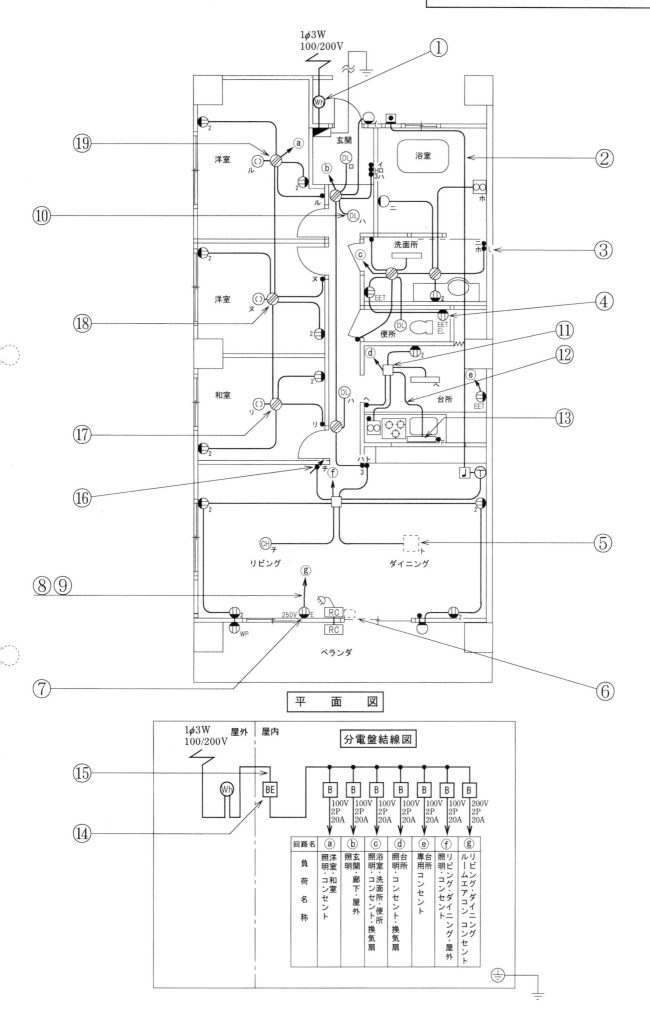

令和元年度 下期　筆記試験 解答

1　ロ　$\frac{6\times6}{6+6}=\frac{36}{12}=3$〔Ω〕　　$3+3=6$〔Ω〕

$R=\frac{6\times3}{6+3}=\frac{18}{9}=2$〔Ω〕

2　イ　$A=\frac{\pi D^2}{4}=\frac{3.14\times2.6^2}{4}\fallingdotseq5.3$〔mm²〕

イは，銅導線の長さ，断面積がほぼ等しいので，抵抗値が最も近い

3　ニ　$W=Pt=0.5\times\left(1+\frac{30}{60}\right)=0.5\times1.5=0.75$〔kW・h〕

$Q=3600\,Pt=3600\times0.75=2700$〔kJ〕

4　ハ　コンデンサCに流れる電流 i は電源電圧 v より位相が90°進むので，ハのような波形になる

5　ロ　抵抗10〔Ω〕に加わる相電圧 V〔V〕は，

$V=\frac{210}{\sqrt{3}}$〔V〕

したがって，流れる電流 I〔A〕は，

$I=\frac{\frac{210}{\sqrt{3}}}{10}=\frac{210}{10\sqrt{3}}=\frac{21}{\sqrt{3}}\fallingdotseq12.1$〔A〕

6　ハ

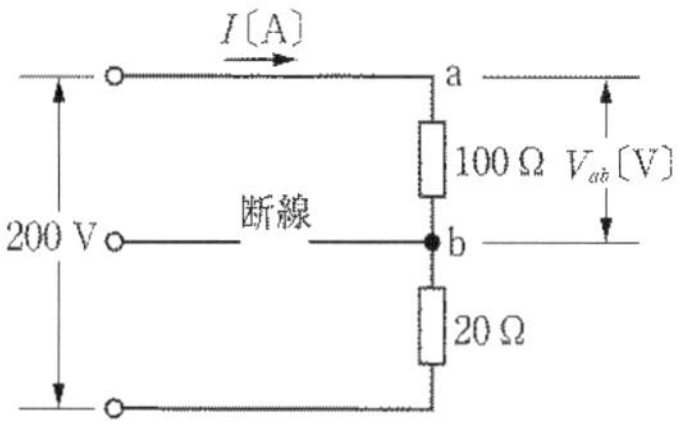

a－b 間に流れる電流 I〔A〕は，

$I=\frac{200}{100+20}=\frac{200}{120}\fallingdotseq1.67$〔A〕

$V_{ab}=1.67\times100=167$〔V〕

7　ロ　$v=\sqrt{3}Ir=1.73\times10\times0.15\fallingdotseq2.6$〔V〕

8　ロ　電技解釈第146条より，許容電流49〔A〕である。

$49\times0.70=34.3\rightarrow34$〔A〕

9　ロ　電技解釈第149条よりa－b 間の距離は7m，分岐点から3mを超えて8m以下。分岐する電線の許容電流は過電流遮断器の定格電流の35%以上

$I_w=50\times0.35=17.5$〔A〕

10　ニ　断面積5.5mm² 

電技解釈第149条（低圧分岐回路等の施設）により定格電流30〔A〕の配線用遮断器で保護された分岐回路である。

11　ニ　接地極付接地端子付コンセント

内線規程 3202－3

12　ハ　600V 架橋ポリエチレン絶縁ビニルシースケーブル（CV）に使用されている架橋ポリエチレンの最高許容温度は90℃で最も高い。

13　イ　略

14　ロ　略

15　ロ　電技解釈第33条

16　ハ　略

17　ニ　略

18　イ　略

19　ハ　略

20　イ　略

21　イ　電技解釈第156条（低圧屋内配線の施設場所による工事の種類）・第158条（合成樹脂管工事）による。

22　ニ　電技解釈第29条（機械器具の金属製外箱等の接地）第159条（金属管工事）

23　ロ　内線規程 3110-2（電磁的平衡）

24　ハ　略

25　ハ　略

26　イ　電技第58条，電技解釈第17条，第29条による。

27　ニ　略

28　ニ　略

29　ハ　略

30　イ　略

31　ハ　略

32　ニ　略

33　ロ　略

34　ニ　略

35　ハ　略

36　ニ　略

37　イ　略

38　ロ　略

39　イ　略

40　ハ　埋込器具

41　イ　（右図参照）

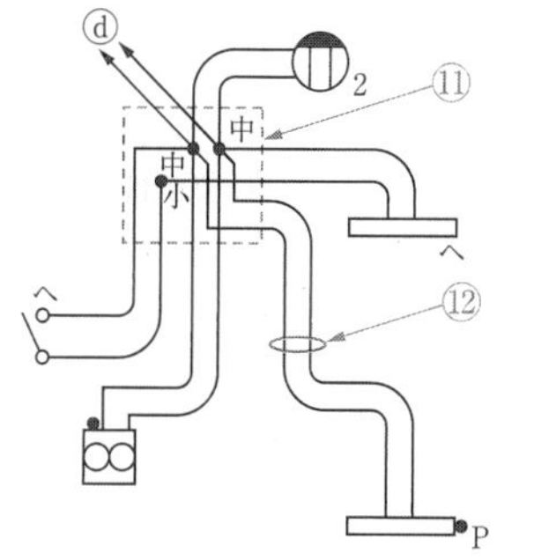

使用する電線はすべて VVF1.6 とする.

42　ロ　600V ビニル絶縁シースケーブル平形(VVF)の２心

43　ニ　プルスイッチ付きの蛍光灯 

44　ハ　過負荷保護付漏電遮断器

45　ニ　クランプ形電流計

46　ロ　調光器 

47　イ　VVF 用ジョイントボックス内の接続（右図参照）

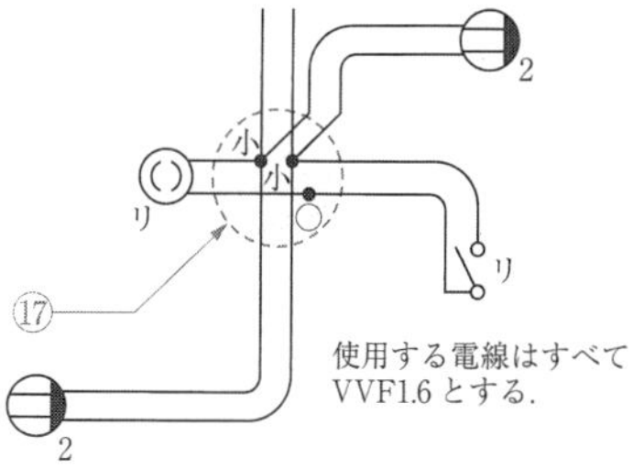

48　イ　VVF 用ジョイントボックス

49　ニ　（右図参照）

２本用１個

５本用２個

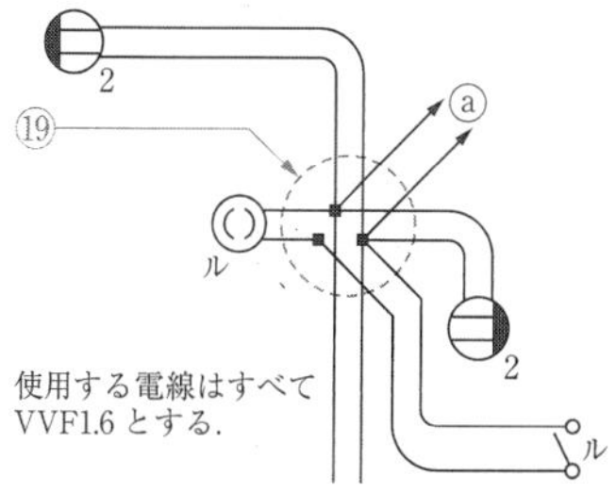

50　ハ　４路スイッチ　　図記号 

第二種電気工事士　筆記模擬試験の答案用紙

令和 元 年〔上期〕

受験番号を数字で記入して下さい。➡

受験番号に該当する位置にマークして下さい。➡

受験番号								
百万の位	十万の位	万の位	千の位	百の位	十の位	一の位	記号	
(0)	(0)	(0)	(0)	(0)	(0)	(0)	(A)	A
(1)	(1)	(1)	(1)	(1)	(1)	(1)	(E)	E
(2)	(2)	(2)	(2)	(2)	(2)	(2)	(F)	F
(3)	(3)	(3)	(3)	(3)	(3)	(3)	(G)	G
(4)	(4)	(4)	(4)	(4)	(4)	(4)	(K)	K
(5)	(5)	(5)	(5)	(5)	(5)	(5)	(P)	P
(6)	(6)	(6)	(6)	(6)	(6)	(6)	(T)	T
(7)	(7)	(7)	(7)	(7)	(7)	(7)		
(8)	(8)	(8)	(8)	(8)	(8)	(8)		
(9)	(9)	(9)	(9)	(9)	(9)	(9)		

氏名

生年月日
昭和 平成　　年　　月　　日

試験地

よい例　わるい例

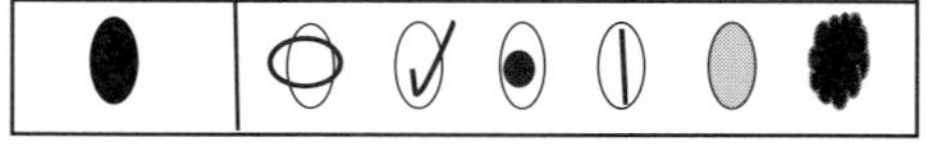

1. マークは上の例のようにマークすること。
2. 氏名・生年月日・試験地・受験番号を必ず記入すること。
3. 受験番号は欄外にはみださないように正確に記入し、必ず該当する番号にマークすること。
4. マークの記入にあったては濃度HBの黒鉛筆を使用すること。
5. 誤ってマークしたときは、跡の残らないようにプラスチック消しゴムできれいに消すこと。
6. 答の欄は各問につき一つだけマークすること。
7. 用紙は絶対に折り曲げたり汚したりしないこと。

（2点×30問）

問題1. 一般問題

問	答	問	答	問	答
1	(イ) (ロ) (ハ) (ニ)	11	(イ) (ロ) (ハ) (ニ)	21	(イ) (ロ) (ハ) (ニ)
2	(イ) (ロ) (ハ) (ニ)	12	(イ) (ロ) (ハ) (ニ)	22	(イ) (ロ) (ハ) (ニ)
3	(イ) (ロ) (ハ) (ニ)	13	(イ) (ロ) (ハ) (ニ)	23	(イ) (ロ) (ハ) (ニ)
4	(イ) (ロ) (ハ) (ニ)	14	(イ) (ロ) (ハ) (ニ)	24	(イ) (ロ) (ハ) (ニ)
5	(イ) (ロ) (ハ) (ニ)	15	(イ) (ロ) (ハ) (ニ)	25	(イ) (ロ) (ハ) (ニ)
6	(イ) (ロ) (ハ) (ニ)	16	(イ) (ロ) (ハ) (ニ)	26	(イ) (ロ) (ハ) (ニ)
7	(イ) (ロ) (ハ) (ニ)	17	(イ) (ロ) (ハ) (ニ)	27	(イ) (ロ) (ハ) (ニ)
8	(イ) (ロ) (ハ) (ニ)	18	(イ) (ロ) (ハ) (ニ)	28	(イ) (ロ) (ハ) (ニ)
9	(イ) (ロ) (ハ) (ニ)	19	(イ) (ロ) (ハ) (ニ)	29	(イ) (ロ) (ハ) (ニ)
10	(イ) (ロ) (ハ) (ニ)	20	(イ) (ロ) (ハ) (ニ)	30	(イ) (ロ) (ハ) (ニ)

（2点×20問）

問題2. 配線図

問	答	問	答
31	(イ) (ロ) (ハ) (ニ)	41	(イ) (ロ) (ハ) (ニ)
32	(イ) (ロ) (ハ) (ニ)	42	(イ) (ロ) (ハ) (ニ)
33	(イ) (ロ) (ハ) (ニ)	43	(イ) (ロ) (ハ) (ニ)
34	(イ) (ロ) (ハ) (ニ)	44	(イ) (ロ) (ハ) (ニ)
35	(イ) (ロ) (ハ) (ニ)	45	(イ) (ロ) (ハ) (ニ)
36	(イ) (ロ) (ハ) (ニ)	46	(イ) (ロ) (ハ) (ニ)
37	(イ) (ロ) (ハ) (ニ)	47	(イ) (ロ) (ハ) (ニ)
38	(イ) (ロ) (ハ) (ニ)	48	(イ) (ロ) (ハ) (ニ)
39	(イ) (ロ) (ハ) (ニ)	49	(イ) (ロ) (ハ) (ニ)
40	(イ) (ロ) (ハ) (ニ)	50	(イ) (ロ) (ハ) (ニ)

筆記試験

令和元年〔上期〕

問題1．一般問題（問題数 30，配点は 1 問当たり 2 点）

【注】本問題の計算で $\sqrt{2}$，$\sqrt{3}$ 及び円周率 π を使用する場合の数値は次によること。　$\sqrt{2}=1.41$，$\sqrt{3}=1.73$，$\pi=3.14$

次の各問いには4通りの答え（**イ**，**ロ**，**ハ**，**ニ**）が書いてある。それぞれの問いに対して答えを1つ選びなさい。

なお，選択肢が数値の場合は最も近い値を選びなさい。

	問　い	答　え
1	図のような回路で，スイッチ S を閉じたとき，a－b 端子間の電圧［V］は。 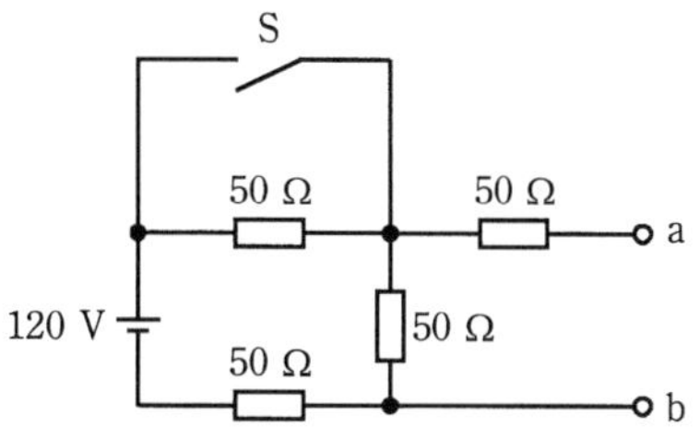 	イ．30　ロ．40　ハ．50　ニ．60
2	ビニル絶縁電線（単心）の導体の直径を D，長さを L とするとき，この電線の抵抗と許容電流に関する記述として，**誤っているものは。**	イ．許容電流は，周囲の温度が上昇すると，大きくなる。 ロ．電線の抵抗は，D^2 に反比例する。 ハ．電線の抵抗は，L に比例する。 ニ．許容電流は，D が大きくなると，大きくなる。
3	電熱器により，60 kg の水の温度を 20 K 上昇させるのに必要な電力量［kW･h］は。 ただし，水の比熱は 4.2kJ/(kg･K) とし，熱効率は 100 ％とする。	イ．1.0　ロ．1.2　ハ．1.4　ニ．1.6
4	図のような交流回路において，抵抗 8 Ω の両端の電圧 V［V］は。 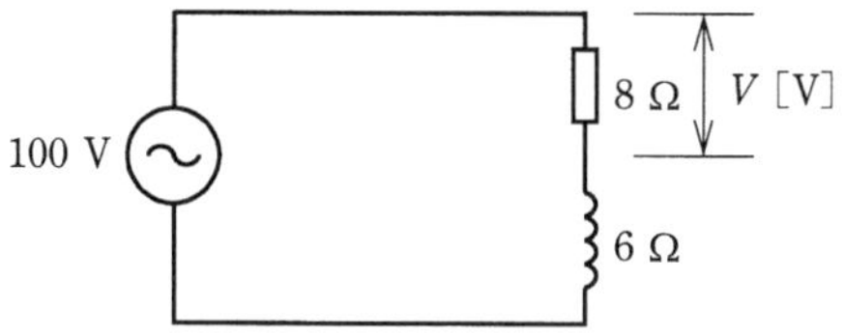 	イ．43　ロ．57　ハ．60　ニ．80
5	図のような三相 3 線式回路の全消費電力［kW］は。 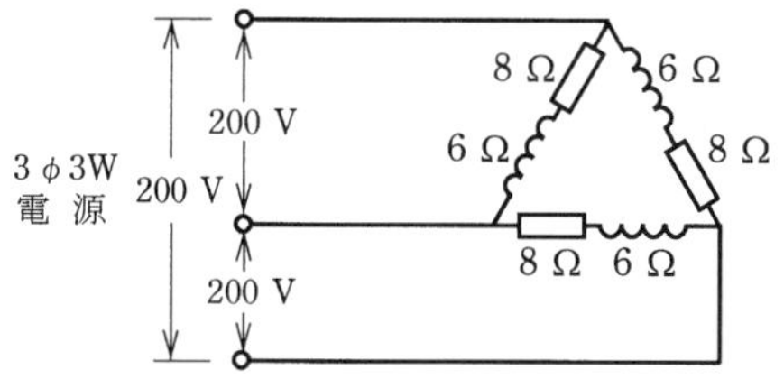 	イ．2.4　ロ．4.8　ハ．9.6　ニ．19.2

	問い	イ	ロ	ハ	ニ
6	図のような単相 2 線式回路において，c－c′間の電圧が 100 V のとき，a－a′間の電圧［V］は。 ただし，r は電線の電気抵抗［Ω］とする。 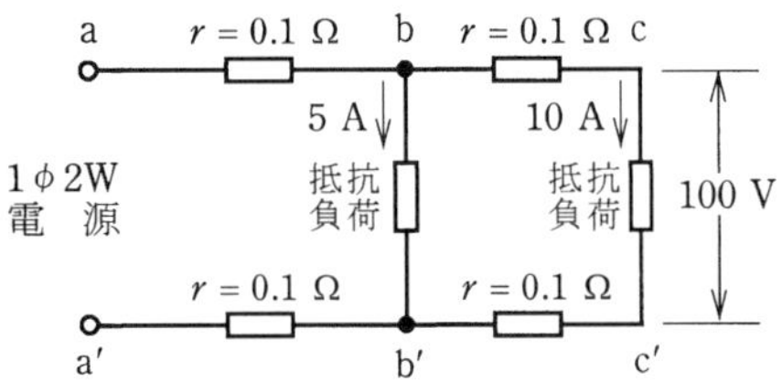	イ．102	ロ．103	ハ．104	ニ．105
7	図のような単相 3 線式回路で，電線 1 線当たりの抵抗が r［Ω］，負荷電流が I［A］，中性線に流れる電流が 0 A のとき，電圧降下（$V_s - V_r$）［V］を示す式は。 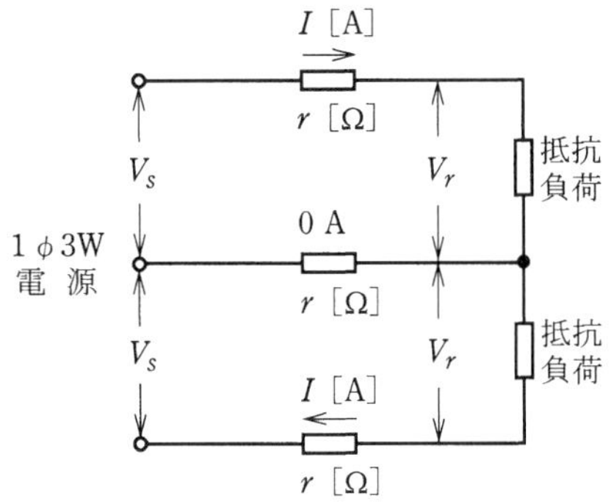	イ．$2rI$	ロ．$3rI$	ハ．rI	ニ．$\sqrt{3}rI$
8	金属管による低圧屋内配線工事で，管内に直径 2.0 mm の 600 V ビニル絶縁電線（軟銅線）5 本を収めて施設した場合，電線 1 本当たりの許容電流［A］は。 ただし，周囲温度は 30 ℃以下，電流減少係数は 0.56 とする。	イ．10	ロ．15	ハ．19	ニ．27
9	図のように定格電流 100 A の過電流遮断器で保護された低圧屋内幹線から分岐して，6 m の位置に過電流遮断器を施設するとき，a－b 間の電線の許容電流の最小値［A］は。 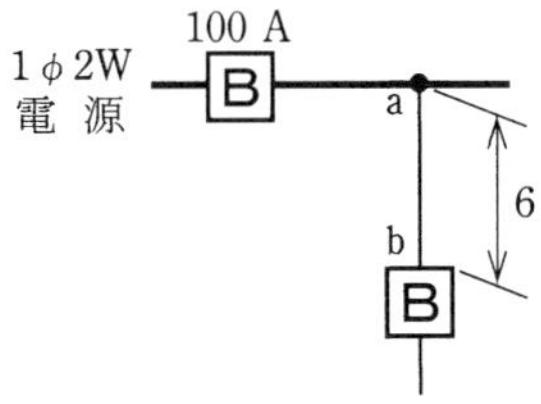	イ．25	ロ．35	ハ．45	ニ．55

	問　い	答　え
10	低圧屋内配線の分岐回路の設計で，配線用遮断器の定格電流とコンセントの組合せとして，**不適切なものは。**	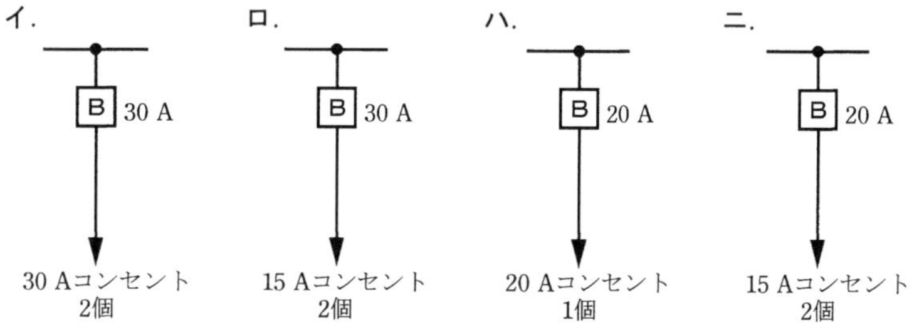 イ． B 30 A 30 Aコンセント 2個 ロ． B 30 A 15 Aコンセント 2個 ハ． B 20 A 20 Aコンセント 1個 ニ． B 20 A 15 Aコンセント 2個
11	アウトレットボックス(金属製)の使用方法として，**不適切なものは。**	イ．金属管工事で電線の引き入れを容易にするのに用いる。 ロ．金属管工事で電線相互を接続する部分に用いる。 ハ．配線用遮断器を集合して設置するのに用いる。 ニ．照明器具などを取り付ける部分で電線を引き出す場合に用いる。
12	使用電圧が 300 V 以下の屋内に施設する器具であって，付属する移動電線にビニルコードが**使用できるものは。**	イ．電気扇風機 ロ．電気こたつ ハ．電気こんろ ニ．電気トースター
13	金属管(鋼製電線管)工事で切断及び曲げ作業に使用する工具の組合せとして，**適切なものは。**	イ．やすり　パイプレンチ　トーチランプ ロ．リーマ　金切りのこ　パイプベンダ ハ．やすり　金切りのこ　トーチランプ ニ．リーマ　パイプレンチ　パイプベンダ
14	極数 6 の三相かご形誘導電動機を周波数 50 Hz で使用するとき，最も近い回転速度 [min^{-1}] は。	イ．500　　ロ．1 000　　ハ．1 500　　ニ．3 000
15	系統連系型の小出力太陽光発電設備において，**使用される機器は。**	イ．調光器 ロ．低圧進相コンデンサ ハ．自動点滅器 ニ．パワーコンディショナ
16	写真に示す材料の用途は。  (合成樹脂製)	イ．住宅でスイッチやコンセントを取り付けるのに用いる。 ロ．多数の金属管が集合する箇所に用いる。 ハ．フロアダクトが交差する箇所に用いる。 ニ．多数の遮断器を集合して設置するために用いる。

問 い		答 え
17	写真に示す器具の用途は。 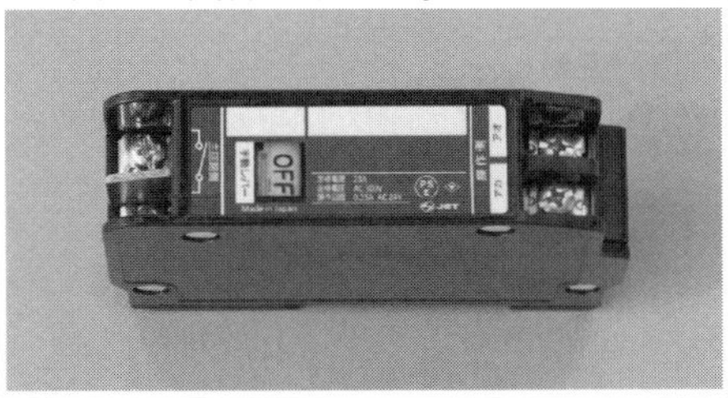	イ．リモコン配線の操作電源変圧器として用いる。 ロ．リモコン配線のリレーとして用いる。 ハ．リモコンリレー操作用のセレクタスイッチとして用いる。 ニ．リモコン用調光スイッチとして用いる。
18	写真に示す工具の用途は。 	イ．硬質塩化ビニル電線管の曲げ加工に用いる。 ロ．合成樹脂製可とう電線管の接続加工に用いる。 ハ．ライティングダクトの曲げ加工に用いる。 ニ．金属管（鋼製電線管）の曲げ加工に用いる。
19	単相 100 V の屋内配線工事における絶縁電線相互の接続で，**不適切なものは。**	イ．絶縁電線の絶縁物と同等以上の絶縁効力のあるもので十分被覆した。 ロ．電線の引張強さが 15 %減少した。 ハ．電線相互を指で強くねじり，その部分を絶縁テープで十分被覆した。 ニ．接続部の電気抵抗が増加しないように接続した。
20	100 V の低圧屋内配線工事で，**不適切なものは。**	イ．フロアダクト工事で，ダクトの長さが短いので D 種接地工事を省略した。 ロ．ケーブル工事で，ビニル外装ケーブルと弱電流電線が接触しないように施設した。 ハ．金属管工事で，ワイヤラス張りの貫通箇所のワイヤラスを十分に切り開き，貫通部分の金属管を合成樹脂管に収めた。 ニ．合成樹脂管工事で，その管の支持点間の距離を 1.5 m とした。
21	店舗付き住宅の屋内に三相 3 線式 200 V，定格消費電力 2.5 kW のルームエアコンを施設した。このルームエアコンに電気を供給する電路の工事方法として，**適切なものは。** ただし，配線は接触防護措置を施し，ルームエアコン外箱等の人が触れるおそれがある部分は絶縁性のある材料で堅ろうに作られているものとする。	イ．専用の過電流遮断器を施設し，合成樹脂管工事で配線し，コンセントを使用してルームエアコンと接続した。 ロ．専用の漏電遮断器（過負荷保護付）を施設し，ケーブル工事で配線し，ルームエアコンと直接接続した。 ハ．専用の配線用遮断器を施設し，金属管工事で配線し，コンセントを使用してルームエアコンと接続した。 ニ．専用の開閉器のみを施設し，金属管工事で配線し，ルームエアコンと直接接続した。
22	床に固定した定格電圧 200 V，定格出力 2.2 kW の三相誘導電動機の鉄台に接地工事をする場合，接地線（軟銅線）の太さと接地抵抗値の組合せで，**不適切なものは。** ただし，漏電遮断器を設置しないものとする。	イ．直径 1.6 mm，10 Ω ロ．直径 2.0 mm，50 Ω ハ．公称断面積 0.75 mm^2，5 Ω ニ．直径 2.6 mm，75 Ω

	問　い	答　え
23	図に示す雨線外に施設する金属管工事の末端Ⓐ又はⒷ部分に使用するものとして，**不適切なものは**。 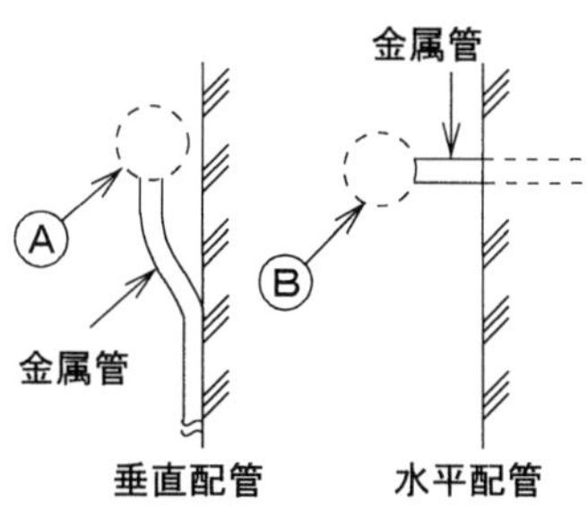 金属管 Ⓐ Ⓑ 金属管 垂直配管 水平配管	イ．Ⓐ部分にエントランスキャップを使用した。 ロ．Ⓑ部分にターミナルキャップを使用した。 ハ．Ⓑ部分にエントランスキャップを使用した。 ニ．Ⓐ部分にターミナルキャップを使用した。
24	図のような単相3線式回路で，開閉器を閉じて機器Aの両端の電圧を測定したところ150Vを示した。この原因として，**考えられるものは**。 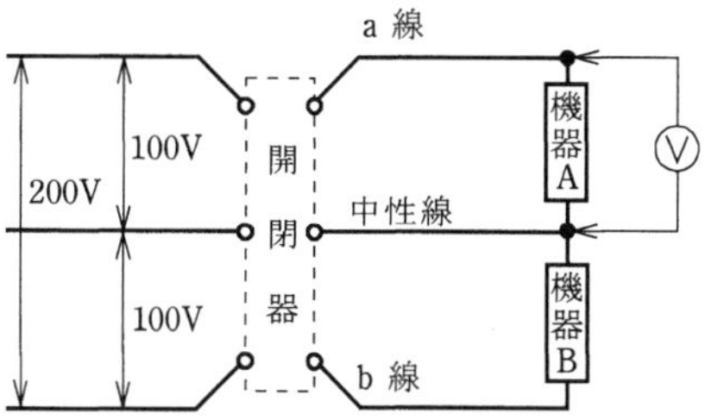 a 線 200V 100V 100V 開閉器 中性線 b 線 機器A 機器B V	イ．機器Aの内部で断線している。 ロ．a線が断線している。 ハ．b線が断線している。 ニ．中性線が断線している。
25	使用電圧が低圧の電路において，絶縁抵抗測定が困難であったため，使用電圧が加わった状態で漏えい電流により絶縁性能を確認した。「電気設備の技術基準の解釈」に定める，絶縁性能を有していると判断できる漏えい電流の最大値［mA］は。	イ．0.1　　ロ．0.2　　ハ．1　　ニ．2
26	工場の200V三相誘導電動機（対地電圧200V）への配線の絶縁抵抗値［MΩ］及びこの電動機の鉄台の接地抵抗値［Ω］を測定した。電気設備技術基準等に適合する測定値の組合せとして，**適切なものは**。 ただし，200V電路に施設された漏電遮断器の動作時間は0.1秒とする。	イ．0.2 MΩ 300 Ω ロ．0.4 MΩ 600 Ω ハ．0.1 MΩ 200 Ω ニ．0.1 MΩ 50 Ω
27	単相3線式回路の漏れ電流の有無を，クランプ形漏れ電流計を用いて測定する場合の測定方法として，**正しいものは**。 ただし，は中性線を示す。	イ．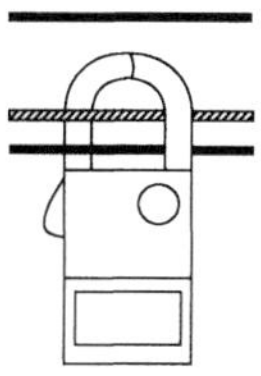 ロ．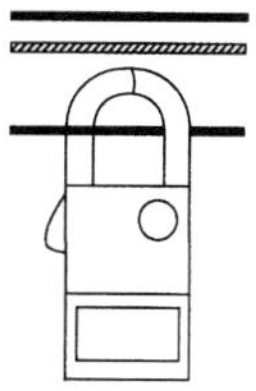 ハ．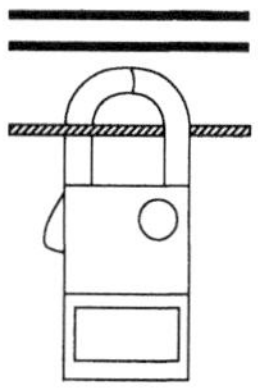 ニ．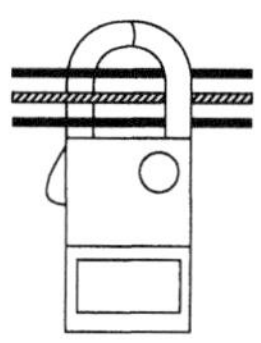

	問い	答え
28	電気工事士の義務又は制限に関する記述として，**誤っているものは**。	イ．電気工事士は，都道府県知事から電気工事の業務に関して報告するよう求められた場合には，報告しなければならない。 ロ．電気工事士は，電気工事士法で定められた電気工事の作業に従事するときは，電気工事士免状を携帯しなければならない。 ハ．電気工事士は，電気工事士法で定められた電気工事の作業に従事するときは，「電気設備に関する技術基準を定める省令」に適合するよう作業を行わなければならない。 ニ．電気工事士は，住所を変更したときは，免状を交付した都道府県知事に申請して免状の書換えをしてもらわなければならない。
29	電気用品安全法における電気用品に関する記述として，**誤っているものは**。	イ．電気用品の製造又は輸入の事業を行う者は，電気用品安全法に規定する義務を履行したときに，経済産業省令で定める方式による表示を付すことができる。 ロ．特定電気用品には (PS E) または(PS)E の表示が付されている。 ハ．電気用品の販売の事業を行う者は，経済産業大臣の承認を受けた場合等を除き，法令に定める表示のない電気用品を販売してはならない。 ニ．電気工事士は，電気用品安全法に規定する表示の付されていない電気用品を電気工作物の設置又は変更の工事に使用してはならない。
30	一般用電気工作物に関する記述として，**誤っているものは**。	イ．低圧で受電するもので，出力 60 kW の太陽電池発電設備を同一構内に施設するものは，一般用電気工作物となる。 ロ．低圧で受電するものは，小出力発電設備を同一構内に施設しても一般用電気工作物となる。 ハ．低圧で受電するものであっても，火薬類を製造する事業場など，設置する場所によっては一般用電気工作物とならない。 ニ．高圧で受電するものは，受電電力の容量，需要場所の業種にかかわらず，一般用電気工作物とならない。

問題２．配線図 （問題数 20，配点は１問当たり２点）　　　　　　　　　　　　　　　※図は１５頁参照

図は，木造３階建住宅の配線図である。この図に関する次の各問いには４通りの答え（**イ**，**ロ**，**ハ**，**ニ**）が書いてある。それぞれの問いに対して，答えを１つ選びなさい。

【注意】 １．屋内配線の工事は，特記のある場合を除き 600V ビニル絶縁ビニルシースケーブル平形（VVF）を用いたケーブル工事である。

２．屋内配線等の電線の本数，電線の太さ，その他，問いに直接関係のない部分等は省略又は簡略化してある。

３．漏電遮断器は，定格感度電流 30mA，動作時間 0.1 秒以内のものを使用している。

４．選択肢（答え）の写真にあるコンセント及び点滅器は，「JIS C 0303：2000 構内電気設備の配線用図記号」で示す「一般形」である。

５．ジョイントボックスを経由する電線は，すべて接続箇所を設けている。

６．３路スイッチの記号「0」の端子には，電源側又は負荷側の電線を結線する。

	問　い	答　え
31	①で示す図記号の器具の種類は。	**イ**．引掛形コンセント　**ロ**．シーリング（天井直付） **ハ**．引掛シーリング（角）　**ニ**．埋込器具
32	②で示す部分の電路と大地間の絶縁抵抗として，許容される最小値[MΩ]は。	**イ**．0.1　**ロ**．0.2　**ハ**．0.4　**ニ**．1.0
33	③で示すコンセントの極配置（刃受）は。	**イ**．　**ロ**．　**ハ**．　**ニ**．
34	④で示す図記号の器具の種類は。	**イ**．漏電遮断器付コンセント　**ロ**．接地極付コンセント **ハ**．接地端子付コンセント　**ニ**．接地極付接地端子付コンセント
35	⑤で示す図記号の器具を用いる目的は。	**イ**．不平衡電流を遮断する。　**ロ**．過電流と地絡電流を遮断する。 **ハ**．地絡電流のみを遮断する。　**ニ**．短絡電流のみを遮断する。
36	⑥で示す部分の接地工事における接地抵抗の許容される最大値［Ω］は。	**イ**．10　**ロ**．100　**ハ**．300　**ニ**．500
37	⑦で示す部分の最少電線本数（心線数）は。	**イ**．3　**ロ**．4　**ハ**．5　**ニ**．6
38	⑧で示す部分の小勢力回路で使用できる電線（軟銅線）の導体の最小直径［mm］は。	**イ**．0.8　**ロ**．1.2　**ハ**．1.6　**ニ**．2.0
39	⑨で示す部分は屋外灯の自動点滅器である。その図記号の傍記表示は。	**イ**．A　**ロ**．T　**ハ**．P　**ニ**．L
40	⑩で示す図記号の配線方法は。	**イ**．天井隠ぺい配線　**ロ**．床隠ぺい配線 **ハ**．露出配線　**ニ**．ライティングダクト配線

（次頁へ続く）

問い		答え			
41	⑪で示す図記号の器具は。	イ. 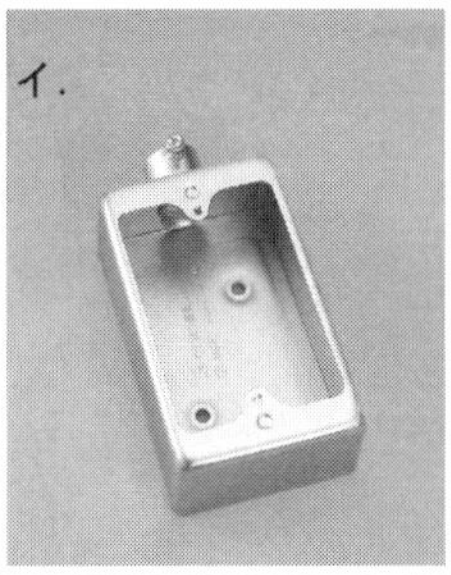	ロ. 	ハ. 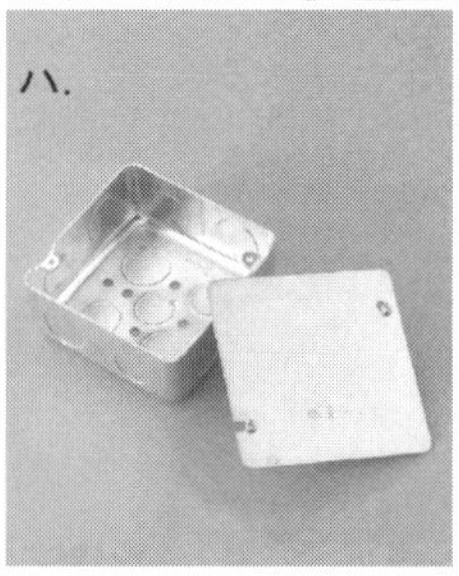	ニ. 
42	⑫で示す図記号の器具は。	イ. 	ロ. 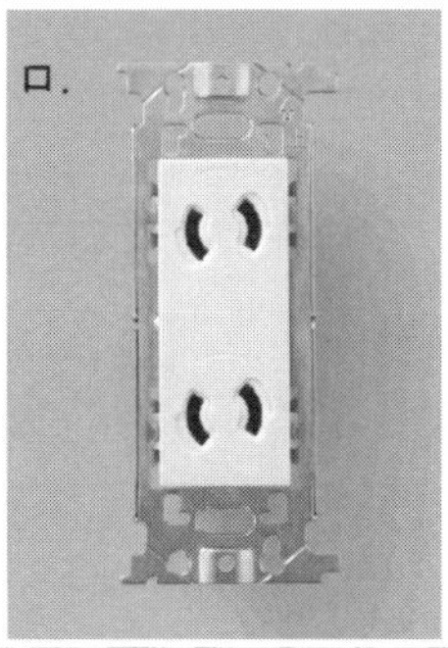	ハ. 	ニ. 
43	⑬で示す図記号の機器は。	イ. 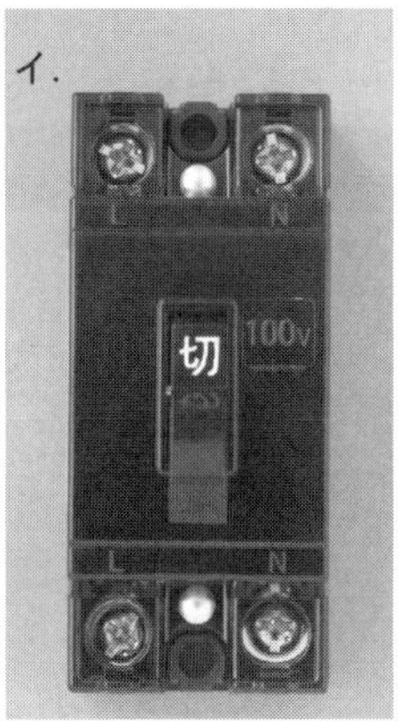 安全ブレーカ HB型 2P 1E JIS C 8211 Ann2 AC100V Icn 1.5kA 20A PS E 110V 20A JET MDM IC 1.5kA JET HB 〈回路図〉 L N 60℃ CABLE AT25℃	ロ. 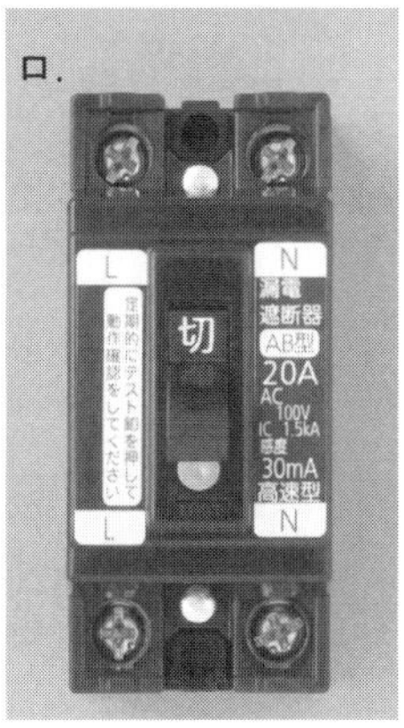 小形漏電ブレーカAB型 過負荷短絡保護兼用 1φ2W 2P1E JIS C8222 Ann2 PS E JET MDM 100V IC1.5kA 20A 定格感度電流 30mA 高速型 衝撃波不動作型 L N L N 定格不動作電流15mA 動作時間0.1秒以内 50/60Hz 電流動作型 屋内用	ハ. 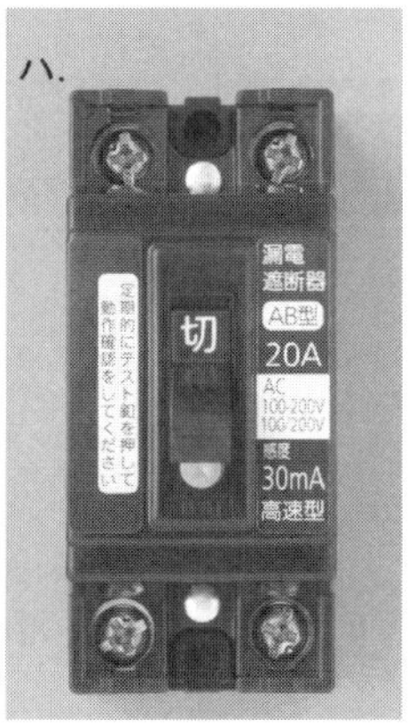 小形漏電ブレーカAB型 過負荷短絡保護兼用 1φ2W 2P2E JIS C8222 Ann2 1φ3W 1 3 PS E JET MDM 20A 定格感度電流 30mA 高速型 衝撃波不動作型 2 4 定格不動作電流15mA 動作時間0.1秒以内 50/60Hz 電流動作型 屋内用	ニ. 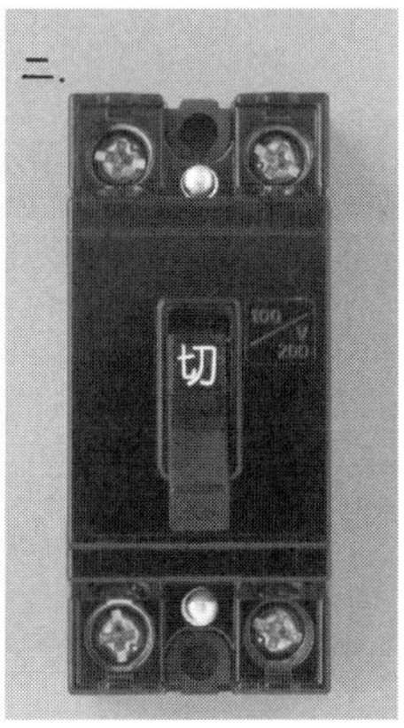 安全ブレーカHB型 2P2E JIS C 8211 Ann2 AC100/200V Icn1.5kA 20A PS E JET 20A 110/220V IC1.5kA JET HB 60°C CABLE AT25°C <回路図>
44	⑭で示すボックス内の接続をすべて圧着接続とする場合，使用するリングスリーブの種類と最少個数の組合せで，**正しいものは。** ただし，使用する電線は，すべてVVF1.6とする。	イ. 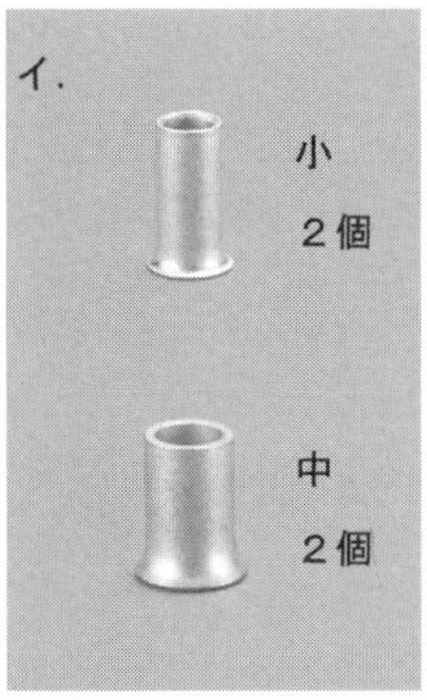	ロ. 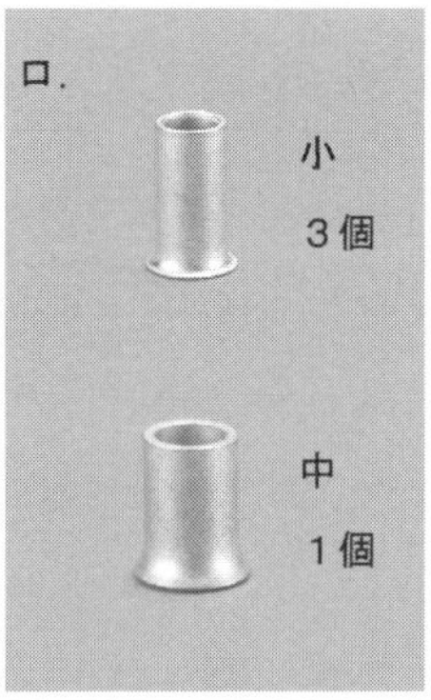	ハ. 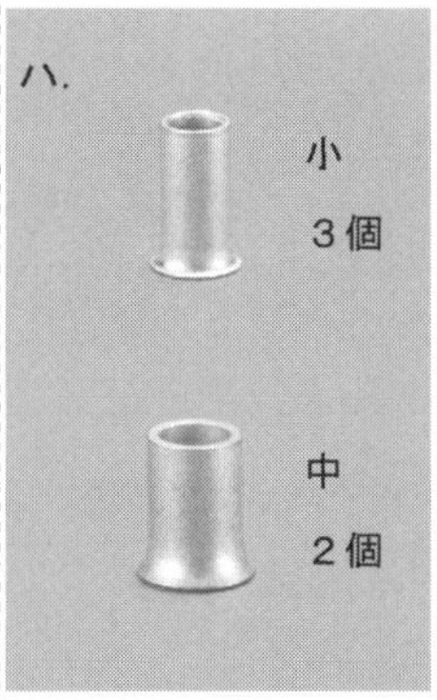	ニ. 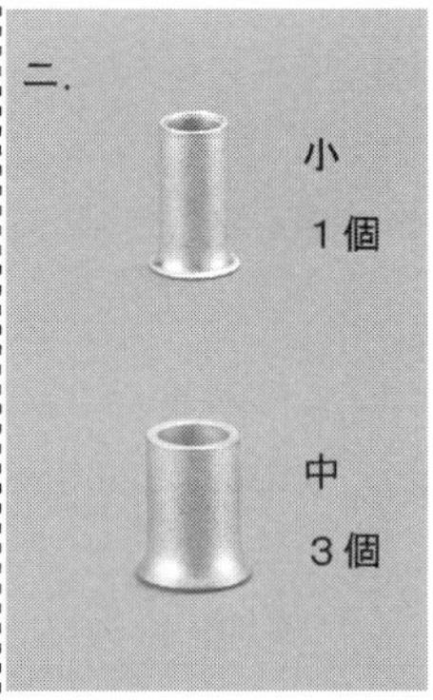
45	⑮で示す図記号の機器は。	イ. 	ロ. 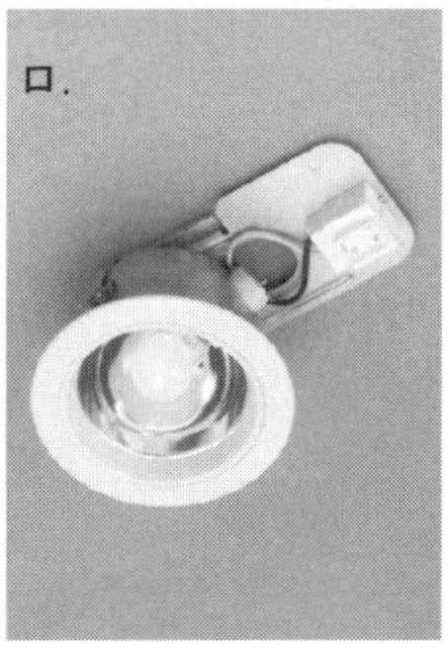	ハ. 	ニ. 

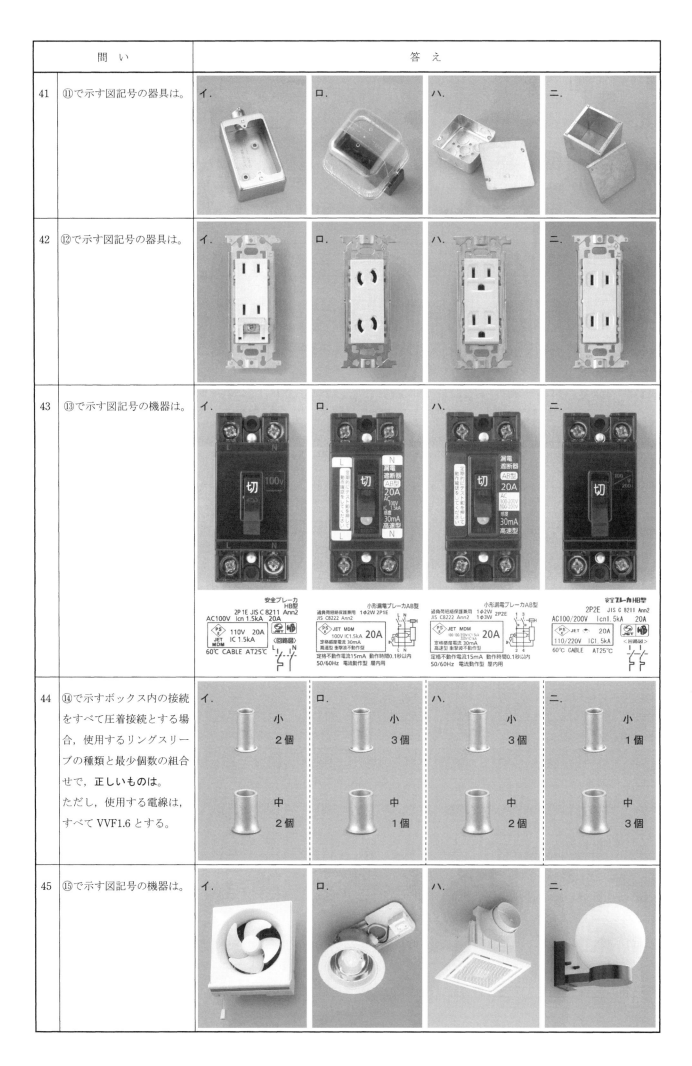

問い		答え			
46	⑯で示す木造部分に配線用の穴をあけるための工具として，**正しいものは。**	イ. 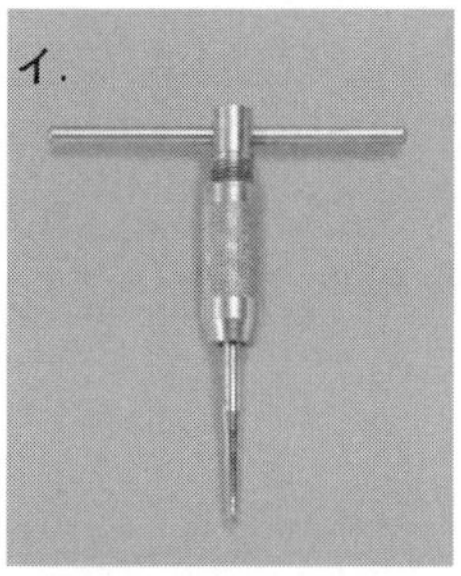	ロ. 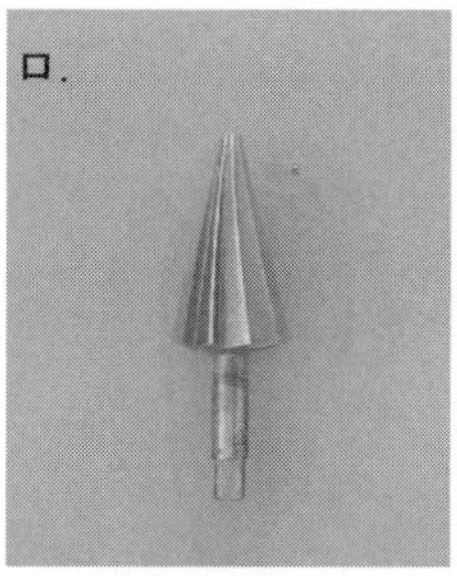	ハ. 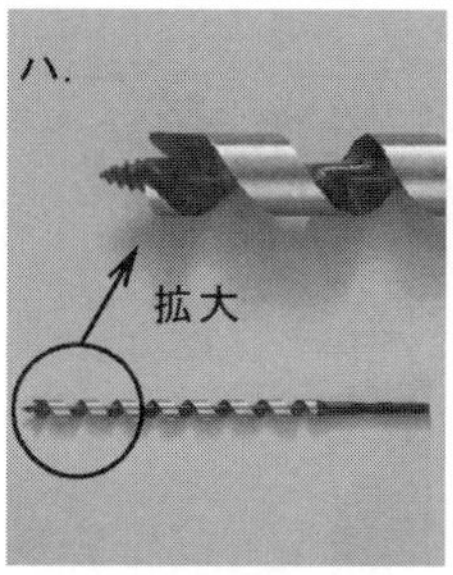 拡大	ニ. 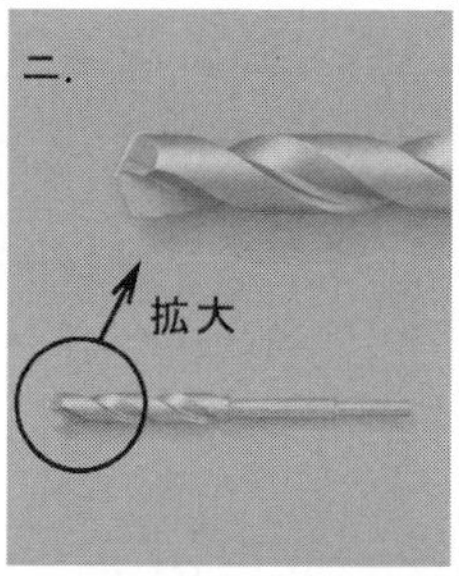 拡大
47	⑰で示すボックス内の接続をすべて差込形コネクタとする場合，使用する差込形コネクタの種類と最少個数の組合せで，**正しいものは。** ただし，使用する電線は，すべて VVF1.6 とする。	イ. 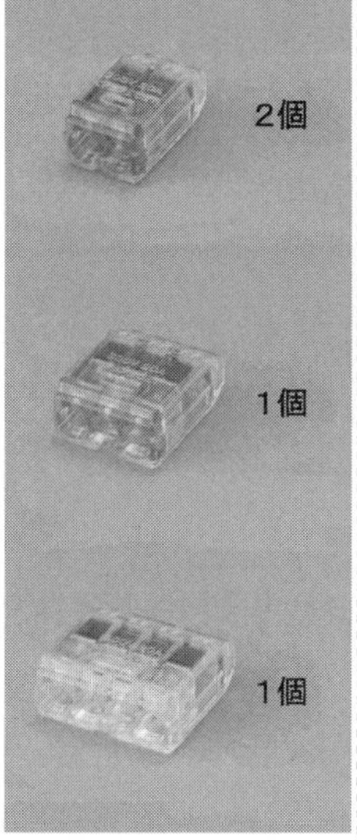 2個 1個 1個	ロ.  2個 2個	ハ.  1個 2個	ニ.  1個 1個 1個
48	⑱で示す部分の配線工事に必要なケーブルは。 ただし，心線数は最少とする。	イ. 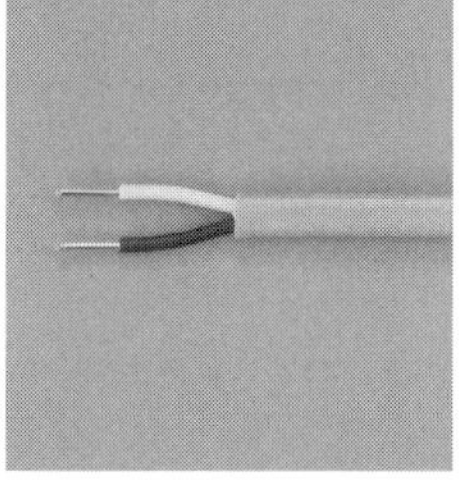	ロ. 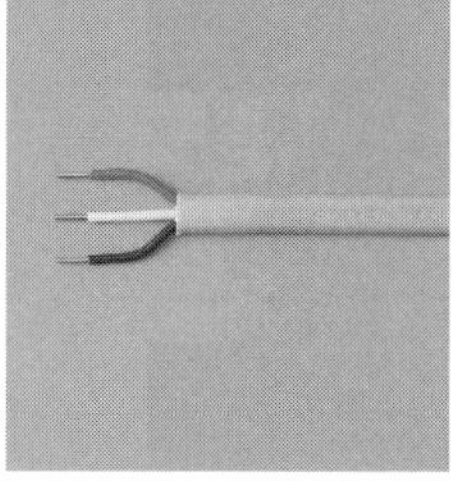	ハ. 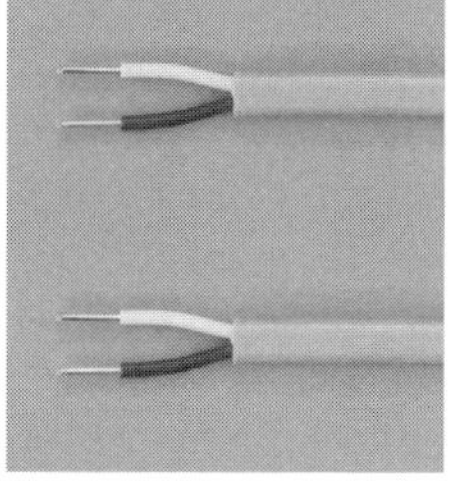	ニ. 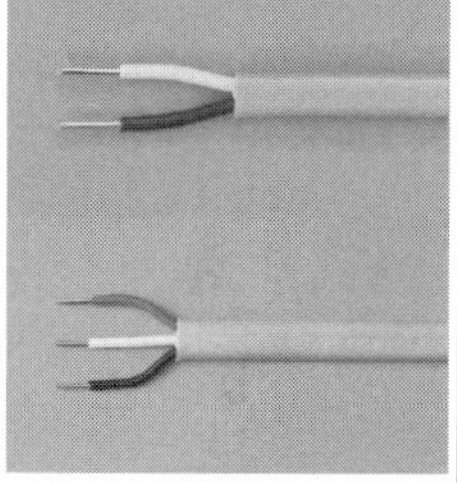
49	⑲で示す図記号の器具は。 ただし，写真下の図は，接点の構成を示す。	イ. 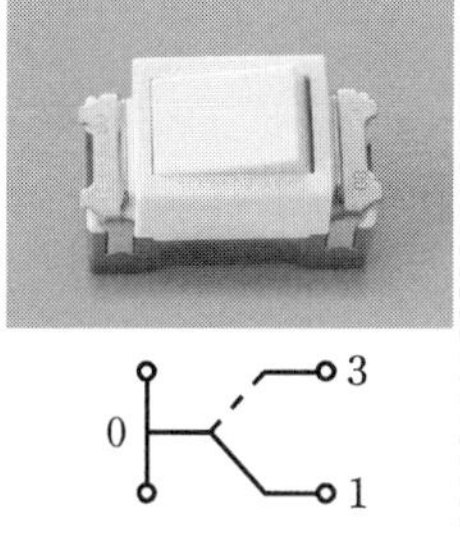 0 3 1	ロ. 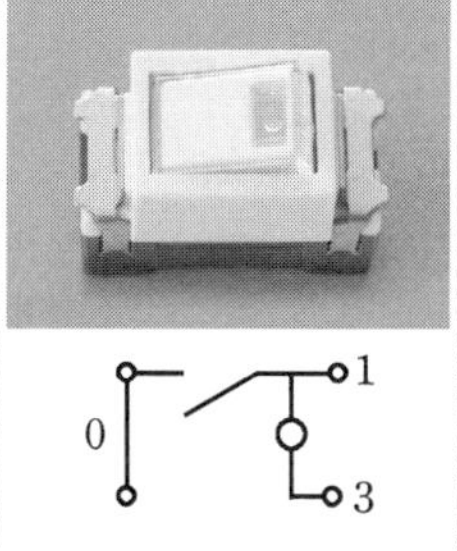 0 1 3	ハ. 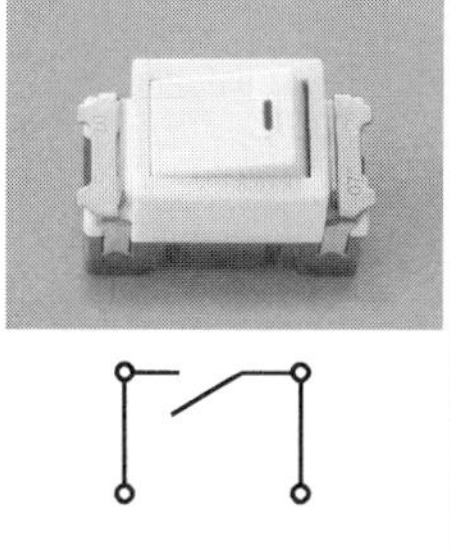	ニ. 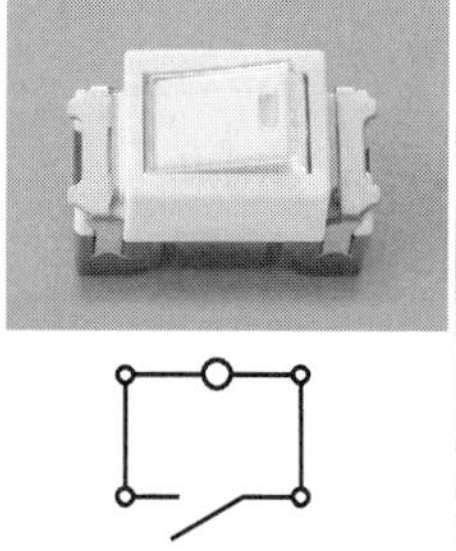
50	⑳で示す地中配線工事で防護管（FEP）を切断するための工具として，**正しいものは。**	イ. 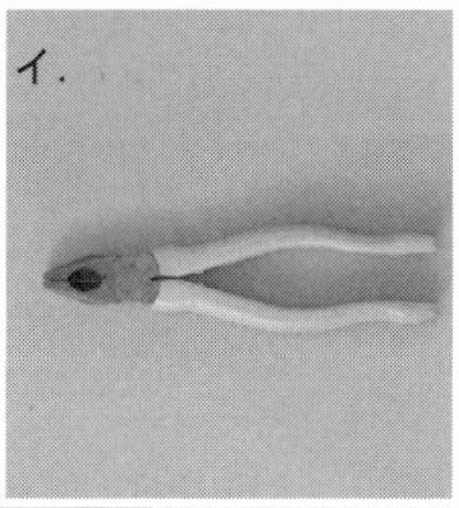	ロ. 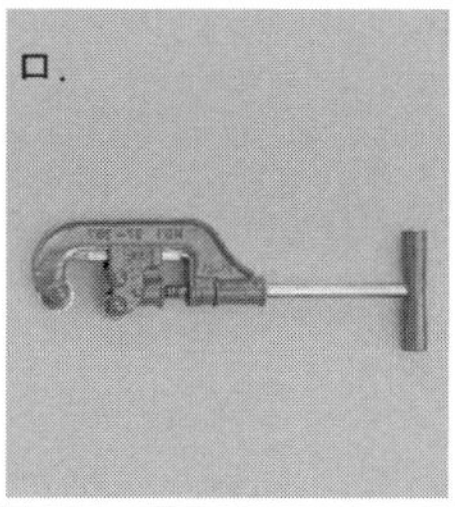	ハ. 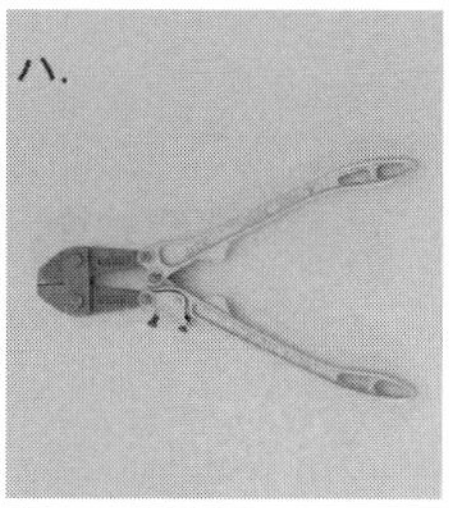	ニ. 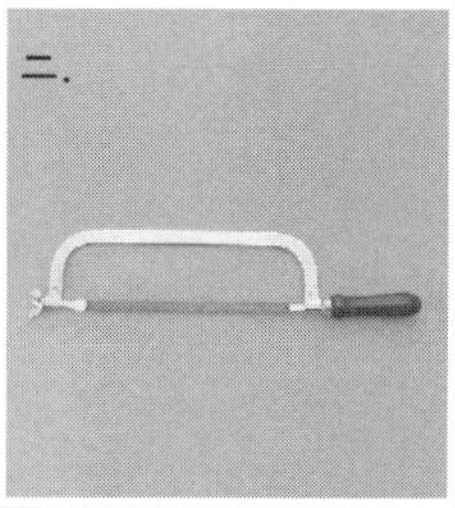

図面を引き抜いてご覧ください

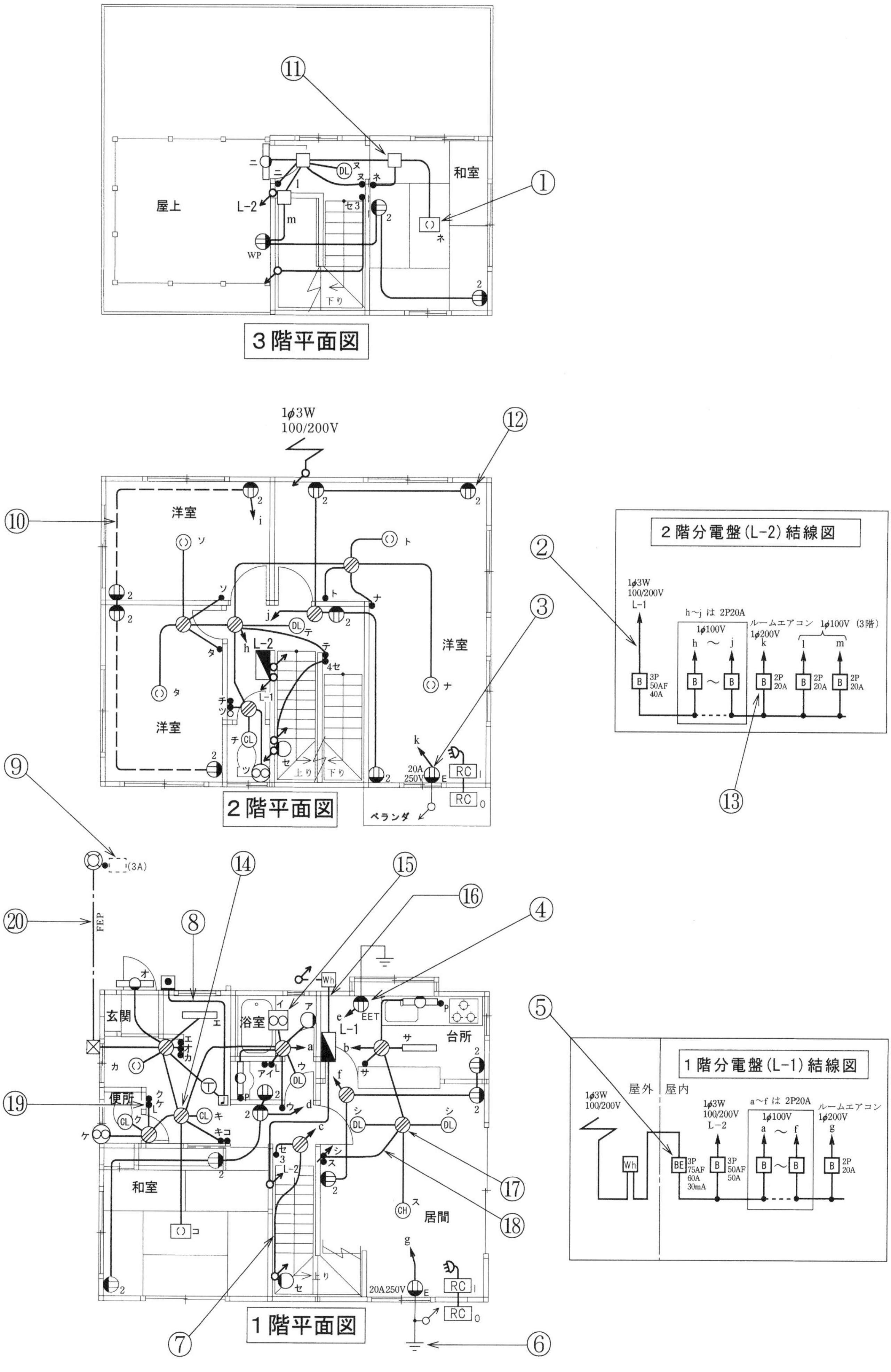

令和元年度 上期　筆記試験 解答

1　ニ

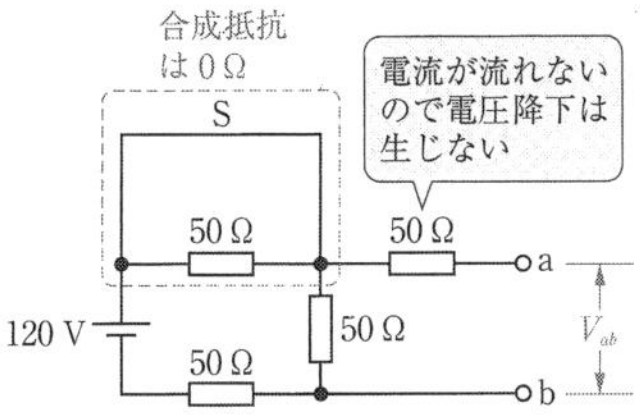
合成抵抗
は0 Ω
S
電流が流れない
ので電圧降下は
生じない
50 Ω
50 Ω
a
120 V
50 Ω
V_{ab}
50 Ω
b

スイッチSを閉じると，$R=\dfrac{0\times 50}{0+50}=\dfrac{0}{50}=0$〔Ω〕

回路に流れる電流I〔A〕は,

$I=\dfrac{120}{50+50}=\dfrac{120}{100}=1.2$〔A〕

a－b 端子間の電圧 V_{ab}〔V〕は,

$V_{ab}=I\times 50=1.2\times 50=60$〔V〕

2　イ　絶縁電線は，周囲の温度が上昇すると放熱能力が低下して，許容電流が小さくなる。

3　ハ　比熱が4.2〔kJ/（kg・K）〕の水60 kgを，20K温度上昇させるのに必要な熱量Q〔kJ〕は，熱効率を100%とすると，$Q=4.2\times 60\times 20$〔kJ〕

電力量1kW・hの熱量は3600 kJ，必要な電力量W〔kW・h〕は,

$W=\dfrac{Q}{3600}=\dfrac{4.2\times 60+20}{3600}=1.4$〔kW・h〕

4　ニ　$Z=\sqrt{R^2+X_L{}^2}=\sqrt{8^2+6^2}=\sqrt{64+36}=\sqrt{100}$

$=10$〔Ω〕

回路に流れる電流I〔A〕は,

$I=\dfrac{V}{Z}=\dfrac{100}{10}=10$〔A〕

抵抗8〔Ω〕の両端の電圧V〔V〕は,

$V=IR=10\times 8=80$〔V〕

5　ハ　一相のインピーダンスZ〔Ω〕は,

$Z=\sqrt{8^2+6^2}=\sqrt{64+36}=\sqrt{100}=10$〔Ω〕

8〔Ω〕の抵抗に流れる電流I〔A〕は,

$I=\dfrac{200}{Z}=\dfrac{200}{10}=20$〔A〕

全消費電力P〔kW〕は,

$P=3I^2R=3\times 20^2\times 8=3\times 400\times 8$

$=9600$〔W〕$=9.6$〔kW〕

6　ニ　a－b間及びa′－b′に流れる電流は

5+10=15〔A〕となる。

a－a′間からc－c′間の電圧降下は,

$v=2\times 15\times 0.1+2\times 10\times 0.1=3+2=5$〔V〕

a－a′間の電圧$V_{aa'}$〔V〕は,

$V_{aa'}=100+v=100+5=105$〔V〕

7　ハ　中性線に電流が流れないので，中性線には電圧降下を生じない。電圧降下（V_s-V_r）は，電線1本分である。

$V_s-V_r=rI$〔V〕

8　ハ　直径2.0mmの600〔V〕ビニル絶縁電線（軟銅線）の許容電流は，35〔A〕。

この電線の5本を金属管に収めた場合の許容電流〔A〕は電流減少係数は0.56であるから,

35×0.56=19.6→19〔A〕

9　ロ　$I_W\geqq 0.35=0.35\times 100=35$〔A〕

10　ロ　電技解釈第149条より，定格電流30〔A〕の配線用遮断器で保護される分岐回路には15〔A〕のコンセントは接続できない。

11　ハ　略

12　イ　略

13　ロ　略

14　ロ　$N_s=\dfrac{120f}{P}=\dfrac{120\times 50}{6}=1000$〔$\mathrm{min}^{-1}$〕

15　ニ　略

16　イ　略

17　ロ　略

18　イ　略

19　ハ　略

20　イ　略

21　ロ　略

22　ハ　電技解釈第17条・第29条により直径1.6mmの断面積は2mmなので使用できない。

23　ニ　略

24　ニ　略

25　ハ　略

26　イ　略

27　ニ　略

28　ニ　略

29　ロ　略

30　イ　略

31　ハ　略

32　イ　略

33　ハ　略

34　ニ　略

35　ロ　略

36　ニ　略

37　イ　略

38　イ　略

39　イ　略

40　ロ　略

41　ハ　略

42　ニ　略

43　ニ　略

44　ロ　（右上図参照）

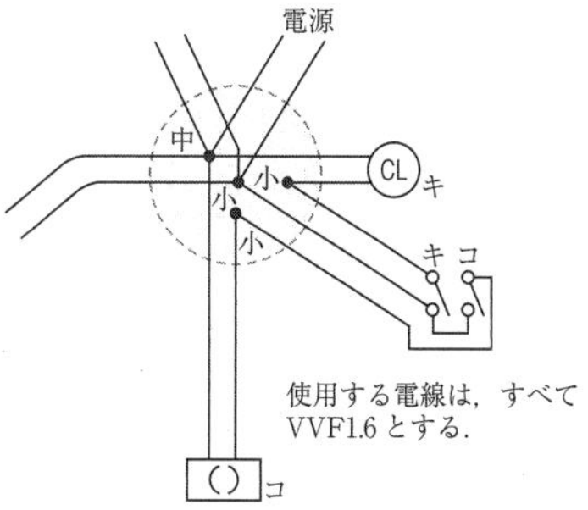
電源
中
小
小
小
CL
キ
キ
コ
使用する電線は，すべて
VVF1.6とする.
コ

45　ハ　略

46　ハ　略

47　イ　（右図参照）

2本用…2個

3本用…1個

4本用…1個

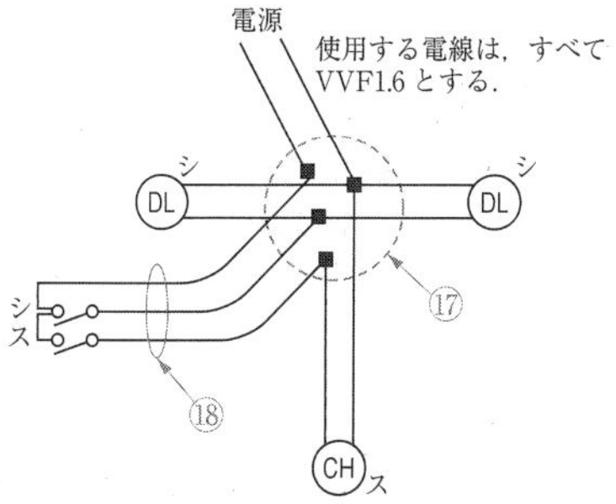
電源
使用する電線は，すべて
VVF1.6とする.
シ
DL
シ
DL
シ
ス
⑰
⑱
CH
ス

48　ロ　略

49　ロ　略

50　ニ　略